本书的出版得到浙江省科技厅基金资助，

并得到863项目"脑机协同视听信息处理与交互技术"（2012AA011600）和

国家自然科学基金（编号30800250，30900389，31100753）的支持。

启真馆 出品

意识与脑科学丛书

唐孝威　等编著

心智解读

ZHEJIANG UNIVERSITY PRESS
浙江大学出版社

图书在版编目（CIP）数据

心智解读/唐孝威等编著. —杭州：
浙江大学出版社，2012.6
　（意识与脑科学丛书）
　ISBN 978－7－308－10070－0

　Ⅰ.①心… Ⅱ.①唐… Ⅲ.①认知心理学－
研究　Ⅳ.①B842. 1

中国版本图书馆 CIP 数据核字（2012）第 120228 号

心智解读
唐孝威　等编著

责任编辑	叶　敏	
装帧设计	王小阳	
出版发行	浙江大学出版社	
	（杭州天目山路 148 号　邮政编码 310007）	
	（网址：http：//www. zjupress. com）	
排　版	北京京鲁创业科贸有限公司	
印　刷	浙江印刷集团有限公司	
开　本	640mm×960mm　1/16	
印　张	25	
字　数	335 千	
版 印 次	2012 年 11 月第 1 版　2012 年 11 月第 1 次印刷	
书　号	ISBN 978－7－308－10070－0	
定　价	52. 00 元	

前　言

　　在行为层面和生理层面上心智解读是通过他人的各种表现来了解他人的心智活动。　了解他人心智活动是人类社会交流和合作必须的能力，因此心智解读的研究具有重要的理论和实际意义。

　　心智活动具有主观的性质，难以直接测量。　通常人们通过他人的言语和行为等了解他人的心智活动。　脑成像技术的发展提供了心智解读的新途径，即通过分析他人的脑激活的实验数据推测其心智活动。

　　本书先介绍行为学研究和生理学研究等传统的心智解读；再介绍脑电研究和脑成像研究等心智解读的进展，着重讨论通过分析脑激活的实验数据来推测他人心智活动的技术；然后介绍心智解读的应用，如在隐喻理解、脑机交互和测谎方面的应用，以及心智解读与疾病的关系。此外，还介绍一些相关研究，如镜像神经系统研究、心理理论研究和心智解读的哲学思考等。

　　本书由浙江大学多位教师和研究生共同编写。　参与编写的作者和相关章节如下：浙江大学唐孝威教授（第一章）；王小潞教授（第八章）；张琼副教授（第七章）；胡正珲副研究员（第六章）；陈飞燕讲师（第九章）；浙江大学附属第二医院赵国华医师（第十一章）；浙江大学万群博士后（第四章）；浙江大学博士研究生陶冶（第二章）；姚远（第五章，附录一和附录二）；刘语秋（第三章）；于爽（附录三）；北京师范大学博士研究生伍海燕（第十章）。

本书由唐孝威主编，张琼和姚远协助进行编辑工作。

感谢李康教授和付根跃教授的讨论。

本书是浙江大学语言与认知研究中心项目，也是浙江大学物理系交叉学科实验室的成果，本书的出版得到浙江省科技厅的资助。

本书部分作者还得到以下基金项目的支持：

863项目"面向大规模图像分类的脑机交互技术研究课题"(2012AA011603)和国家自然科学基金（编号30800250，30900389，31100753）的支持。

目　　录

Contents

Part 4 Application of mind reading

第一篇　心智解读

第一章　心智与心智解读

近年来，随着脑功能成像技术和脑机交互技术的快速发展，人们越来越关注心智解读问题（Haynes and Rees，2006；Kay et al.，2008；Nicolelis and Lebedev，2009）。

什么是心智解读？要解读什么？怎样进行心智解读？心智解读技术能够发展到什么程度？对这些问题，人们有不同的认识。心智解读问题涉及神经科学、心理学、认知科学、数学、计算机科学、工程科学、医学、语言学等许多学科。这里从认知科学的角度谈一些看法。

1.1　心智活动

要研究心智解读，先要了解什么是心智活动以及心智活动有哪些特点。人类有丰富多彩的心智活动。例如感觉、知觉、学习、记忆、注意、情绪、意志、思维、语言等等，都是心智活动，这些心智活动是脑的功能。脑是心智活动的基础，因此人们总是把心智和脑连系在一起讨论。在英文中，心智是 mind，心智活动是 mental activity，有时也讲心智状态（mental state）。

人的心智活动具有复杂结构，又是动态过程。传统心理学认为，心智有知、情、意三部分："知"是认知，"情"是情感，"意"是意志。在这个基础上还可以加"觉"的部分，"觉"是觉醒。心智活动包含觉醒、认知、情感、意志等成分（简称觉、知、情、意）以及它们之间的相互作用（唐孝威，2004）。这几种心智成分是个体脑内的主观活动。个体有各种主观体验，如个体有觉醒方面的主观体验，认知方面的主观体验，情感方面的主观体验，意向方面的主观体验等。这些成分分别还有许多具体的内容。如认知成分包括感觉、知觉、学习、记忆、注意、思维、语言等。心智活动的内容还随着时间不断地变动。心智活动不但是多元的，而且是动态的。

个体处于不同的意识状态，如清醒状态或睡眠状态；在睡眠的一定阶段会做梦，清醒状态又分为任务状态和静息状态。在清醒状态下，个体有各种主观体验，对外界刺激作出反应，或者进行某种动作和完成某种任务。无论个体是在清醒或睡眠时，也无论个体是在有任务或无任务时，个体脑内部都不断地进行着心智活动。实验表明，即使个体在无任务的静息状态下，脑也消耗大量能量，脑内有大量的自发活动（Raichle and Mintun，2006）。

心智活动包括有意识的心智活动和无意识的心智活动。那些进入个体意识、为个体觉知的主观体验是有意识的心智活动，还有大量未进入个体意识的、不为个体觉知的认知、情感、意向等等，它们是无意识的心智活动（唐孝威，2008）。

心智活动有许多特点。除了上面提到的心智活动以脑为基础以及心智活动的多元性、复杂性和动态性等特点外，心智活动还具有主观性和能动性等特点。心智活动是主观的、私密的、属于个体自己的、在个体脑内进行的现象。例如，主观体验、概念加工、意义理解、思维推理、愿望、预测、计划等等，都是个体脑内的主观现象；同时心智活动指导和支配个体的行为（唐孝威等，2008）。

个体的认知过程是心智活动的一部分。认知过程是从外界客观事物的物理刺激产生个体主观体验开始的。个体对物理刺激的内容和性质有自己的感受，而且对物理刺激相关信息的意义有自己的理解，个体会根据自己过去的经验对各种感受给出解释，并且对许多相关的信息进行评估，产生意向和作出决定，支配和调控自己的行动，作用于外界的客观事物。在认知过程中，感知觉是比较基础的认知活动，思维是比较高级的认知活动。

所有心智活动都有性质的特性，如心智活动的各种不同成分、各种不同成分之间的关系等，它们可用陈述说明而不需用数字表示；其定性规律也可用陈述说明。有些心智活动有数量的特性，如心智活动的强度、心智活动的持续时间等，它们可用数字计量；其定量规律可用数学表述（唐孝威、陈硕，2009）。

1.2　心智解读

心智解读是个体与他人交流中通过他人的表现来了解其心智活动。了解他人的心智活动，才能与他人和谐相处，协调工作。心智解读是个体在社会合作中必须的能力，因此心智解读的研究具有重要的理论和实际意义。

心智活动是在个体脑内进行的，具有主观性质，难以直接测量。在日常生活中，人们是通过他人的言语和行动等各种表现来理解他人的心智活动的。也就是人们常说的"听其言，观其行"，从而"知其心，解其意"。现代无损伤的脑电、脑磁和脑功能成像等技术，使得有可能通过测量和分析脑激活的数据来推测他人的心智活动。这可以说是"测量其脑激活"，从而"解读其心智"。

一些科学普及读物在谈到这种推测他人心智活动的能力时常用"读心"一词，我们把它称为心智解读。在英文中，心智解读是 mind reading，或 decoding mental states。基于脑激活数据的心智解读也可称为脑解读（brain reading）。

心智解读要解读些什么？人的心智活动是多方面的，解读一个人的心智活动，就要全面地了解他的觉醒、认知、情感和意向等各个方面，也就是说，不但要了解他的认知活动，而且要知道他的觉醒状态、情感活动和意向活动等等。总之，心智解读是通过个体的各种外部表现，推测他的觉、知、情、意以及他的觉、知、情、意的内容。例如在日常生活中，通过他人的各种外部表现，推测他的想法、愿望、情感等。

从认知方面来说，认知包括感知、记忆、思维等各种内容，解读不但要了解初级的认知活动，如这个人感知什么，包括看到什么、听到什么等，而且要知道高级的认知活动，如这个人理解什么、思考什么、评估什么、回忆什么、推测什么等等。因为心智活动的内容是随着时间不断变动的，所以解读一个人的心智还要知道他的觉、知、情、意的内容的变化。

心智解读包括定性解读和定量解读。对于心智活动的性质方面的属性，可以用陈述说明而不需用数字表示，这是定性解读。对于心智活动的数量方面的属性，可以用数字计量和数学描述，这是定量解读。在进行定量的心智解读时，常引入一些心理量来描述心智活动，并给出这些心理量的数值。某种心理量是心智活动的某种特征参量；心理量的数值是心智活动这种特征参量的定量数值。心理量是可以度量的，具有一定程度的确定数值，但是对心理量是通过主观估计来度量的，它们的数值具有不确定性（唐孝威、陈硕，2009）。

1.3　心理相互作用与心智解读

心智是脑的功能，而脑是身体的一部分。身体存在于自然环境和社会环境之中。人的心智活动和脑、身体、自然环境以及社会环境之间发生各种相互作用，它们称为心理相互作用。在心理现象中存在下面五种不同的心理相互作用（唐孝威，2007）。

从心脑系统的内部来看，在心智活动各种成分之间有相互作用，简称心理成分相互作用；在心智活动和脑之间有相互作用，简称心脑相互作用。

从心脑系统和外部因素的关系来看，在心智活动与身体之间有相互作用，简称心身相互作用；在心智活动和客观环境中的事物之间有相互作用，简称心物相互作用；在心智活动和社会环境之间有相互作用，简称心理－社会相互作用。

这五种不同的心理相互作用都以心脑系统为基础，所以它们是统一的。

心智活动是人脑内部的主观活动，对它们不能进行直接测量，但是心智活动会通过各种心理相互作用表现出来。例如心智活动会通过与脑、身体、自然环境及社会环境之间的相互作用，引起脑和身体的变化，包括脑的活动和身体生理指标的改变；又如心智活动会通过言语表达，也会产生行为，再由人的行为引起自然环境和社会环境的变化；同时脑、身体、自然环境及社会环境又通过这些相互作用影响心智活动，引起心智活动的改变。

进行心智解读是根据个体的心智活动引起的脑、身体、自然环境及社会环境的变化来了解他的心智活动。为此，需要获取与心智活动相关的各种资料，如伴随着个体的心智活动发生的脑的生理活动，身体的生理活动，个体的言语和行动，以及个体的行为对自然环境和社会环境的影响等，通过这些资料的分析研究，来推测个体的心智活动。

根据心理相互作用的性质，心智解读大致有两类：一类是基于心身相互作用，心物相互作用和心理－社会相互作用的、传统的心智解读。例如，心智活动与身体间的相互作用，使人在紧张时呼吸频率、血压和皮肤电阻等生理指标发生变化。心智活动与外界物体及社会环境相互作用，使个体做出某种行为，作用于外界物体及社会环境。此外，人们还通过言语进行交流。身体的生理变化、行为、动作、言语等外部表现与心智活动有关，记录和分析这些伴随着心智活动时的外部表现，可以解读心智。不过这些外部表现并不是心智活动本身。

另一类是基于心脑相互作用的、通过获取和分析脑激活数据的心智解读。个体在进行某种认知任务时，心智活动与脑之间相互作用，使脑电波、事件相关电位和局部脑血流量、血氧水平等发生变化。测量和分析伴随着心智活动时的脑电、脑磁和脑功能成像等数据，可以解读心智。相对于内部的心智活动来说，脑的这些生理变化也是外部表现，而不是心智活动本身。

为什么心智解读是可行的呢？因为个体的各种外部表现是与心智活动密切相关的，各种外部表现通常能够提供解读心智的线索。

从方法上来看，心智解读包括三个部分：一是获得个体外部表现的各种数据资料；二是了解个体外部表现与心智活动的对应关系；三是根据这些数据资料以及已知的对应关系来解读心智。

心智解读有很多困难。以传统的心智解读来说，数据采集途径是间接且不充分的，而且个体差异很大。此外，个体还可能掩饰真实的内心活动等。因此，心智解读往往无法达到精确的程度，解读的结果是有限的、不完整的。

以获取和分析脑激活数据的心智解读来说，数据采集同样是不充分的，而且目前尚未涉及高级的认知过程和全面的心智活动的解读。在人的认知过程中，脑内的信息加工是和意识活动耦合在一起的；认知过程中个体有对客观事物的物理刺激的感受，以及对物理刺激相关信息意义的理解，个体将物理刺激的意义和评估标准进行比较，得出评估结果，产生主观意向，并对认知过程进行主动的调控（唐孝威，2007）。然而目前的脑解读多为感知层面的解读，并没有达到个体对意义的理解以及思维推理等活动的解读。

1.4 脑激活与心智解读

下面着重考察基于心脑相互作用的、通过获取和分析脑激活数据的心智解读，即脑解读的几个问题，包括：脑激活的测量，脑的四个功能系统，脑功能连接组学以及内部的心理物理学。

1.4.1　脑激活的测量

目前测量脑激活的方法很多，如功能核磁共振成像技术、正电子发射断层成像技术、脑电成像技术、脑磁成像技术等。用这些实验技术可以无损伤地测量个体在不同条件下的脑激活（唐孝威等，1999）。

功能核磁共振脑成像技术是基于核磁共振信号的血氧水平依赖性（BOLD），即信号与激活脑区血流含氧量的变化有关；而血流含氧量的变化则是由伴随着心智活动的相关脑区的神经活动引起的。正电子发射断层成像技术测量伴随着心智活动时相关脑区血流的变化或葡萄糖代谢率的变化。脑电成像技术和脑磁成像技术测量伴随心智活动时脑的电磁信号，得到脑功能活动时快速的时域信息。用这些方法测量的脑内血氧水平、血流量、葡萄糖代谢率、电磁信号等，都是伴随着心智活动的脑内生理变化，但不是心智活动本身。

由于实验技术的限制，通过脑激活的测量进行脑解读存在实验数据的时间分辨率和空间分辨率的问题。在时间分辨率方面，功能核磁共振BOLD信号由于血流速度比较缓慢，时间响应为数秒，这与心智活动"瞬息万变"的过程相差很大。脑电和脑磁技术的时间响应快。在空间分辨率方面，BOLD信号的脑图像本身的分辨约毫米量级，对参与加工的脑区无法获得如医学解剖般的精密程度，脑电和脑磁技术的空间分辨率更差。

1.4.2　脑的四个功能系统

Luria 提出脑内存在三个功能系统，我们又加以扩展，提出脑内存在四个功能系统。其中脑的第一功能系统是调节紧张度和维持觉醒状态的系统，这个系统相关的脑结构是脑干、间脑等。脑的第二功能系统是接受、加工和储存信息的系统，这个系统相关的脑区是顶叶、颞叶、枕叶等脑区。脑的第三功能系统是编制行为程序、调节和控制行为的系统，这个系统相关的脑区是额叶等脑区。脑的第四功能系统是评估信息和产生情绪体验的系统，这个系统相关的脑结构是杏仁核、边缘系统等及前额叶的部分脑区（Luria，1973；唐孝威、黄秉宪，2003）。脑的四个功能系统之间除互有连接外，还分别具有复杂的结构，各自包括许多脑区。

心智活动是脑的功能，脑的四个功能系统是心智活动四种成分的基础。心智活动的觉醒成分主要基于脑的第一功能系统，心智活动的认知成分主要基于脑的第二功能系统，心智活动的意志成分主要基于脑的第三功能系统，心智活动的情感成分主要基于脑的第四功能系统。

心智活动时，并不是脑内单个或少数神经细胞在活动，而是有脑的多个功能系统参与的神经活动。这四个脑功能系统分别有不同的功能，又有紧密联系，各种心智活动是脑的四个功能系统相互作用和协同活动的结果。

1.4.3 脑功能连接组学

从脑的四个功能系统的下一层次来看，脑内有大量相对独立、具有不同功能而又相互连接和相互作用的脑区，每一个脑区和其他许多脑区之间有连接，形成脑内复杂的功能连接网络。脑内复杂网络的活动表现为网络中脑区的激活和激活的传播。

目前脑功能连接组学（Biswal et al.，2010）正在研究脑复杂网络的连接方式和激活模式。不同内容的心智活动对应于脑复杂网络的不同激活模式。脑激活的特点之一是脑区加工的分工性和专一性，例如视觉任务总是会激活枕叶区。但是脑对外部刺激的激活通常不局限在某一个脑区，而是以脑内复杂网络中多个脑区激活方式进行。也就是说，心智活动时，往往不是单个脑区活动，而有脑复杂网络的集体激活。由分析脑激活数据来解读心智，是根据脑内复杂网络的激活模式来推测相应的心智活动内容。

通过测量脑激活来进行心智解读，先要建立一整套脑激活的模板。当脑进行某种特定刺激的信息加工时，脑内复杂网络有特定的脑激活模式。用许多不同种类的刺激，得到脑的不同激活模式，这样就可建立一套标准的模板。这套模板将脑内心智活动时加工的信息和脑激活模式对应起来，作为脑解读的基础。

进行脑解读时，要获取个体伴随着心智活动的脑激活的数据，再利用已经建立好的标准模板来解码，即将获得的个体脑激活数据与标准模板对比，进行模式识别，从而推测个体相应的心智活动。

1.4.4　内部的心理物理学

一百多年前，Fechner 创立心理物理学时提出了外部的心理物理学（outer psychophysics）和内部的心理物理学（inner psychophysics）的概念。他认为，外部的心理物理学是研究外部物理刺激的强度和感觉体验的强度之间的关系，而内部的心理物理学则是研究内部物理世界、即脑活动过程的强度和感觉体验的强度之间的关系（Fechner，1860）。

外部物理刺激的强度用物理量 I 表示，外部物理刺激引起的脑活动过程（脑区激活）的强度用生理量 A 表示，感觉体验的强度、即外部物理刺激通过脑活动过程引起的感觉体验的强度用心理量 S 表示。外部的心理物理学着重讨论外部物理刺激的物理量 I 和外部物理刺激引起的感觉体验的心理量 S 之间的关系，而内部的心理物理学则着重讨论内部脑活动过程（脑区激活）的生理量 A 和由内部的脑活动过程引起的感觉体验的心理量 S 之间的关系。

基于脑激活数据的心智解读涉及内部的心理物理学。根据实验事实，曾经讨论过内部的心理物理学的定量定律，包括感觉体验的定律和动作意向的定律等（唐孝威，2003；唐孝威、陈硕，2009）。

在感觉体验方面，一种物理刺激可引起一定的主观体验和相关脑区的激活。相关脑区激活水平的生理量 A 和反映主观体验强度的心理量 S 在一定范围内有正比关系：$S = a(A - A_0)$。式中 A_0 是相关脑区原有的激活水平，a 是比例系数。

在动作意向方面，伴随着动作意向的心智活动，相关脑区有激活，并调控身体的运动器官进行运动。相关脑区激活水平的生理量 A_m 和反映动作意向强度的心理量 S_m，在一定范围内有正比关系：$S_m = b(A_m - A_{m0})$。式中 A_{m0} 是相关脑区原有的激活水平，b 是比例系数。

这些定量关系为定量解读心智活动提供了依据。但是由于心理量的数值具有不确定性的特点（唐孝威、陈硕，2009），限制了定量解读心智的精确程度。此外，脑的活动和心智活动存在个体差异与情境差异，也使得精确定量的心智解读受到限制。

上面讨论了基于分析脑激活数据的心智解读即脑解读的几个问题。这方面的研究工作很多，有关的实验技术发展很快，但是目前还处于初级阶段。从心智活动内容的解读来说，目前只在感知觉的层面或动作意向的层面上进行，远未达到解读语义和思维推理的水平。再从心智解读的精细程度来说，目前只达到特征检测和分类识别的程度，还不能细致地解读内容，也不能进行实时的动态的解读。对心智解读还需要做大量的研究工作。

在通过获取和分析脑功能成像数据进行心智解读时，因为脑功能成像数据涉及个人心智活动的私密，这项工作面临一些伦理问题，对于数据的获取、储存和利用，应当制定明确的规则和采取具体的措施（Haynes and Rees，2006）。

参考文献

唐孝威（主编），1999. 脑功能成像. 合肥：中国科学技术大学出版社.

唐孝威，黄秉宪，2003. 脑的四个功能系统学说. 应用心理学，9（2）：3-5.

唐孝威，2003. 论外部的心理物理学和内部的心理物理学. 应用心理学，9（1）

唐孝威，2004. 意识论：意识问题的自然科学研究. 北京：高等教育出版社.

唐孝威，2007. 统一框架下的心理学与认知理论. 上海：上海人民出版社.

唐孝威，2008. 心智的无意识活动. 杭州：浙江大学出版社.

唐孝威等，2008. 脑与心智. 杭州：浙江大学出版社.

唐孝威，陈硕，2009. 心智的定量研究. 杭州：浙江大学出版社.

唐孝威，2010. 智能论：心智能力和行为能力的集成. 杭州：浙江大学出版社.

Biswal B. , Mennes M. , Zuo X. N. , Gohel S. , Kelly C. , et al, 2010. Toward discovery science of human brain function. *Proceedings of National Academy of Sciences of USA*, 107：4734-4739.

Fechner G. T. , 1860. *Elements of Psychophysics*. New York：Holt, Rinehart and Winston.

Haynes, J. and Rees, G. , 2006. Decoding mental states from brain activity in humans. *Nature Reviews Neuroscience*, 7：523-534.

Kay, K. N. , Naselaris T. , Prenger, R. J. and Gallant J. L. , 2008. Identifying natural images from human brain activity. *Nature*, 452：352-355.

Luria A. , 1973. *The Working Brain：An Introduction to Neuropsychology*. New York：Basic Books.

Nicolelis M. and Lebedev M. , 2009. Principles of neural ensemble physiology underlying the operation of brain – machine interfaces. *Nature Reviews Neuroscience*, 10: 530– 540.

Raichle M. and Mintun M. , 2006. Brain work and brain imaging. *Annual Review Neuroscience*, 29: 449– 476

（唐孝威）

第二篇　传统的心智解读

第二章　心智解读的行为学研究

心智解读（mind reading）顾名思义就是对他人的心理状态，比如意图、信念、情绪甚至内容进行推测的能力。心智解读在日常生活中被通俗地称为读心术，它自古就是人们梦想获得并孜孜探究的能力，无数作品以此为命题。近年来随着社会需求的兴起和一些影视作品的传播，这一古老的概念重新出现在人们的视野中。而认知神经科学的发展极大地拓展了这一领域，带来了新的研究手段和观点。其实心智解读在心理学研究中并不是一个新兴领域，它一直是社会、情绪和儿童心理学的研究重点，只是不同的研究角度有着不同的称谓。如在社会和情绪心理学中，根据行为和表情对心理进行推测的能力被称为社会智力或情绪智力，感受他人所感被称为共情（empathy）。在发展心理学中则更多采用心理理论（theory of mind，简写为 ToM）这个概念来描述儿童对心理状态及其对人类行为影响的理解。综上所述可认识到心智解读并不是神秘高深的能力，事实上人们每时每刻都在应用这一能力对他人行为背后的情绪、意图进行推测从而实现正常的社会交流，是社会认知能力最重要的部分。这一能力的缺失正是自闭症和艾斯伯格症的重要特点。肌电、脑电和脑功能成像技术正在揭示心智解读背后的脑机制，但这离不开前人在行为学上的大量积淀。本章对心智解读的行为学研究成果展开回顾，主要从眼睛、表情、动作、声音等方面进行阐述，并从心理理论的角度介绍人类心智解读能力的发展过程。

2.1 眼睛

人们都说眼睛是心灵的窗户，在传达内心活动上自然有着重要作用。首先要说的是瞳孔。除了光线强弱能够引起瞳孔大小的变化外，Hess（1975）发现当人们对交谈对象或者正在注视的物体感兴趣时，瞳孔也会放大。因此如果我们在周围环境（特别是光线）没有发生改变的时候发现谈话对方瞳孔放大，就可以推测对方对你感兴趣。由于瞳孔受到自主神经系统的控制，即使可以很好地控制面部表情，却无法通过控制瞳孔大小来掩饰对物对人的喜好、兴奋之情。尽管大多数人在日常生活中并不能主动意识到自身和对方的瞳孔变化，但 Hess（1975）研究揭示它的确在无意识地影响人们的偏好。在该实验中，主试向男性被试展示一位美女的两张脸部照片。这两张照片的唯一区别在于其中一张把女人的瞳孔放大了，如果事先不知道这一点则非常不容易觉察出这一细微差别。当询问男性被试更喜欢哪张照片时，瞳孔放大的那张始终成为他们的首选。这表明我们会无意识地喜欢那些也喜欢我们的人。

关于眼睛注视方向对认知活动的揭示，20 世纪 70 年代同样有一项非常重要的研究成果。当我们进行不同内容的思考时大脑里的不同区域被激活，从而导致眼睛以不同的方式运动，这种联系被称为水平眼动（longitudinal eye movement，简称为 LEM）。Bandler 等（1979）在此基础上建立了眼动线索（eye accessing cues，简称为 EAC）模型。其大致内容如下：从观察者的角度来看，当对方眼睛向左上方看则表示正在脑海中创建新的图像（visually constructed images，简称为 Vc）；而向右上方看，表示其正在回忆图像（visually remembered images，简称为 Vr）；眼睛往两边平视意味着在调动听觉信息，朝左看是在创造新的声音信息（比如在想别人会说些什么）（auditory constructed，简称为 Ac）；朝右看是在回忆一些声音（比如在想之前有人说过的话）（auditory remembered，简称为 Ar）；眼睛朝左下方看表明调动了身体感觉和情感（feeling/kinesthetic，简称为 F），不过在动觉中区分不出对方究竟是在记忆还是在创建；当往右下方看时，通常是在自言自语思考如何解决逻辑问题（internal dialog，简称为 Ai）。具体可见图1。

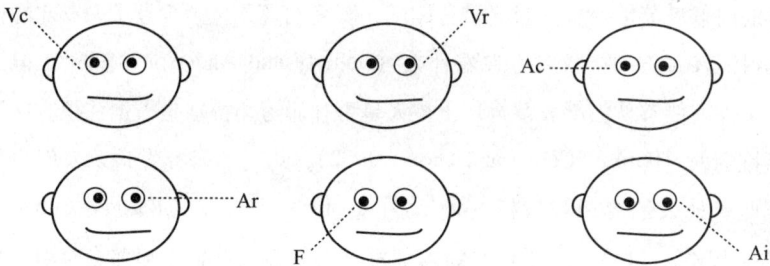

图1　EAC 模型示意图

（图片来自 http：//www. blifaloo. com/info/lies_eyes. php）

有几点需要补充的是：当对方正视前方或者眼睛没有聚焦或移动，也表明在进行视觉加工；这个模型适用于绝大多数的右利手人群，如果一个人是典型的左利手，那么注视方向的意义与上述表现正好相反；在进行判断前，要先通过一系列问题（如描述一下你好朋友长得什么样子，想象爆豆子是什么声音）获得对方的眼睛运动基线。

关于眼睛注视还有一些比较一致的结论[①]。和我们的日常经验相同，当一个人避免和其他人进行目光接触时，通常表明这个人有不诚实行为并感到心虚、羞愧。曾有研究发现，和可以移开目光进行思考的儿童相比，维持目光接触的儿童回答问题的正确率更低。由此暗示，目光接触可能占用了大量的计算资源。这可能也是保持目光接触的人很难临时编谎话的原因。此外，一般人的眨眼频率是每分钟6—10次，如果超过这个频率则表明这个人被谈话方所吸引。当进行一场有意思的交谈时，谈话者眼睛有80%的时间注视对方脸部，但不包括眼睛。相反他们

---

① 以下结论内容摘自 http：//www. psychologistworld. com/bodylanguage/eyes. php

会用 2—3 分钟注视眼睛，随后转到鼻子或嘴唇，接着又回到眼睛，偶尔也会看看桌子又回到眼睛部分。如果眼睛朝上或朝右看，是表明无聊或想结束谈话的通用信号。

　　眼睛还提供丰富的情绪和心理状态信息。尽管婴儿在 12 个月甚至更早的时候就能够对成人目光进行跟随，研究发现儿童至少到了 3 岁才能根据目光注视方向判断对方在看什么（Doherty and Anderson，1999）；但到了 4 岁就能够从面部表情辨认出该人是否在思考，特别是根据注视方向进行推断时（Baron‐Cohen and Cross，1992）。此后的研究发现，人们也能据此对他人的愿望和目标（desire 和 goal）进行推断（Baron‐Cohen *et al*.，1995）。这是因为眼睛受到内部意志的控制，我们很自然会将目光移向想看的、参考的和下一步行动指向的物体。这类研究方法比较相似，研究人员只向被试呈现眼睛部位的图片（多是手绘的简单图片），眼珠正视或偏移。让被试从几个备选项中选择相符的注视内容或心理状态，见图 2 示意。

图 2　目光注视任务示意图

（图片来自 Doherty and Anderson，1999. A new look at gaze：preschool children's understanding of eye-direction. *Cognitive Development*，14：553.）

　　Baron‐Cohen 等（1997）让女演员做出 10 种基本表情（开心、伤心、生气、害怕、惊讶、厌恶、沮丧 7 个基本表情，再加另一个不同的惊讶、开心和生气表情）和 10 种复杂表情（图谋/做计划、内疚、替人着想、仰慕、疑惑、挑逗、无聊、感兴趣、自负，对应英文词分别为 scheme，guilt，thoughtful，admiring，quizzical，flirting，bored，interested 和 arrogant；其中感兴趣做了 2 个不同表情）并拍摄下来。随后向被试呈现每种心理状态下的完全面部图像、眼部和嘴部图像，并要求被试从 2 个备选项中选出符合图片状态的那一项。正确选项和错误选项属于同一语义范畴，即正确选项是基本情绪，那错误选项也是基本情绪。结果发现：完全面部条件下的表现最好，眼部条件下的正确率也高于随机水平，嘴部条件则低于随机水平；对基本情绪而言，面部能够比眼部或嘴部提供更多的信息；对复杂心理状态而言，眼部条件下的正确率高于嘴部，和看面部的表现相当。用男演员做这些表情发现有同样结果。而当被试患有自闭症或艾斯伯格病症时，发现他们的辨认能力严重损失，特别是眼部条件下。鉴于眼睛在表现复杂情绪或心理状态上有如此重要的作用，被认为也是一种语言（the language of eyes）。上述测试被保留下来并不断改进（Baron – Cohen *et al.*，2001a）来测量人们解读眼睛（eye reading）的能力。儿童版测试（Baron – Cohen *et al.*，2001b）可见该链接：http：//www. autismresearchcentre. com/tests/eyes_test_child. asp。目前常见的测试形式如图 3，通常要求被试从四种心理状态中选择符合的那一项。

图 3　读眼测试示意图

（图片来自 http：//glennrowe. net/BaronCohen/Faces/EyesTest. aspx）

由于 Baron – Cohen 等（2001b）没有展示读眼测试儿童版本的心理测量学数据，Peterson 和 Slaughter（2009）自己进行了简化以更好适用于儿童，称为简化版读眼测试（SERT）。他们只选取 Baron – Cohen 版本的第一部分，剔除之前研究中描述行为而非心理的项目、太难或一致性很低的项目，并对认知 – 情绪的项目数比、难易比进行平衡获得最终项目。原版本中的正确选项被保留，选取相对简单的词作为错误选项。最后的形式是问儿童：“这是一个男人/女人。他/她现在是 X 还是 Y？”X、Y 分别是错误和正确选项。新版本重测信度良好，内部一致性系数充分，能够有效区分成人和儿童的反应。

此外，随着眼动技术的发展，人们可以通过追踪眼球运动（此处眼球运动指眼跳）的轨迹来对背后的心理活动进行更加精细的探索。眼动目前较多地用在阅读、图像/场景扫描和视觉搜索中，其中图像/场景扫描与心智解读有着更为直接的联系。一般认为人们在看图像时对某部分的注视时间长、注视次数多、瞳孔直径增加，则表明其可能对这部分内容感兴趣。因此研究者通常使用眼动仪记录被试的注视点位置、注视点持续时间、注视次数和瞳孔直径变化等。早期研究发现人们喜欢对物体或人物的轮廓进行扫描，并根据不同的指令关注不同的信息（比如要求推测交流对象家庭状况时，人们倾向关注穿着，推测年龄时则更多注视脸庞）。总体而言，如果关注对象具有低水平的视觉因素（如对比度）或高水平的语义属性（semantic properties），会延长人们的注视时间；而对于每次眼跳如何选择对象，人们所知甚少，目前能确定的是，和环境不符合的物体可能会吸引更多的注意（Liversedge and Findlay，2000）。不过我们可以想象，除了外部因素，来自个体内部的信息，如个性、经验和当时思考内容等都会影响对注视对象的选择，这可能是造成无法在研究中获得一致结论的原因。由于人们对网络的依赖越来越大，近年有不少研究把关注点放在了人们对网页的扫描和注视方式上。以网页广告研究为例，研究者发现人们更倾向注视彩色和动画图像，对位于网页上部和中部的注视次数更多、时间更长、回忆成绩也更好，而周边内容和广告内容的相关性不影响对广告的信息加工（白学军等，2008；程利等，2007）。

2.2 表情

表情不仅是情绪最重要的外在表现，还可让交流对象意识到自己的情绪状态和活动，从而采取相应的回应方式，因此正确认识表情对心智解读而言非常重要。在表情识别领域，Ekman 无疑贡献最大。他在环游世界以研究人类如何表达情感的过程中发现有七种基本情感是全世界通用的，不论哪种民族和文化，它们的产生和辨认都相同，它们分别为惊讶、伤心、生气、害怕、开心、厌恶和轻蔑（surprise，sad，anger，afraid，happy，disgust，contempt；Ekman，1992）。Ekman 和其同事将这些情感对应的表情细致分解到了脸部每一块肌肉的运动上，称为运动单元（action unit，简称为 AU），并在此基础上发展出了一套脸部动作编码系统（facial action coding system，简称为 FACS；Ekman and Friesen，1978）。这套系统沿用至今，仍是情绪研究领域最重要的工具。FACS 中对脸部区域的分解如图 4。下面详细介绍这七种基本表情的表现方式。

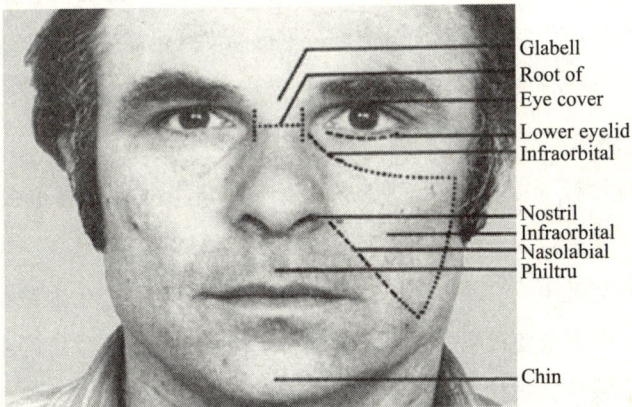

图 4　FACS 中脸部区域的分解及相应名称

（图片来自 Ekman *et al.*，2002. *Facial Action Coding System—The Manual. p.* 15）

2.2.1 惊讶

惊讶是由突发事件引发的，人们无法做事先准备，所以难以隐藏。而且它是持续时间最短的情绪，只持续几秒钟就转换成对已发生事件应有的其他情感。惊讶时最突出的是眉毛会高高耸起，眉毛下方的皮肤会露出更多，前额可能会出现水平的皱纹或者皱纹加深；眼睛睁得很大，上眼皮被抬起，而下眼皮处于放松状态，以至于可以清楚地看到虹膜上面的眼白；下巴垂下和嘴巴张开，至于两者的程度如何则取决于吃惊的程度，当整张脸都变成一个张大了的嘴巴时表明被吓得目瞪口呆。

2.2.2 伤心

伤心是持续时间最长的情绪。人们处于伤心状态时，大部分时候眉毛的里端会收缩并扬起，形成"八"字形。眉毛的运动还会使两眉之间产生皱纹或加深垂直的皱纹，上眼皮的里端会被抬起从而形成三角形。三角形眼皮表明这个人开始感到难过或者正在难过却竭力控制自己表情的明显信号。此外，伤心的人眼皮通常会低垂。嘴巴特征是嘴角向下，撇嘴的动作使下嘴唇向外突起，下巴的皮肤可能会出现皱纹。

2.2.3 生气

当目标行为受阻时人们会产生生气情绪，当然有时也会感到伤心。生气需要脸部三个区域都产生变化才能得以正确辨认。一块是眉毛区域会收缩并下垂，两眉之间会出现皱纹，但前额不会出现皱纹。眼睛区域中，眼皮会变得紧张，眼睛会犀利凝视。根据愤怒程度的不同，下眼皮或多或少会被抬起。由于眉毛往下压，上眼皮看起来好像被降低，使眼睛变得更狭窄。嘴巴区域会呈现两种不同的形式：双唇紧闭的嘴巴通常出现在进行身体攻击或竭力想管住嘴巴不说出什么的时候，这也是人们开始愤怒时出现的第一个信号，常常在还未意识到愤怒时就已出现；张开嘴巴意味着我们想让每个人都知道自己有多愤怒。

2.2.4 害怕

当人们害怕时眉毛会保持直线上扬，也会出现皱纹但不会横贯整个前额。如果眉毛上扬收缩时并不伴随前额皱纹的出现，就表示当事人在专心致志或者在试图控制自己的害怕情绪。眼睛睁大并且紧张，和惊讶不同的是下眼皮是紧张收缩而非张开，且能遮盖住一部分虹膜。害怕时嘴巴要么张开要么紧闭，嘴唇紧张且往回收缩。如果只有嘴巴出现这样的状态就意味着焦虑或担忧。如果紧闭的嘴唇只在一瞬间出现就消失意味着感到害怕并力图不显露出来，或者在谈话中下意识地回忆起某件曾令你害怕的事。

2.2.5 厌恶

厌恶是一种非常强烈的情感，在这种状态下鼻子会皱起，上嘴唇抬起，下嘴唇也可能撅起并突出，嘴巴紧闭，或者下嘴唇下降并突出使嘴巴张开。厌恶的感觉越强烈，皱纹出现的就越多，脸颊也会被抬起，以致下眼皮也被抬起来使眼睛收缩，而这又使眼睛下方出现线条和褶皱。当厌恶感非常强烈时，眉毛通常会被降低，这点在识别上非常重要。

2.2.6 轻蔑

轻蔑和厌恶密切相关，但轻蔑的对象只限于人及其行为，而厌恶还涉及物品。我们也不一定想远离我们所轻蔑的人，但感觉自己比他们优越，这通常是一种道德优越感。在表示轻蔑时，嘴角总会拉紧并上扬，形成一种带点邪气的微笑。也有可能是上嘴唇的一端扬起。根据轻蔑程度的不同，上嘴唇有可能只是轻微地抽动一下，也有可能非常明显地上拉，以至于牙齿露出。这个表情通常伴随鼻子发出"嗤"的一声，眼睛则往下看。

2.2.7 开心

这里的开心其实包含一切积极情绪，比如感官享受、激动、放松、好奇和入迷，甚至不太被社会接受的幸灾乐祸。开心的外在表情就是"笑"。真笑会用到颧骨肌和轮匝肌，前者把嘴角扬起来，后者让眼睛周围变得紧张，从而出现一点斜视。下眼皮下方的皮肤会收缩，眉毛下垂，脸颊出现皱纹。我们可以有意识地控制颧骨肌使嘴角上扬，但很难控制轮匝肌。像轮匝肌的外面部分只有 1/10 的人可以有意识地控制，因此假笑时人们的笑容不是完全的，而且假笑也无法使得眉毛垂下来一点。如果不想假笑被拆穿就要扮出一张大笑脸，把脸颊往上推使得眼部下方的皮肤堆起来。这会使眼睛变窄并在眼角周围出现皱纹，唯一剩下的线索是眉毛和下面的皮肤，因为只有真笑才能下垂。

事实上惊讶和害怕有时难以区分，而有研究者认为感兴趣（interest）和羞愧（shame）也属于基本情绪（Russell and Fernández Dols, 1997）。表情在传递相应感情时包含真实度、强度和典型度三个维度。因此这些基本情绪都有下延的情绪，如生气有暴怒和烦恼。但下延情绪的表情必需含有基本表情的信号。而除基本情绪外的其他情绪被认为是基本情绪的混合，如焦虑（anxiety）就混合了害怕、伤心、生气、羞愧和感兴趣。这些混合的情绪信号多少会体现在表情上。

随着 Ekman 研究的发展，关于情绪和表情是否存在确切对应关系的疑问也一直没有平息过（Russell and Fernández Dols, 1997）。但不论事实如何，大家还是公认表情能够传递出心理状态。除了情绪外，它还代表着动作的准备状态、认知状态等。Palachaud 和 Poggi（2002）从交流功能角度出发，将表情分为 5 类：（1）传递具体或抽象物体和事件的位置或属性；（2）和表达状态的信念相关；（3）语气；（4）交流的情感状态；（5）对个体的思维活动提供元认知信息。而人们也能够对这些心理状态进行辨认。使用绘画的脸，研究者发现不同文化下的正常成人和儿童能够辨认出除基本情绪外的很多复杂心理状态，如图谋/做计划、报复、内疚、认出、恐吓、懊悔和不信任（scheme, revenge, guilt, recognize, threaten, regret, distrust；Baron – Cohen *et al.*，1996）。

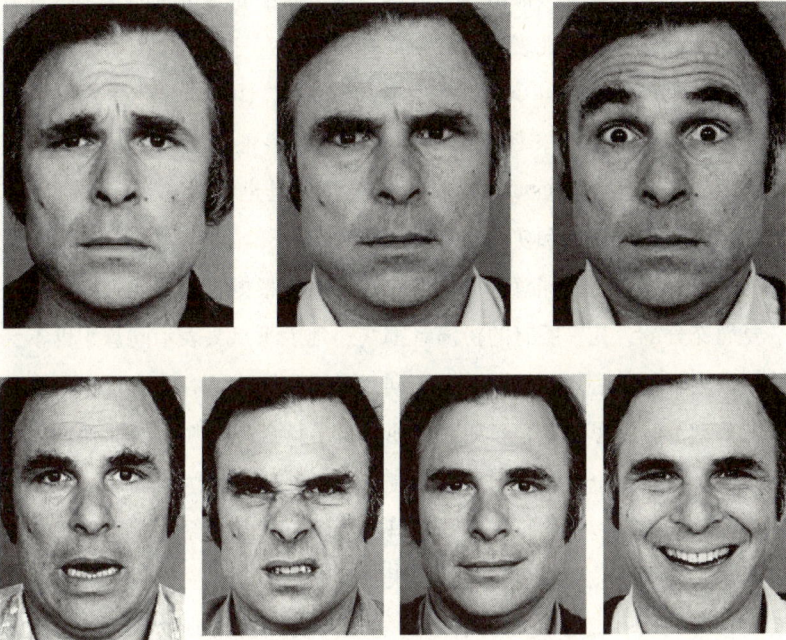

图5　人类7种基本情绪的表情示意图

（从上到下，从左到右依次为：惊讶、伤心、生气、害怕、厌恶、轻蔑、开心；图片来自 Ekman *et al.*，2002. *Facial Action Coding System—The Manual.*）

尽管 FACS 在表情研究中应用广泛，作用重要，但它有个缺陷，就是只能对静态的表情或脸部动作进行分析，但生活中动态表情才是常态，而且最近有研究发现，动态表情不仅能提高再认的准确性，要实现对一些表情的区分，必须依靠伴随时间的动态变化（Ambadar *et al.*，2005）。除脸部动作外，头动在表情辨认中同样有着重要作用。如点头摇头表明赞同与否、迎接某人或禁止一些事情。头部方向可以指示或反映感情，头部向下往往被认为和伤心有关。

　　因此 Nusseck 等（2008）近期系统地考察了头动、嘴、眼、眉毛在动态面部中对开心、思考 (thingking)、惊讶、一无所知 (clueless)、同意 (agreement)、不同意 (disagreement)、伤心、困惑 (confusion) 和厌恶这九种表情的辨识作用。他们共进行了 4 个实验，前两个实验保留表演者的头动。实验 1 只保留表演者嘴、眼、眉毛和其组合的正常活动，将其余部位替换为中性表情，以考察是否只要有这些部位出现就能识别出表情，即充分性 (sufficient)。实验 2 是冻结 (frozen) 这些部位的动作（替换为中性表情），保留其他部位的自然表情，以考察这些部位在识别中的必要性 (necessary)。后两个实验只是进一步控制了头动，其余实验刺激和过程均和实验 1、2 相同。

该研究发现对于同意和不同意来说，只要根据头动就能判别，它是必要而充分的。几乎所有的扮演者都快速地上下点头表示同意，也不会被错认为其他的心理状态。至于不同意，摇头的速度有快有慢，但均从左向右动。有意思的是，当加入其他部位的信息后，判断的准确性反而下降，而困惑和一无所知由于常伴随转头动作被误认为不同意。只要看到嘴角抬起，人们就能正确辨认出开心。嘴巴打开能帮助识别惊讶，但它不是必须的部位。对思考来说，眼睛是最重要的识别部位，只要扮演者转移目光或朝上看或直视前方就能使人们识别出该表情。和思考相似，睁大眼睛是表现一无所知最重要的表情，但经常会和惊讶混淆起来，要正确辨认还需要结合脸部除嘴、眼、眉毛和头动外的其他信息。对于困惑来说，最突出的特征是眉毛挤向中间，上嘴唇轻微上扬。而伤心和厌恶的辨认也都需要结合多个部位的信息。总体来看，人们对表情背后心理状态的辨认快速而准确。

2.2.8 微表情

上述的表情均指非常容易被人察觉的普通表情，其实人还存在着两种难以被觉察的表情：一种是弱表情 (subtle expression)，其强度非常低；另一种是微表情 (microexpression)，其持续时间非常短（吴奇等，2010）。尽管微表情在 20 世纪 60 年代就被 Haggard 和 Ekman 等人发现，但对它的研究和应用直到近 10 年才得以兴起和发展。微表情持续时间仅为 1/25s 至 1/5s，这使得大部分未经过特殊训练的人难以觉察到它的存在。Ekman 和 Sullivan（2006）认为微表情可能是人们在试图压抑、中性化或隐藏表情时产生的碎片（fragment），因此它往往在人撒谎时出现，它既可能包含普通表情的全部肌肉动作，也可能只包含普通表情肌肉动作的一部分。由于微表情的这个特性，对它的正确识别被认为是了解人类真实感情和内在情绪加工过程的一个窗口，而 Ekman 团队是研究微表情的主要力量。

尽管微表情难以觉察，但就算用正常速度播放录像或实时观察，那些经过训练的专业观察者还是可以捕捉到（Ekman and Sullivan，2006）。Ekman 及其合作者（Ekman and Friesen，1974；Frank and Ekman，1997）研制了短暂表情识别测验（brief affect recognition test，简称为 BART），发现微表情识别能力与谎言识别的准确性呈显著正相关。此外，他又开发了第一个微表情训练工具（micro expression training tool，简称为 METT），结果发现该训练程序能在 1.5 个小时内提高人识别微表情的能力（Ekman，2002）。

但微表情的研究还面临不少问题，其中一个根本问题就是微表情是否只在说谎时出现，能否被人意识到。其次，撒谎动机水平、时间长短、情绪唤醒程度和微表情的关系如何也有待探索（吴奇等，2010）。这些关系到微表情产生机制的问题直接影响到对其识别的可靠性和应用性。这恐怕也是微表情研究成果还无法推广的原因之一。

对表情识别的研究发展至今，研究者早已不再将目光集中在单纯的何种心理状态对应何种表情，或如何正确识别表情背后的心理状态上。他们往往将这类研究成果和人工智能结合起来，开发能够自动识别表情的人工神经网络，以推进计算机的智能化。

2.3　动作、行为和肢体语言

2.3.1　动作、行为的定义和心理化

理解动作（action）的第一步是对在做什么进行定义。动作能在不同水平上被定义，低水平定义指动作如何被做，而高水平定义指动作的原因和效果，但不涉及情绪和其他心理状态（Goldman，1970）。因此高水平定义往往是对行动者的心理表征进行推测和揭示。定义水平能用行为定义量表（Behavior Identification Form，简称为 BIF；Vallacher and Wegner，1989）来测量。它有 25 个项目，每个项目都是中等水平的中性动作，提供低、高水平定义两个选项。如"刷房间"的低水平定义为"使用刷子"，高水平定义为"使房间看上去清新"。要求被试从中选择一个项目。Vallacher 和 Wegner（1989）发现，倾向高水平定义的个体（简称为 H 个体）更注重自身行动的意义和结果，倾向低水平定义的个体（简称为 L 个体）则重视细节。相比情景因素，H 个体知觉行为时更容易受心理因素如动机的影响，表现出更多的内部控制。因此他们的行为具有跨情景稳定性和一致性，有更为清晰和稳定的自我概念。L 个体相反，行为具有冲动性，更少参照心理状态。

实际上人们在进行动作和行为（behavior）知觉时很难将其与心理状态严格分离，心理状态通过行动表现出来，而行动又是受心理状态的驱动（Hobson，1993）。个体直接评估他人的心理状态，被称为心理化（mentalizing；Frith and Frith，2003）。心理化解释包括想法、情绪和意图，机制性解释集中在过程、属性和效应，也被称为心理归因（mind attribution）。人们是如何对他人的动作和行为进行心理化的？每个人都是推测行为意图的专家，当意图不明时，会采用定型化（stereotyping）策略，人们还往往认为自己的所思所想也是他人的所思所想，这一策略

被称为投射（projection）。Ames（2004）认为它联合了很多次级过程：知觉者推测心理状态的存在和内部事件，并从外部线索或个体刺激获得动作者的其他特征。不过人们对他人心理状态的评估往往不及对自己的评估来得精细。因此要消除这一误差就需要人们在更高的水平上对他人的行为进行定义和归因，与之相对，判断他人对自己的评估时要在更低的水平上进行推断（Eyal and Epley，2010）。

了解成人对行为的心理化通常先向被试展示一个虚拟人物的信息，然后使用心理归因量表（mind attribution scale）进行调查。不同研究出于不同的目的，会对人物信息进行控制，编制的量表在具体细节上也会有所差异，但基本形式相同。下面以 Kozak 等（2006）的研究为例。相对中性（即不会引起被试极端的偏爱或厌恶）的虚拟人物信息如下：麦克是一个州立大学的 20 岁学生；他的专业是英语，同时也对政治科学感兴趣；课余时间，他喜欢参加校内运动，但他主要是用来休闲放松，而不是作为正式的运动员去参加；周末他喜欢参加派对或者和朋友外出聚会；麦克希望能成为研究生，或者毕业后去杂志社工作。心理归因量表有 10 个项目，包含对情绪、意图和复杂认知的评估。如情绪上的，这个人有着复杂的感受；意图上的，这个人能有目的的去做事情；认知上的，这个人的记忆力很好。选项采用里克特 7 点量表，从完全同意到完全不同意。最后让被试评估对目标人物的喜爱程度。更复杂的研究还会呈现目标人物的一段行为，让被试对行为背后的意图和情绪进行推测。如 Ames（2004）提供的行为、事件信息如下：一天下课后爱丽丝正走在校园里，经过一个蹲在一辆自行车旁边的人；很明显这个人的车链掉了，他正努力在修理；链子又油又脏，他身上被弄得脏兮兮但是仍没有修好；爱丽丝认出他正是一门很重要课程的教授，她停下来帮助教授修好了链条；教授感谢她，爱丽丝笑了笑继续走她的路。问题为"在这种情景下你会是怎样的感受？"要求被试对 8 个项目描述的认同程度进行评分，如"我确实想要帮助任何人"、"我希望通过帮助得到更高的分数"。

已有研究发现对认为和自己相似的人，人们倾向采用投射策略 (Ames，2004)；人们更愿意考虑他们喜欢的人的心理状态 (McPherson-Frantz and Janoff-Bulman，2000)。Kozak 等 (2006) 有相似的发现，并发现人们倾向对相似或喜欢的人的动作进行高水平定义和积极归因，而对遭受坏事的人，倾向消极对待，对行为做低水平定义。此外还更倾向对同组成员的心理状态进行归因，而否定组外成员的情绪 (Leyens *et al*.，2000)。

3.3.2　肢体语言

在人际交流的过程中，单纯的语言信息只占很少一部分，大部分来自非语言状态的传达，其中就包括肢体语言。这些肢体信号，特别是手势可以具有和语言相类似的音位水平和句法形态，同样由主导语言的左脑控制，因此也被称为肢体语言 (Goldin-Meadow，1999)。肢体语言能够帮助我们更形象地传达所要交流的信息，促进听者的理解 (Jacobs and Garnham，2007)，或者说肢体语言和声音语言一起才能构成我们对交流情景的正确理解。McNeill (1992) 将谈话中自发产生的手势按照形式分为4类：(1) 形象再现 (iconic)，用来表现句义，比如用手做出握着杯子的样子；(2) 隐喻 (metaphoric)，用来表现更为抽象的内容；(3) 拍打 (beat)，手或手指有节奏的上下或前后移动；(4) 指示 (deic-tic/pointing gestures)，可实指谈话的空间，也可虚指，如从何处来。一般情况下手势用来帮助理解谈话，而且大部分都不难理解，并具有跨文化的稳定性 (Goldin-Meadow，1999)。

更为有意思的是，肢体语言能够传达出谈话者未用语言表达的深层心理状态，乃至想要隐藏的信息。比如双臂交叉抱在胸前意味着保持距离/分离/怀疑。重复进行毫无意义的动作，如反复按圆珠笔、敲手指头可能是在帮助自己放松下来，消解压力。如果紧张会摸脖子或者摸脸。孩子高频率吮吸手指是在进行自我安慰，表明其内心紧张，可能需要妈妈的更多关注。在别的相关书籍里可以看到更加丰富多彩的不同文化下的肢体语言解释。但要注意的是，这类肢体语言并不具备跨情景性。不同的场合不同的人，同样的姿势并不传达同样的含义。比如双臂抱在胸前也可能是因为寒冷。所以不要用已有的知识对第一次见面的人进行过度解释，要先观察一下（Fexeus，2009）。

儿童是如何理解这些肢体语言？Bucciarelli等（2003）进行了较为细致的探究。他们设计了两个对比条件，一个是语言条件，通过语言阐述故事，严格禁止阐述者做任何手势、动作；一个是姿势条件，通过手势等肢体动作来表现故事，要求表演者用自发、自然的方式。另外有两个评判者评估姿势的自然性以及与语言表达的相似性，直到他们完全认同两个条件在意义上具有一致性为止。他们使用录像表现日常生活常见的情景，共有5种不同的情景：直接、简单间接、简单欺瞒、简单反话和复杂间接（directs，simple indirects，simple deceits，simple ironies，complex indirects）。每种情景下有3个故事，每个故事持续30s左右。每个故事只探索一个交流动作，涉及二至三个不同的任务，并很容易被年幼儿童理解。比如这个直接情景：一个孩子正和妈妈走在路上。语言条件下孩子说"妈妈，抱我起来"，姿势条件下是拉妈妈的衣服并伸出手臂。如下图6所示（左图是语言条件，右图是姿势条件）。图中的空白表示孩子正在想的内容。被试要做的是从4张图片中选择符合孩子意图的那张来填，选项如图7。其他情景故事如下：简单间接情景——两个女孩（A和B）在一个房间里，A正在看书，B打开了窗户。语言条件是A说"不好意思，你能把窗户关上吗？"姿势条件是A吸引B的注意并指向窗户。简单欺瞒情景——孩子们正在教室里做数学练习，一个孩子（A）正把连环画藏到一本书里面去，老师（B）觉察到可疑，走了过来；语言条件是B问"你在做练习吗？"A说"是的"。姿势条件是A把连环画藏到桌子下给老师看她的书。简单反话情景——A和B正在玩积木，一起搭了个很高的塔，B把积木打翻了；语言条件是A说"干得好"，姿势条件是A鼓掌。复杂间接情景是一个孩子（B）正和他姐姐（A）一起散步，他们停在了一个玩具商店前；语言条件是B说"你能帮我买那个游戏吗？"A说"我们没有钱"；姿势条件是B立即指向一个游戏，A向他展示自己的空钱包。

图6 其中一个直接情景的故事录像的最后一帧截图

(图片来自 Bucciarelli *et al*., 2003. How children comprehend speech acts and communicative gestures. *Journal of Pragmatics*, 35: 221)

　　结果发现姿势和语言条件下的表现几乎相同，直接和简单间接故事条件下的表现最好，简单欺瞒次之，任务难度最高的是简单反话和复杂间接情景。就姿势条件下的正确率而言，直接和简单间接情景下，2.6—3岁的正确率就到达了63%；相比2.6—3岁的表现，简单欺瞒情景下3.6—4岁的正确率有很大的飞跃，与心理理论中完成错误信念任务的年龄转折点相近（转折点在3—5岁）；简单反话的各年龄段表现相近都在50%左右，而复杂间接情景理解能力转折点在6—7岁，正确率达到了70%。这个结果表明，对情景的理解和意图归因不太受交流方式（无论语言还是非语言）的影响，而是受制于思维表征（mental representation）能力和情景的难度。之前就有研究发现，随着语言词汇量、语法复杂性增长的同时，肢体语言的词汇和语法复杂性也有显著增长（Bonvillian and Folven，1993）。或者可以理解为人们内部的思维表征可以通过语音和肢体语言两种方式表现，表达能力会随着思维表征能力的提高而相应提高。

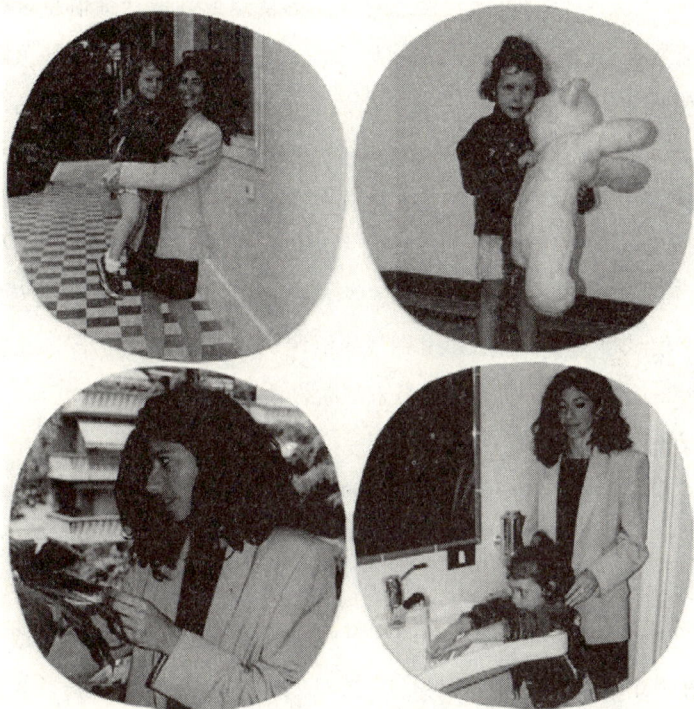

图7　直接情景故事的 4 个图片选项

（图片来自 Bucciarelli *et al.*，2003. How children comprehend speech acts and communicative gestures. *Journal of Pragmatics*，35：221）

2.4　语音信息

除了语言内容本身，其他的语音信息同样对交流过程中的心智解读起着重要作用，如语调、音量、音速等。不同的情绪往往通过不同的语音信息来表达。相信我们都注意到，当人们愤怒的时候嗓门会提高，语调改变、音量加大、节奏加快；而难过时声音会变得低沉，语速变得更慢更平静 (Fexeus, 2009)。同样一个"啊"字，用不同的语气说出就可以表达出惊讶、思考、疑问等不同情绪。

那么人们可以利用语音信息对背后的情绪或其他社会信息进行知觉和推测吗？已有研究发现左脑加工语言内容，语调则由右脑负责处理 (Wildgruber et al., 2005)。婴儿甚至在 4 个月大时就能知觉到语言传达出的情绪。Walker - Andrew 和 Lennon (1991) 发现，结合面部表情 (不管和声音相配与否)，5 个月婴儿能区分开心、生气和伤心的语音信息。Caron 等 (1988) 发现 7 个月的婴儿能够根据语音信息区分生气和开心，但在只获得面部信息的条件下不能完成任务。另有研究发现，当情绪信息存在矛盾时 (如用生气的语调说表示开心的句子)，儿童依赖内容，而成人则倚仗语音信息来判断说话者的情绪 (Morton and Trehub, 2001)。

对于复杂情绪的辨认，Rutherford 等 (2002) 创设了读声 (Reading the Mind in the Voice, 简称 RMV) 任务。他们从 BBC 剧集中选取了 40 个声音片段，让被试做二择一任务。此后，他们又在 2007 年发展了一个新的测试版本，除了更换掉表现不好的项目，主要改进是将备选项增加到了 4 个 (Golan et al., 2007)。例如有个项目为：我向你保证我不会伤害他 (I won't harm him, I promise you)。备选项为：欺诈的、威胁的、有决心的、诚恳的 (deceitful, menacing, determined, sincere)。正确答案为诚恳的。为了保证各个题的难度相当，每题中各有一个错误选项来自正确选项语义范畴的上层、同一层和下层。这两个研究结果和读眼测试相似，均发现正常人的正确率高于随机水平，而大部分的自闭症和艾斯伯格症患者不能完成该任务。后一研究还发现读声和读眼测试的表现存在一定的相关性。

此外，我们很容易就分辨出说话对象是成人还是婴儿。因为成人与婴儿交谈时通常采用更高、更夸张、变化更大的语调 (Fernald and Simon, 1984)。这种语言方式被称为儿向语 (infant-directed language)。

Berry（1991）让 86 名本科生用中性、正常的方式来背诵 15s 的字母表，随后让被试用 9 点双向量表对这些学生的一些人格特质进行评估，特质分力量型（power）和温暖型（warmth）两大类，具体包括冷酷 - 温暖（cold-warm）、精明 - 天真（shrewd - naive）、服从 - 支配（submissive-dominant）等。结果发现被试的评分和学生的自评之间存在很高的一致性，特别是男性的果断性（assertiveness）和女性的社会亲近度（social closeness）、侵略性（aggression）和力量度（power）。上述研究均表明声音可以传达非常丰富的社会信息，在交流过程中扮演着不可或缺的角色。

2.5 触觉

上文提及的心智解读都是通过视觉和听觉来进行。事实上，触觉同样是人类很重要的感知觉功能，在情绪等心理状态的传递上起着重要的作用。不过目前关于人能否通过触觉解读心智的研究仍处于起步阶段，而且主要集中在对各类情绪状态的解读上。Hertenstein 等（2006）最早开展这方面的研究，他们随机将两个陌生人结成一对，并随机确定一个为编码者（encoder），另一个为解码者（decoder）。两人之间用一块不透明的黑布隔开，并禁止交谈，从而消除除触觉外的一切交流方式。编码者根据提示板上要求的情绪先考虑他/她想要如何交流，随后用觉得适当的方式去碰触解码者裸露在外的手臂（区域包括从肘部到手的末端）。情绪共有 12 种，分 3 大类：一类是基本情绪，包括生气、害怕、开心、伤心、厌恶和惊讶 6 种；一类是亲社会情绪，有喜爱、感激和同情（love, gratitude, sympathy）3 种；还有一类是作为亲社会情绪对照的自我关注（self-focused）情绪，有尴尬、骄傲和嫉妒（embarrassment, pride, envy）3 种。解码者要求从这 12 种情绪中选出认为适当的那种。此外还有第三人对编码者每一秒的接触类型和强度进行编码。结果发现无论是美国人还是西班牙人，都能通过碰触辨识出生气、害怕、厌恶、喜爱、感激和同情，而不能辨别自我关注的情绪。只让被试看编码者动作的录像，他们也能够辨别出生气、害怕、开心、厌恶、喜爱、感激和同情。一般而言，同情通常用轻抚和轻拍，生气则是击打和紧握，厌恶是推开而感激是握手。可见触觉识别情绪的本质是特定的手部表达方式，即肢体语言和特定的情绪相联系，而人们可以通过触觉获得手部表达方式的信息。

此后，Hertenstein 等（2009）提高实验的生态效度，让编码者可以触摸解码者身体的任何部位，结果在之前研究的基础上增加了开心和伤心的辨识。也就是说人们能够通过碰触辨别基本情绪和亲社会情绪。他们认为这表明亲社会情绪主要是通过动作和接触来传递。Thompson 和 Hampton（2010）进一步发现情侣间能用碰触传达出嫉妒和骄傲这两种自我关注的情绪，但仅靠编码没有发现陌生人和情侣在表达动作上的差异。作者认为是不同的关系引发的解释不同造成，下一步可以采用匿名方式进行研究。不过匿名研究也许不像想的那么容易，之前有人发现夫妇可以仅通过碰触就判断对方是否是自己的另一半（Kaitz，1992）。触觉研究目前面临的最大问题是：基本情绪的动作表达是否和面部表情一样具有高度的跨文化一致性？不同文化之间能否通过碰触传递感情？相信这将是下一步的研究重点。

2.6　心理理论

对于上述通过眼睛、表情、动作和声音等推测心理状态和活动的心智解读能力，心理学提出了"心理理论"这个概念，进行更深入、更宽广的阐述。个体具有心理理论即个体具有将自身及其他个体的行为归因为心理状态的能力，由此产生的对行为原因的推论组成一个理论系统。将其视为理论有两点理由：首先，心理状态不能被直接观察；其次，这一推论系统能被用来预测个体行为（王茜等，2000）。它最早起源于Premack 和 Wooddruff（1978）对黑猩猩是否具有一种"心理理论"的研究，并于20世纪80年代在发展心理学领域内掀起了对"儿童如何获得心理理论"进行研究的热潮。

心理理论的内涵十分丰富。儿童是从一种以愿望、情绪、知觉为中心的心理理论逐渐发展到后来的以信念为中心的心理理论，而后一种更高级的心理理论的获得是在前一种心理理论的重复和失败的基础上慢慢发展起来的（李佳、苏彦捷，2004）。Tager – Flusberg 和 Sullivan（2000）从主体信息加工的角度出发，提出了更为清晰的心理理论模型，认为它包含两个成分：一个是社会知觉成分，一个是社会认知成分。社会知觉成分包括对他人的面部表情、身体姿势、行为动作和声音等信息反映的心理状态，如对意图、情绪等进行在线的迅速判断。上文涉及的众多内容其实就属于社会知觉成分的研究，如读眼和读声测试。这可能是一种内隐化的过程，主要和情绪系统有关，而与语言等认知功能相关很低。根据上文介绍，我们知道社会知觉成分出现得较早，在婴儿期就具备了一定的这方面的能力。社会认知成分则是更高级的心理活动水平，它需要人在头脑中对他人的心理状态进行表征和推理加工，因此和语言能力等关系密切。早期的心理理论研究集中在后者上，错误信念（false be-lief）任务是最典型的社会认知任务。

2.6.1 错误信念任务

错误信念任务的设计原理就是探究儿童能否认识到支配他人行为的是其信念，而非事物的真实状态，即认识到个体能够以不同方式表征同一客体或事件。在任务表现上，具备心理表征理论的儿童能不受自己关于某一客体位置的错误信念的影响，从而能正确地预测他人行为。

该任务有两种范式：一种是意外地点任务（unexpected location task；也称意外转移：unexpected transfer），一种是意外内容任务（unex-pected content task；也称欺骗外表糖果盒任务：deceptive – appearance smarties mark box task)。前者（王益文、张文新，2002）具体如：女孩小丽把一个小球放在塑料盒里（位置 A）并盖上盖子，然后离开；在她不在时，男孩小强把小球从小丽的塑料盒里拿出来放到自己的纸筒里（位置 B），盖好盒盖和纸筒。问孩子的问题有如下 5 类：(1) 认为问题，小丽认为小球现在在哪里？(2) 记忆问题，小丽离开房间之前把小球放在哪里了？(3) 真实问题，实际上小球现在在哪里呢？(4) 错误信念，小丽回来了想玩小球，她会到哪里找她的小球？(5) 首要问题，小丽回来想玩小球，她会首先到哪里找她的小球？后者情景如实验者向被试展示一个糖果盒，并问盒子里是什么。在被试回答为"糖果"后，实验者打开盒子表明里面装的是铅笔；然后将铅笔放回盒子并问被试：其他孩子再打开盒子之前，认为盒子里装的是什么？这类研究通常用木偶表演并呈现实物。

迄今为止的上百个研究，包括国内研究（王益文、张文新，2002）表明 3—5 岁是错误信念发展的关键期。3 岁儿童在进行错误信念推理方面的能力是有限的，甚至可能无法利用最显然的外表线索，而 5 岁时可以克服实验任务中几乎所有的困难，能够更好地理解所提的问题、追随故事线索，并不会由于存在其他显得十分突出的因素而被问题所迷惑（桑标，2003）。

2.6.2 其他心理状态的理解

除了信念，儿童当然还能对其他的心理状态进行理解。由于上文已有所涉及，此处重点介绍情绪理解和代表心理理论获得的另一个重要能力——说谎能力。

只凭面部表情、眼睛等外在线索直接判定表情，对儿童开展正常的社会交往是远远不够的。他们还需要认识更多的心理概念，才能对自己和他人的情绪产生的原因和线索进行推断，从而预测他人的情绪状态，指导自己作出正确反应。其中一个重要的概念知识就是：个体的愿望和所持有的信念是决定情绪状态最主要的因素。比如当一个人的愿望没有得到满足，他会感到难过，而满足了会感到开心。已有研究发现儿童 3 岁左右已经能够理解情绪和愿望间的关系；到 4 岁左右信念和情绪的关系知识开始出现；6 岁时能够比较普遍地通过基于信念的情绪理解任务（李佳、苏彦捷，2004）。

有时同一个客体或事件可能会引发两种矛盾的情绪反应：积极的和消极的。比如在放假的前一天，面对休假和老师、同学的暂时分别，学生会同时产生高兴和难过两种情绪。但这方面的研究没有一致的结果。有研究表明 6 岁儿童能够理解混合情绪（Brown and Dunn，1996），但也有研究发现 7 岁儿童只能识别同一性质的情绪，到 11 岁才能辨别（Harter and Whitesell，1989）。对混合情绪的理解应该是深入研究的领域。

说谎认知和说谎行为都涉及对事实或情景、意图和信念等方面的认识，比如能够区分自我和他人心理，认识到驱使他人行为的是信念而非事实，并能够操纵他人的信念和意图。但很多研究单纯探讨说谎，结果只能从说谎或欺骗发生来间接说明对信念或错误信念的理解，而无法解决一些研究者提出的说谎或欺骗能力是一种反映"心理理论"获得为基础的关键能力的假设（徐芬等，2005）。徐芬等（2005）同时探讨了说谎行为和经典错误信念任务的关系。说谎行为任务是创设一个抵制诱惑的情景：在说明游戏的规则是不能"把杯子拿起来看"的前提下，主试和被试开始玩猜东西的游戏。倒扣的杯子里有许多花生，如果被试拿起杯子偷看，花生就会撒出来，几乎不可能再复原。在游戏过程中，主试借故出去一分半钟，用摄像机录下整个过程。主试在回来后问被试有没有碰过杯子，知不知道里面是什么东西等问题。结果发现 3 岁组有 59.3% 的儿童出现说谎行为，4 岁组上升至 75%；尽管没有发现说谎、未说谎两组儿童在错误信念任务上的得分差异，但那些进行策略性说谎（比如说"不小心碰到的"、"别的小朋友进来打开的"等；非策略性说谎就是一味否认或说些不合逻辑的借口）的儿童在错误信念任务上完成得更好。作者认为，在儿童能够理解他人错误信念之前，他们已经会为了影响他人的行为、而不是他人的信念而说谎；而儿童对信念与错误信念理解水平的不断提高，使说谎的能力随之发展。也就是说，不是有没有说谎，而是说谎的"水平"与心理理论的发展有关。

2.6.3　关于心理理论发展的理论解释

当前主要存在三种理论解释（王茜等，2000；桑标，2003）。第一种是理论论（Theory Theory）。它认为我们关于心理状态的知识是一个由信念、愿望、知觉等核心概念相互联系而出现的心理知识系统，是一种非正式的、直觉的理论。该理论强调经验对儿童心理理论发展的塑造作用：经验不断为幼儿提供已有知识无法解释的信息，最终引起儿童修正和改进。它将儿童心理理论向成人化发展的过程划分为三个重要步骤：2 岁左右，儿童具有简单愿望心理学（a desire psychology），只知道人会对经验产生主观感受并根据愿望解释行为；3 岁时儿童获得愿望－信念心理学（a desire－belief psychology），但此时信念只处于辅助地位；4 岁左右，儿童具备信念－愿望心理学（a belief－desire psychology），能更灵活地结合愿望和信念判断人的行为。

第二种理论解释是模仿（或拟化）理论（Simulation Theory）。它认为儿童对自身的心理状态有某种内省性觉知，并能通过一种角色采择或拟化过程，利用这种觉知推论他人的心理状态。它虽然强调模仿、角色扮演的作用，但并不排斥人们在预测、解释行为时会诉诸理论。

第三种理论被称为模块理论（Modularity Theory）。它持有的观点是，儿童通过先天存在的模块化机制在神经生理上达到成熟而获得对心理状态的认识，经验对心理理论的出现只起"触发"作用。关于自闭症的研究发现，自闭症患者普遍缺乏心理理论，同时还有相应的神经生理缺陷支持了该观点。其实上述 3 种有关心理理论发展的理论解释并非完全相互排斥：心理理论有一定先天生理和心理基础；其发展既不排斥模仿过程也不排斥总结规律、建构理论的过程（王茜等，2000）。

2.6.4 心理理论和语言能力、执行功能的关系

有人提出儿童在错误信念上的发展其实是语言能力发展带来的，因为错误信念任务通过语言表述，并要求儿童用语言回答，因此无法回避语言这个影响因素。也有人提出可能和执行功能的发展存在关系。执行功能（executive function，简称为 EF）指那些对个体的意识和行为进行监督和控制的各种操作过程，如自我调节、反应抑制、计划等，它主要包括工作记忆、抑制性控制和认知转换 3 个要素，其中抑制性控制是其核心成分（魏勇刚等，2005）。比如更年幼的儿童可能无法抑制物体实际位置这个优势表征，即心理理论的发展在时间上和语言能力、执行功能的发展存在重叠，而早期的错误信念任务又夹杂着后两者的影响。那么，心理理论和语言能力、执行功能间究竟存在怎样的关系？是彼此独立平行，是相关关系，还是因果关系？一批心理学工作者对此展开了大量研究。

到目前为止，尽管心理理论和语言能力的相关关系得到肯定，但两者是否存在因果关系，作用方向如何仍没有定论。有一种观点认为语言能力是心理理论发展的前提和基础。语言作为人们交流思想、表征外部世界及内部意识的符号系统，为儿童获取个人知识和经验提供了最有效的途径。也有研究发现儿童的句法能力越高，其心理理论能力就越强，但反之则不成立，而句法结构知识的获得可以强化他们的错误信念任务的理解（吴南、张丽锦，2007）。另一种观点认为是心理理论促进了儿童的语言发展。心理理论似乎并不依靠语言表征，而可能是儿童首先获得辨别错误信念和区分外表与事实的能力，尔后语言发展起来并反映这一能力。第三种观点认为两者发展都受到第三种因素的影响。有人将该因素归为执行功能，他们认为这种内部机制帮助儿童掌握了一些高级规则，促进了语言能力和心理理论的发展（Zelazo and Jacques，1996）。有人认为是儿童成长的社会文化背景造成，语言起着至关重要的中介作用。像 Hughes 等（2005）发现，低社会经济地位家庭的同卵双生子，其

语言能力和心理理论能力都显著低于高社会经济地位家庭的同卵双生子，而具有安全型依恋的儿童比其同胞兄妹在心理理论任务上得分要高。

至于心理理论和执行功能的关系，共同成分说认为心理理论和执行功能任务存在着普遍的认知能力，例如工作记忆、计划能力、抑制性控制能力等，两者某些成分互相包含，是一种交叉发展的关系；另外一种解释认为，两者存在着功能上的包含关系，但无论是执行功能包含心理理论，还是心理理论包含执行功能，都是一种主导与从属的关系（魏勇刚等，2005）。两种解释存在争论的关键，就在于还无法清晰地剥离出心理理论和执行功能包含的各类成分，这是个期待突破的难点。

经过 20 多年的发展，目前的心理理论研究更多地把精力聚集在认知神经功能研究领域，利用脑功能成像和脑电等技术，通过对照特殊人群（如自闭症）和正常人群的差异，探讨相关的脑区和神经元种类。如目前发现镜像神经元与心理理论存在密切关系。相信该领域的发展能为解决上述的理论争端提供新的思路和证据。

参考文献

白学军，宫准，杨海波，田瑾，2008. 位置和内容对网页广告效果影响的眼动评估. 应用心理学，14（3）：208—212.

程利，杨治良，王新法，2007. 不同呈现方式的网页广告的眼动研究. 心理科学，30（3）：584—587.

李佳，苏彦捷，2004. 儿童心理理论能力中的情绪理解. 心理科学进展，12（1）：37—44.

桑标，2003. 当代儿童发展心理学. 上海：上海教育出版社.

王茜，苏彦捷，刘立惠，2000. 心理理论——一个广阔而充满挑战的研究领域. 北京大学学报（自然科学版），36（5）：732—738.

王益文，张文新，2002.3-6 岁儿童"心理理论"的发展. 心理发展与教育，18（1）：11—15.

魏勇刚，吴睿明，李红，冯廷勇，2005. 抑制性控制在幼儿执行功能与心理理论中的作用. 心理学报，37（5）：598—605.

吴奇，申寻兵，傅小兰，2010. 微表情研究及其应用. 心理科学进展，18（9）：1359—1368.

吴南，张丽锦，2007. 心理理论和语言发展的关系. 心理科学进展，15（3）：436—442.

徐芬，王卫星，张文静，2005. 幼儿说谎行为的特点及其与心理理论水平的关系. 心理学报，37（1）：73—78.

Ambadar Z. , Schooler J. W. , and Cohn J. F. , 2005. Deciphering the enigmatic face: the importance of facial dynamics in interpreting subtle facial expressions.

Psychological Science, 16: 403–410.

Ames D. R. , 2004. Inside the mind reader's tool kit: Projection and stereotyping in mental state inference. *Journal of Personality and Social Psychology*, 87: 340–353.

Bandler R. , Grinder J. , and Andreas S. , 1979. *Frog into princes: Neuro linguistic programming.* Boulder, Colorado: Real People Press.

Baron – Cohen S. , Campbell R. , Karmiloff – Smith A. , Grant J. , and Walker J. , 1995. Are children with autism blind to the mentalistic significance of the eyes? *British Journal of Developmental Psychology*, 13: 379–398.

Baron – Cohen S. , and Cross P. , 1992. Reading the eyes: Evidence for the role of perception in the development of a theory of mind. *Mind and Language*, 6: 173–186.

Baron – Cohen S. , Riviere A. , Cross P. , Fukushima M. , Bryant C. , Sotillo M. , *et al.* , 1996. Reading the mind in the face: a cross-cultural and developmental study. *Visual Cognition*, 3: 39–59.

Baron – Cohen S. , Wheelwright S. , Hill J. , Raste T. , and Plumb I. , 2001a. The "reading the mind in the eyes" test revised version: A study with normal adults, and adults with Asperger syndrome or High – Functioning autism. *Journal of Child Psychology and Psychiatry*, 42: 241–252.

Baron – Cohen S. , Wheelwright S. , Scahill V. , Spong A. , and Lawson J. , 2001b. Are intuitive physics and intuitive psychology independent? A test with children with Asperger syndrome. *Journal of Developmental and Learning Disorders*, 5: 47–78.

Baron – Cohen S. , Wheelwright S. , and Jolliffe T. , 1997. Is there a "Language of the Eyes"？ Evidence from normal adults, and adults with autism or Asperger syndrome. *Visual Cognition*, 4: 311–331.

Berry D. S. , 1991. Accuracy in social perception: contributions of facial and vocal information. *Journal of Personality and Social Psychology*, 61: 298–307.

Bonvillian J. D. , and Folven J. R. , 1993. Sign language acquisition: developmen-

tal aspects. In: Marschark M. , Clark M. D. , et al. (ed.): Psychological Per-
spectives on Deafness. Hillsdale, NJ: Lawrence Erlbaum Associates, 229–265.

Bucciarelli M. , Colle L. , and Bara B. G. , 2003. How children comprehend
speech acts and communicative gestures. Journal of Pragmatics, 35: 207–241.

Brown J. R. , and Dunn J. , 1996. Continuities in emotion understanding from three
to six years. Child Development, 67: 789–802.

Caron A. J. , Caron R. F. , and MacLean D. J. , 1988. Infant discrimination of nat-
uralistic emotional expressions: the role of face and voice. Child Development,
59: 604–616.

Doherty M. , and Anderson J. R. , 1999. A new look at gaze: preschool children's
understanding of eye – direction. Cognitive Development, 14: 549–571.

Ekman P. , 1992. An argument for basic emotions. Cognition and Emotion, 6:
169–200.

Ekman P. , 2002. MicroExpression Training Tool (METT) . Retrieved April 15,
2009, from http: //www. paulekman. com.

Ekman P. , and Friesen, W. , 1974. Nonverbal behavior and psychopathology. In:
Friedman R. J. and Katz M. M. (ed.): The Psychology of Depression: Contem-
porary Theory and Research. Washington D. C. : Winston and Sons, pp. 203 –
224.

Ekman P. , and Friesen W. , 1978. Facial Action Coding System. Palo Alto, CA:
Consulting Psychologist Press.

Ekman P. , Friesen W. , and Hager J. , 2002. Facial Action Coding System – The
Manual. Salt Lake City, UT: Network Information Research.

Ekman P. , and Sullivan M. O. , 2006. From flawed self – assessment to blatant
whoppers: the utility of voluntary and involuntary behavior in detecting decep-
tion. Behavior Science and the Law, 24: 673–686.

Eyal T. , and Epley N. , 2010. How to seem telepathic: enabling mind reading by
match construal. Psychological Science, 21: 700–705.

Fernald A. , and Simon T. , 1984. Expanded intonation contours in mothers' speech to newborns. *Developmental Psychology*, 20: 104–113.

Fexeus H. , 2009. *The Art of Reading Minds*. New Delhi: B. Jain Publishing Group.

Frank M. G. , and Ekman P. , 1997. The ability to detect deceit generalizes across different types of high – stake lies. *Journal of Personality and Social Psychology*, 72: 1429–1439.

Frith U. , and Frith C. D. , 2003. Development and neurophysiology of mentalizing. *Philosophical Transactions: Biological Sciences*, 358: 459–473.

Golan O. , Baron – Cohen S. , Hill J. J. , and Rutherford M. D. , 2007. The "reading the mind in the voice" test-revised: a study of complex emotion recognition in adults with and without autism spectrum conditions. *Journal of Autism and Developmental Disorders*, 37: 1096–1106.

Goldin – Meadow S. , 1999. The role of gesture in communication and thinking. *Trends in Cognitive Sciences*, 11: 419–429.

Goldman A. , 1970. *A Theory of Human Action*. Princeton, NJ: Princeton University Press.

Harter S. , and Whitesell N. R. , 1998. Developmental changes in children's understanding of single, multiple, and blended emotion concepts. In: Saarni C. and Harris L. P. (ed.): *Children's Understanding of Emotion*. Cambridge: Cambridge University Press, pp. 81–116.

Hess E. H. , 1975. The Tell – Tale Eye: How Your Eyes Reveal Hidden Thoughts and Emotions. New York: Van Nostrand Reinhold Co.

Hertenstein M. J. , Holmes R. , McCullough M. , and Keltner D. , 2009. The communication of emotion via touch. *Emotion*, 9: 566–573.

Hertenstein M. J. , Keltner D. , App B. , Bulleit B. A. , and Jaskolka A. R. , 2006. Touch communicates distinct emotions. *Emotion*, 6: 528–533.

Hobson R. P. , 1993. Autism and the Development of Mind. Lawrence Erlbaum Associates.

Hughes C. , Jaffee S. R. , Happé F. , Taylor A. , Caspi A. , et al. , 2005. Origins of individual difference in theory of mind: From nature to nurture?. *Child*

Development, 76: 356-370.

Jacobs N. , and Garnham A. , 2007. The role of conversational hand gestures in a narrative task. *Journal of Memory and Language*, 56: 291-303.

Kaitz M. , 1992. Recognition of familiar individuals by touch. *Physiology and Behaviour*, 52: 565-567.

Kozak M. N. , Marsh A. A. , and Wegner D. M. , 2006. What do I think you're doing? Action identification and mind attribution. *Journal of Personality and Social Psychology*, 90: 543-555.

Leyens J. , Paladino P. , Rodriguez - Torres R. , Vaes J. , Demoulin S. , Rodriguez - Perez A. , *et al.* , 2000. The emotional side of prejudice: The attribution of secondary emotions to in-groups and out-groups. *Personality and Social Psychology Review*, 4: 186-197.

Liversedge S. P. , and Findlay J. M. , 2000. Saccadic eye movements and cognition. *Trends in Cognitive Sciences*, 4: 6-14.

McPherson - Frantz C. , and Janoff - Bulman R. , 2000. Considering both sides: The limits of perspective-taking. *Basic and Applied Social Psychology*, 22: 31-42.

McNeill D. , 1992. *Hand and Mind.* Chicago: University of Chicago Press.

Morton J. B. , and Trehub S. E. , 2001. Children's understanding of emotion in speech. *Child Development*, 72: 834-843.

Nusseck M. , Cunningham D. W. , Wallraven C. , and Bü lthoff H. H. , 2008. The contribution of different facial regions to the recognition of conversational expressions. *Journal of Vision*, 8: 1-23.

Pelachaud C. , and Poggi I. , 2002. Subtleties of Facial Expressions in Embodied Agents. *Journal of Visualization and Computer Animation*, 13: 301-312.

Peterson C. , C. , and Slaughter V. , 2009. Theory of mind (ToM) in children with autism or typical development: links between eye-reading and false belief understanding. *Research in Autism Spectrum Disorder*, 3: 462-473.

Premack D. , and Woodruff G. , 1978. Does the chimpanzee have a theory of mind?

The Behavioral and Brain Sciences, 4: 515-526.

Russell J. A. , and Fernández Dols J. M. , 1997. *The Psychology of Facial Expression*. Cambridge: The Press Syndicate of the University of Cambridge.

Rutherford M. D. , Baron – Cohen S. , and Wheelwright S. , 2002. Reading the mind in the voice: a study with normal adults and adults with Asperger syndrome and high functioning autism. *Journal of Autism and Developmental Disorders*, 32: 189-194.

Tager – Flusberg H. , and Sullivan K. , 2000. A componential view of theory of mind: Evidence from Williams syndrome. *Cognition*, 76: 59-90.

Thompson E. H. , and Hampton J. A. , 2010. The effect of relationship status on communicating emotions through touch. *Cognition and Emotion*, 25: 295-306.

Vallacher R. R. , and Wegner D. M. , 1989. Levels of personal agency: Individual variation in action identification. *Journal of Personality and Social Psychology*, 57: 660-671.

Walker – Andrew A. S. , and Lennon E. , 1991. Infants' discrimination of vocal expressions: Contribution of auditory and visual information. *Infant Behavior and Development*, 14: 131-142.

Wildgruber D. , Riecker A. , Hertrich I. , Erb M. , Grodd W. , Ethofer T. , and Ackermann H. , 2005. Identi? cation of emotional intonation evaluated by fMRI. *Neuroimage*, 24: 1233-1241.

Zelazo P. D. , and Jacques S. , 1996. Children's rule use: representation, reflection, and cognitive control. *Annals of Child Development*, 12: 119-176.

（陶　冶）

第三章　心智解读的生理学研究

美国心理学家 James 认为，情绪体验（emotional experience）是指情绪发生时的主观感受，是由机体的外周生理反应引起的，不同的情绪体验可能会伴随有特异性的外周生理活动，从此情绪生理机制研究便成为情绪研究的主要组成之一（James, 1884）。如今随着科学技术的进步，各种高精密仪器为研究者们深入探寻生理机能与情绪之间的关系提供了便利。随着计算机与人类生活的逐步融合，机器逐步开始拟人化，如何通过外在生理表现来推理内心情绪的讨论也愈益热烈。从表露在外的那些丰富的生理指标中解读人的情绪变化，不仅将成为计算机行业进一步发展的基石，更由于生理变化只受人的自主神经系统和内分泌系统的支配，几乎不被人的主观意志所控制，它们还将更好地帮助我们理解自己和他人的情绪变化。

不过生理的外在表现并不仅仅只有一两个指标，而且由于自身的限制，一种生理指标往往只能对少数几种情绪表现出相对较强的特异性，因此为了能准确地研究生理现象和情绪体验之间的关系，通常都需要采集多种生理信号。人们设想，如果能够总结出不同情绪状态下的特异性生理反应，那么我们就能通过对外在生理指标的了解来识别出当时个体所处的情绪状态。

3.1 心智解读的常用生理指标

3.1.1 皮肤电反应

皮肤电反应（galvanic skin response，简称 GSR）最早被称为心理电反射（psychogalvanic reflex），由 Fere 和 Tarchanoff 发现。1888 年，Fere 将两个电极接到被试前臂上，并将电极同弱电源和一个电流计串联。他发现当用声音、气味等刺激被试时，电流计会发生迅速偏转，即被试皮肤表面的电阻降低，电流增加。用这种方法测量的皮肤电反应称为 Fere 效应。Fere 的方法能够测量皮肤电的绝对水平及其变化，而且比较可靠，因此近代的这类仪器大多应用这种原理。

Fere 和 Tarchanoff 发现的现象依赖于同一个基本生理过程，即在情绪状态下，自主神经活动会引起皮肤内血管的收缩或舒张，以及交感神经节前纤维会支配汗腺的活动变化，从而引起皮肤电阻的变化。皮肤电的基础水平主要受到觉醒水平、温度和活动状况的影响。研究表明，睡眠时皮肤电水平较低，但一旦觉醒，它就会很快升高。另外，皮肤电水平在早晨较低，到中午达到顶点，而在晚上又降低。

而情绪反应则会引起皮肤电水平的急剧变化。Ekman 的研究小组 1983 年在 *Science* 上发表了一篇文章，他们通过两种方法诱发情绪，一种是有指导的面部操作任务（directed facial action task），即引导被试根据指导语调节面部肌肉来形成相应的面部表情，另一种方法是通过想象任务来诱发情绪（Ekman *et al.*, 1983）。通过对实验过程中皮肤电阻的测量发现，悲哀时的皮肤电阻比恐惧、愤怒或厌恶时更高，恐惧、厌恶比快乐引起更大的皮肤电导升高。

3.1.2 心率与脉搏

生理活动中，自主神经系统的调控不仅会引起皮肤电反应，同时也会改变人体内循环系统的活动。心肌收缩引起的心脏搏动是人体循环系统的动力来源，在不同的心理活动中，由于身体的应激反应，需要循环系统采取相应的措施来为机体提供足够的能量，进而导致心脏活动的变化，此时可以通过记录心跳的方式来直接反映心脏活动。由于随着心脏节律性的收缩和舒张，动脉管壁会相应地出现扩张和回缩，在浅表动脉上可触到搏动，因此脉搏也是心脏活动的外在表现。人们在日常生活中都有这样的体会：满意或愉快时，心跳正常；而处于紧张、恐惧或者暴怒状态时，心跳则会加速。Ekman 及合作者的研究中发现，愤怒、恐惧和悲哀比厌恶更容易加快心率，恐惧、愤怒比快乐更容易加快心率（Levenson & Ekman，2002）。

研究者利用国际情绪图片系统，研究正性和负性情绪反应下个体神经内分泌反应的变化，结果发现，负性情绪图片可以引发明显的负性情绪反应，而正性情绪图片可以缓解负性情绪。当被试处于负性情绪状态下时，个体的收缩压、舒张压水平明显上升；而正性情绪图片则会引起收缩压、心率明显下降。

心率与脉搏不仅在不同情绪之间存在差异，在不同程度的同一情绪下，它们也有所不同。Wood 和 Hokanson（1965）曾用脉搏作为紧张的指标，研究操作绩效和紧张水平的关系。实验中用握力计来诱发紧张，即被试的紧张程度随握力计压力的增加而提高。结果发现随着紧张程度的增加，被试的脉搏（或心率）逐步增高，而操作绩效则呈倒 V 字形（见图1）。

3.1.3 血压

血液在血管内流动时，会对血管壁产生压力，血压则是血液对单位面积的血管壁造成的侧压力。由于血管类型的不同，血压也对应分为不同类别，通常意义上的血压指的是动脉血压。心室收缩时，血液由

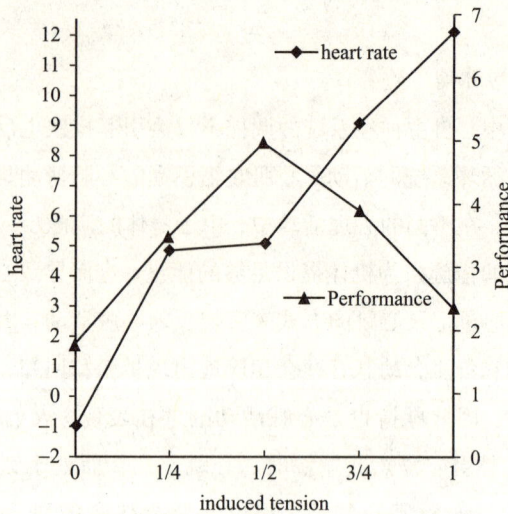

图1　操作绩效与紧张水平的关系

注：图片引自文献 Wood J. C. G. and Hokanson J. E. , 1965. Effects of induced muscular tension on performance and the inverted U function. *Journal of Personality and Social Psychology*, 1（5）：506–510.

心室流出进入动脉，此时动脉血压最高，称为收缩压（systolic blood pressure，SBP）；心室舒张时，引起动脉血管弹性回缩，血管中的血液流动减慢，产生的动脉血压降低，形成舒张压（diastolic blood pressure，DBP）。心理活动中自主神经系统会对血压产生影响，通过对血压的测量，可以在一定条件下帮助判断被测对象当前的心理活动状态。

王丽萍等（2002）对新入院病人的情绪和血压进行了临床观察，发现当患者心情平和时血压会降低，而当患者被要求住院治疗时，会受到来自自己以及其他方面的压力，从而导致情绪激动，引起交感神经兴奋，分泌过多的儿茶酚胺，最终引起血压升高。而随着医患之间的交流，患者逐渐了解了自己的病情，不再紧张，这时患者的血压会再次保持在正常水平，对恢复健康起到了积极作用。

早期，Scott 作了一个著名的实验，曾以 100 名医学院二年级学生为被试，研究血压变化与情绪状态的关系。他采用的方法是播放三段不同的影片，分别是关于爱情、虐待、灾难的情节。他希望借此诱发被试关于性、愤怒和恐惧的情绪。每个实验单独进行，各段影片之间插入了十分钟的无关片段，主试在被试们观看影片的过程中记录他们的血压变化。实验结束后，主试要求被试报告自己在观看影片时的情绪体验。结果发现，第一段影片引起的血压升高十分显著。而后两段影片对血压的影响则并不呈现稳定的趋势 (Scott, 1930)。

3.1.4 呼吸

在不同的心理条件下，个体会出现一定的情绪起伏，情绪的波动会导致个体呼吸的速度和深度都发生改变。例如对剧痛的情绪反应往往会使呼吸加深加快；突然惊恐时，呼吸会发生临时中断；狂喜或者悲痛时，则会出现呼吸痉挛现象。

测量呼吸的方法一般有三种。

(1) 吸气呼气比率法 (method of inspiration-expiration)

这种方法是通过计算个体吸气 (inspiration：I) 和呼气 (expiration：E) 的时间之比求得，即 I/E 值。Storring 在研究呼吸时间比率的改变与情绪的关系时发现，欢笑者 I/E 值低，约为 0.30。Rehwoldt 研究发现，人在恐惧时，吸气和呼气的比率从一般状态的 0.70 上升到 3.00 甚至 4.00，人在吃惊时，吸气是呼气的二到三倍等 (Decker, 2008)。

(2) I 分数法 (I-fraction)

I 分数法也被称为吸气相对时间表示法 (method of relative duration of inspiration and expiration)，它是以吸气的时间除以整个呼吸周期的时间而得到的，表示吸气所占时间的比例。根据 Fossler 早期的研究，在说话时被试的平均 I 分数为 0.163，范围在 0.090 到 0.258 之间。也就是说，在说话时，为了供应所需要的氧气而失去了六分之一的说话时间。在安静状态下，呼吸的 I 分数为 0.40 到 0.45，约占呼吸周期的一半。

（3）次数法（frequency method）

次数法即通过统计每分钟的呼吸次数来反映情绪的唤醒水平。例如，在一般安静状态下呼吸频率为每分钟 16—20 次，而在愤怒和惊恐情绪下，呼吸频率可增至每分钟 40—60 次。但是呼吸次数和情绪状态的关系十分复杂。例如，暂时的注意状态和突然的刺激都会导致"屏息"。所以，呼吸作为一项生理指标，并不是简单地表现出情绪特异性。

3.1.5　语音

利用语音参数来解读个体的心理状态的理论基础是：在不同状态下，由于个体情绪的生理唤醒，以及由此引发的呼吸变化，会导致发音器官内的气流速度与常态不同，这时人说话的语气语调都会相应发生变化。在早期关于情绪在语音中表达的研究中，研究者们假设每种情绪都包含一套独特的语音声学模式。研究者通过视频、音乐或者图像等刺激诱发被试的情绪，然后通过相应仪器记录被试处于不同情绪状态时的语音声学参数。对情绪的语音样本进行分析时通常会用到四类参数：与时间相关的参数（如语速），与强度相关的参数（如响度），与频率相关的参数（如音高），以及时间、频率、能量的复合参数（如音品、音质）。对这些参数进行综合检验时，研究者希望能找到一些与情绪表达相关的特异性模式，但遗憾的是到目前为止，并没有得到预期的存在显著特异性的语音表达模式。研究发现，在唤醒水平较高的情绪中，语速和强度往往增加。在悲伤和厌倦情绪下，被试的语音、强度往往都会降低，同时也会减慢语速。而对于厌恶这种情绪，当研究者试用不同的诱发方式时，最后测得的平均基频会随之发生变化，但并没有出现特异性变化。

也有研究者通过要求被试根据一些标准化的没有具体内容的语音样本来推断说话人的情绪，从而初步探寻情绪的语音识别规律。结果发现，尽管情绪的语音表达的辨识准确率较高，但根据 Ekman 研究小组对表情识别研究的回顾（Levenson *et al*.，1990）和 Scherer 等（2001）

对语音情绪识别的研究，我们不难发现语音表达识别的总体准确率还是不及面部表情识别方便精确，两者的差异主要是由于面部表情在观测研究中更为直观，在很大程度上减少了其他干扰。同时，研究中发现，有的情绪便于语音识别，而有些情绪则易于从表情识别。通过语音识别时，生气和难过是最容易被识别的，其次是恐惧；而高兴和厌恶则更容易从表情上体现出来。

造成语音情绪识别的准确性不高的原因可能是由于研究中所使用的声学参数比较简单，这些参数只是简单的生理唤醒所体现出的差异，而未能很好地反映情绪在语音表达中的根本差异。另外，从研究中发现，不同情绪之间会存在同样的语音特征，不过即使是同一情绪，在不同条件下也会表现出不同的语音特征。这有可能意味着现在对不同情绪的划分不够严密，情绪之间的界定并不明确，因此不同人在研究中所观察记录的情绪状态会存在差异，进而影响语音模型的建立。由于说话者的情绪唤醒受到多方面的影响，比如心境、态度、人格特质等方面的差异会导致唤醒程度的不同，从而影响情绪表达，最终造成语音特征的个体差异，因此从语音参数方面进行心智解读还需要进一步深入与加强。

3.1.6　生化指标

近年来，随着医学技术的飞速发展，对情绪解读的研究开始涉及个体的生化指标。研究者发现当个体处于不同的情绪状态下时，生化系统、中枢神经介质也会随之发生一系列变化。多数研究表明体内神经化学物质的分泌量或排出量的变化可以作为情绪研究的客观指标之一。

有研究发现（程小丹等，2009），手术过程中的噪音会导致患者紧张，处于紧张情绪下的患者会出现17-羟皮质胆固醇水平的上升，同时持续的噪音会导致患者尿液中肾上腺素和去甲肾上腺素排泄量的增加，引起脉搏增快、血压升高，而此时患者往往处于由紧张引起的烦躁情绪中。同样，在乳腺癌患者的术后心理干预过程中发现（于洪鸾等，

2005），干预后情绪平和的患者血液中的皮质醇显著低于对照组。在对抑郁症患者情绪日夜变化的研究中发现（刘晴晓等，2009），抑郁症患者血浆中的褪黑素水平会导致患者情绪的日夜变化，而对抑郁症自杀患者的尸检发现，患者额叶皮质中神经肽 Y（NPY）的含量下降，抗抑郁药则可以提高抑郁症患者脑脊液中的 NPY 水平，NPY 的缺乏会导致患者情绪低迷。Yehuda（2006）对越战后患有焦虑、惊恐发作、创伤后应激障碍的士兵进行检查后发现，患者交感神经处于亢奋状态，24 小时尿检显示去甲肾上腺素和肾上腺激素升高，血小板 α_2 肾上腺素受体下降。Bassel 和 Kolk（2001）指出促肾上腺皮质激素释放激素参与了自主神经的调节，可以唤醒类焦虑行为。除了抑郁，创伤后应激障碍、强迫症、Tourette's 综合征患者脑脊液中的促肾上腺皮质激素释放激素也是升高的，然而惊恐障碍患者中却没有升高（Hageman *et al.*，2001；van der Kolk，2001；Yehuda，2006）。

3.2　综合多项生理指标进行情绪识别

从生理指标来识别情绪的客观依据是当机体处于某种情绪状态时，其内部会发生一系列相应的生理变化，并通过生理指标反映出来。研究者预期自主神经系统的外周变化，即生理指标的变化，能有规律地表现出符合各种情绪的不同模式。但是，大量的研究表明，大部分生理指标的测量结果并不能为特定的情绪提供明确的模式。

以上虽然介绍了几种生理指标，但情绪相关的生理指标覆盖了很大的范围，可以从不同程度反映出有机体的唤醒水平和活动情况，因此在心智解读中仅仅关注单一的指标是远远不够的，单一指标在使用时存在着很大缺陷，而采用多项生理指标综合反映则具有更大的优点。

目前，为了尽可能准确地对情绪进行识别判定，大多采用多项生理指标综合分析的方式。通过生理指标识别情绪的一般流程可以概括为诱发情绪、采集生理数据、平滑与降噪、提取生理特征、分类决策。

许多研究者认为要准确对情绪进行判断解读，就需要把握情绪的变化性，他们认为情绪的变化性在理论上是个体的重要特征。情绪的变化性指的是情绪随着时间流逝而发生变化的频率，或者搏动情况。尽管研究者们已经开始重视情绪的动态变化，但是由于情绪的界定依然不明确，那么如何统一情绪的分类，以及用什么程序，采集哪些生理指标来解读情绪，对于采集来的众多数据又应该使用何种算法进行统计分析，在研究者之间依然没有形成一个统一的规则。在探究如何使用生理指标进行情绪解读时，由于研究方法的差异，不同研究者得出的结论也存在差异。而即使是现在常用的研究方法，也常常存在一些值得改进的方面。例如很多研究者常常将收集记录的各类指标参数用传统的取均值、求相关等方法来研究情绪在不同时间点的变化情况。但是这种方法长期受到质疑，Larsen 和 Diener（1987）认为，平均值并不能真实反映个体在相应阶段的情绪特征，他举例说，比如研究中得到了三个均值近似相等的个体，并不能得出他们在这一时间段内情绪变化特征相同，他们的情绪变化可能一个是直线上升，一个是近似正弦波形，而另一个则是其他某种趋势，这三种截然不同的情绪变化，一旦由于均值相同被研究者判定为同一类情绪特征，则必然会导致研究结果与真实情况大相径庭。因此，研究者们一直在寻找着一种新方法来统一现在种类繁多的数据处理过程。

如今，有研究者提出过程方法可以很好的记录情绪变化。过程方法指的是在自然条件下考察情绪的时间展开过程，在实验设计中对多个变量、多个场合或多个时间点、多个被试进行测量。这种方法的基本优势是对研究中所关注的因果关系具备较强的推断力，并且这种方法结合了研究中个体水平和总体水平的优势。下面介绍几种情绪动态研究过程中常用的数据收集方法和数据分析方法。

3.2.1　数据收集方法

体验抽样法（experience-sampling method）是情绪动态研究中常用

的数据采集方法，这种方法采用体验抽样法获得数据。依据间隔时间或事件可以分为三类：间隔一致抽样、信号一致抽样和事件一致抽样。

间隔一致抽样方法要求被试以固定的、预先规定好的时间报告他们的情绪体验，这种方法的优点是所有事件和体验都能抽取，而且数据服从事件时间序列分析。缺点在于记录时间在事件或体验发生之后，被试的报告可能受到记忆的影响。

信号一致抽样方法要求在主试发出信号后记录被试的瞬间体验，其优势在于能准确地报告体验而不受记忆的影响，体验是具体的而不是事件累积的抽样。不足之处在于有一些事件可能被忽略。

事件一致抽样方法要求在预先设定的事件发生时记录体验，比如在讨论、合作等事件发生时报告并记录被试的体验。这种方法在多数情况下并没有让被试感觉到是强加的额外任务，因此压力较小。

3.2.2 预处理

在采集到所需的生理指标变化数据后，需要对送入计算机的数据（主要是心电信号）进行预处理，包括单位转换、定坐标系、在坐标系中描点作图等步骤。刚获得的心电波形往往存在较严重的"毛刺"现象，即心电波形不够平滑。为了使后续的特征提取能够容易进行，必须设法预先消除心电波形上的小尖峰脉冲，使得波形尽量平滑。

用数字信号处理的方法对波形进行平滑的方法很多，其中较为常用的有以下几种。

3.2.2.1 加权平均算法

设输入信号序列为 $\{(x_n)\}$，输出序列为 $\{(y_n)\}$，则有：

$$Y_n = \frac{1}{4}X_{n-1} + \frac{1}{2}X_n + \frac{1}{4}X_{n+1},$$

即当前点 y_n 是由前一个采样点 x_{n-1} 与当前采样点 x_n 及下一个采样点 x_{n+1} 加权而来，加权系数分别为 $\frac{1}{4}$，$\frac{1}{2}$，$\frac{1}{4}$。

这种方法十分简单，处理数据的时候很方便，而且具有很好的实时性，但是其滤波性能一般。

3.2.2.2 维纳（Wiener）滤波

维纳滤波是由诺伯特·维纳（Norbert Wiener）在 20 世纪 40 年代提出的，并于 1949 年正式随书出版（Wiener, 1949）。维纳滤波模型假设输入信号是 $s(t)$，叠加噪声是 $n(t)$，输出信号是 $x(t)$，通过滤波器 $g(t)$，则满足下面的运算公式

$$x(t) = g(t) * (s(t) + n(t)),$$

误差是 $e(t) = s(t+d) - x(t)$，方差是 $e^2(t) = s^2(t+d) - 2s(t+d) * x(t) + x^2(t)$，其中 $s(t+d)$ 是所期望的滤波器输出。

将 $x(t)$ 写成积分形式，则为

$$x(t) = \int_{-\infty}^{\infty} g(\tau)[s(t-\tau) + n(t-\tau)]\mathrm{d}\tau,$$

计算平方误差的均值，可得

$$E(e^2) = R_s(0) - 2\int_{-\infty}^{\infty} g(\tau)R_{xs}(\tau+d)\mathrm{d}\tau$$

$$+ \int_{-\infty}^{\infty}\int_{-\infty}^{\infty} g(\tau)g(\theta)R_x(\tau-\theta)\mathrm{d}\tau d\theta,$$

其中

R_s 是 $s(t)$ 的自相关函数，R_x 是 $x(t)$ 的自相关函数，R_{xs} 是 $x(t)$ 和 $s(t)$ 的互相关函数。

如果信号 $s(t)$ 和噪声 $n(t)$ 是不相关的（例如，互相关是 0），那么请注意

$$R_{xs} = R_s,$$

$$R_x = R_s + R_n,$$

这种处理的目的是求最优的 $g(t)$，使得 $E(e^2)$ 最小。

维纳滤波适用于平稳随机过程，性能优异，理论上可达到最小均方

误差。但需要知道信号与噪声的有关统计信息，这一点在很多时候难以实现，只能靠对样本进行估计得到，限制了它的应用。

3.2.2.3 卡尔曼 (Kalman) 滤波

卡尔曼滤波器的论文由 Swerling (1958)，Kalman (1960) 与 Kalman 和 Bucy (1961) 发表，Stanley Schmidt 首次实现了卡尔曼滤波器。

卡尔曼滤波是一种递归的估计，只要获知上一时刻状态的估计值以及当前状态的观测值就能计算当前状态的估计值，也就不需要记录观测或者估计的历史信息。卡尔曼滤波器是一种纯粹的时域滤波器。卡尔曼滤波器的状态由以下两个变量表示：

$\hat{x}_{k|k}$，在时刻 k 的状态的估计；

$P_{k|k}$，误差相关矩阵，度量估计值的精确程度。

卡尔曼滤波器的操作包括两个阶段：预测与更新。在预测阶段，滤波器使用上一状态的估计，作出对当前状态的估计。在更新阶段，滤波器利用对当前状态的观测值优化在预测阶段获得的预测值，以获得一个更精确的新估计值。

尽管卡尔曼滤波器可用于非平稳随机过程，但由于其计算量大，对系统要求高，不易做到实时。

3.2.2.4 自适应滤波

自适应滤波器是能够根据输入信号自动调整性能进行数字信号处理的数字滤波器。对于一些应用来说，由于事先并不知道所需要进行操作的参数，例如一些噪声信号的特性，所以要求使用自适应的系数进行处理。在这种情况下，通常使用自适应滤波器，自适应滤波器使用反馈来调整滤波器系数以及频率响应。

总的来说，自适应的过程涉及到利用价值函数如何确定用于更改滤波器系数从而减小下一次迭代过程成本的算法。价值函数是滤波器最佳性能的判断准则，比如减小输入信号中的噪声成分的能力。

下面的框图是最小均方（least mean square，LMS）和递归最小平方（recursive least squares，RLS）这些特殊自适应滤波器实现的基础（Haykin，2002）。框图的理论基础是可变滤波器（variable filter）将得到期望信号 $d(n)$ 的估计。

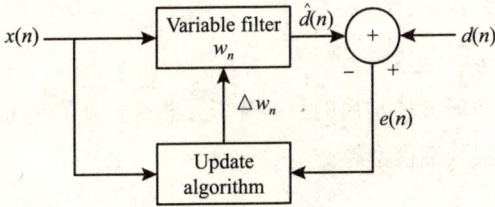

图 2　自适应滤波器示意图

注：图引自 Haykin S. S.，2002. Adaptive Filter Theory. New Jersey：Prentice Hall

在开始讨论结构框图之前，我们做以下假设：

输入信号是期望信号 $d(n)$ 和干扰噪声 $v(n)$ 之和，

$$x(n) = d(n) + v(n)，$$

可变滤波器为有限脉冲响应结构，这种结构的脉冲响应等于滤波器系数。p 阶滤波器的系数定义为

$$w_n = [w_n(0), w_n(1), \cdots, w_n(p)]^T，$$

误差信号或者叫做代价函数，是期望信号与估计信号的差值

$$e(n) = d(n) - \hat{d}(n)，$$

可变滤波器通过将输入信号与脉冲响应作卷积，从而估计期望信号，用向量表示为

$$\hat{d}(n) = w_n^T x(n)，$$

其中

$$x(n) = [x(n), x(n-1), \cdots, x(n-p)]^T，$$

是输入信号向量。另外，可变滤波器每次都会马上改变滤波器系数

$$w_{n+1} = w_n + \Delta w_n，$$

其中 Δw_n 是滤波器系数的校正因子。自适应算法根据输入信号与

误差信号生成这个校正因子。

LMS 和 RLS 是两种不同的系数更新算法，它们都可以用于非平稳随机过程，且不需要任何统计信息，能够实现自动跟踪。但同样存在计算量大的缺点，且最小均方误差要大于 Wiener 滤波的结果。

3.2.3 数据分析方法

在情绪动态研究中常用的数据分析方法有重复测量方差分析、时间序列分析、多层线性模型等。

3.2.3.1 重复测量方差分析

重复测量方差分析主要用来比较均值之间的差异，而且一般不对增长的变异情况进行分析。换句话说，这种重复测量的方差分析方法主要用来描述总体的平均变化趋势，而并没有去关注个体增长曲线之间存在的差异，搜集的数据中的缺失值不能得到精确的估计，如果实验过程中数据记录的缺失量较大时，分析中造成的信息损失就会变大。并且这种分析方法不能处理间距不等或测量次数不等的数据。

3.2.3.2 时间序列分析

时间序列分析主要用来分析数据随时间的变化趋势，在多个领域都有非常重要的应用价值。这种方法是以回归分析为基础，目的在于测定时间序列中存在的长期趋势、季节性变动、循环波动以及不规则变动，并对此进行统计和预测。情绪变化性研究大多使用标准差作为一个人情绪随时间的变化性指标。Penner 等（1994）使用除以均值后的标准差——差异系数作为情绪的变异系数，然而 Larsen 和 Diener（1987）已经指出，标准差测量的是变化的平均程度而不是变化的频率。类似于上文中均值的例子，原本有不同情绪变化模式的个体可能得到近似相等的标准差。基于这种考虑，他们建议使用时间序列分析方法的频谱分析，也就是说用不同周期的正弦－余弦波拟合情绪的时间序列变化，然后由谱密度函数得到谱估计值。

3.2.3.3 多层线性模型

此模型适用于分析具有嵌套结构特点的数据。当研究者对相同的观测对象进行重复测量时，可以将这些重复测量的数据本身看做是具有嵌套结构特点的。多层分析不仅可以分析总体上随时间的变化（截距和斜率），还可以对不同个体之间的差异进行分析（截距的差异和斜率的差异），并对这些差异的原因进行解释。这种方法不仅可以对个体的平均发展趋势进行分析，而且可以分析不同个体之间的差异；不仅可以解决平均水平是否存在差异的问题，还可以判断发展趋势是否依然存在差异。采用多层分析的方法处理重复测量数据和时间变量之间的关系，在多层结构中，可以对非平衡测量数据得到参数的有效估计。用多层分析法处理重复测量的数据，不要求所有的观测个体具有相同的观测次数，所以数据的缺失不会影响多层分析法的参数估计精度，使得多层分析法在处理纵向观测数据时，相对于传统的多元重复测量具有很大的优势。

3.2.4 特征选择与分类决策

任何识别过程开始之前，无论是用计算机还是人亲自去识别，都必须要先分析各种特征的有效性，并从种类繁杂的数据中选出最具有代表性的特征。

由于生理信号的个体差异很大，获取的数据必然存在明显的非平稳特性。即使是同一个人，在不同的环境、不同的时间、不同的情绪状态下，生理信号都会发生或多或少的变化。因此为了对情绪进行准确识别，必须从采集的心电、体温、皮肤电阻等生理信号中提取最有效的特征来用于分类。

目前，用于生理信号的特征选择方法有 Fisher，SFFS，ANOVA，SFS，SBS 等，识别率均达到 80% 以上。这些方法都是一些传统的方法，计算速度较慢。

3.2.4.1　Fisher 线性判别

以 Fisher 线性判别为例，Fisher 判别的基本思想是将高维空间的样本逐步降维，投影到低维空间，直到尽可能在一条直线上找到投影。Fisher判别的目的就是找到一条最好的、最易于分类的投影线，使得在这个方向的直线上，样本的投影能分开得最好。那么为了实现分类，我们希望投影到直线上以后，不同类别的样本能尽可能分开，即不同类别的特征均值之差越大越好；同时希望各类样本内部尽量密集，也就是说内离散度越小越好。于是，我们可以定义如下的 Fisher 准则函数：

$$J_F(w) = \frac{(\widetilde{m}_1 - \widetilde{m}_2)^2}{\widetilde{S}_1^2 + \widetilde{S}_2^2},$$

其中，$\widetilde{m}_i = \dfrac{1}{N_i} \sum\limits_{y \in Y_i} y$，$i = 1, 2, 3 \cdots$，是各类样本的均值，$\widetilde{S}_i^2$ 为各样本内的离散度。

因此，应该寻找使得 $J_F(w)$ 的分子尽可能大、而分母尽可能小的 w 作投影方向。但在上式中不含 w 因此必须设法将 $J_F(w)$ 变成 w 的显函数。由上式可以推出

$$\widetilde{m}_i = \frac{1}{N_i} \sum_{y \in Y_i} y = \frac{1}{N_i} \sum_{x \in H_i} w^T x;$$

如此便可将原式的分子变成

$$\begin{aligned}
(\widetilde{m}_1 - \widetilde{m}_2)^2 &= (w^T m_1 - w^T m_2)^2 \\
&= w^T (m_1 - m_2)(m_1 - m_2)^T w \\
&= w^T S_b w,
\end{aligned}$$

此时再看 $JF(w)$ 的分母与 w 的关系：

$$\begin{aligned}
\widetilde{S}_i^2 &= \sum_{y \in Y_i} (y - \widetilde{m}_i)^2 = \sum_{x \in H_i} (w^T x - w^T m_i)^2 \\
&= w^T \Big[\sum_{x \in H_i} (x - m_i)(x - m_i)^T \Big] w \\
&= w^T S_i w,
\end{aligned}$$

因此，

$$J_F(w) = \frac{w^T S_b w}{w^T S_w w},$$

用拉格朗日乘子法求解，令分母等于非零常数，即令

$$w^T S_w w = c \neq 0,$$

则可以定义拉格朗日函数为

$$L(w,\lambda) = w^T S_b w - \lambda(w^T S_w w - c),$$

式中 λ 为拉格朗日乘子，将上式求偏导数，得

$$\frac{\partial L(w,\lambda)}{\partial w} = S_b w - \lambda S_w w,$$

令偏导数为零，则可得

$$S_b w^* - \lambda S_w w^* = 0,$$

$$S_b w^* = \lambda S_w w^*,$$

其中 w^* 就是 $J_F(w)$ 的极值解。上式两边左乘 S_w^{-1}，可得

$$S_w^{-1} S_b w^* = \lambda w^*;$$

由于

$$S_b w^* = (m_1 - m_2)(m_1 - m_2)^T w^* = (m_1 - m_2)R,$$

式中 R 为标量，因此可以将标量因子 $\dfrac{R}{\lambda}$ 取为 1 解得

$$w^* = S_w^{-1}(m_1 - m_2),$$

此 w^* 就是使 Fisher 准则函数 $J_F(w)$ 取极大值时的解，也就是我们所找的在低维直线上最好的投影方向。此时问题已经成为了一个一维直线分类问题，只要确定一个阈值 y_0，将投影点 y 与 y_0 相比较，就可以作出分类决策了。

根据已有文献可以知道各个类别的协方差矩阵 $\sum_i$ 都相同（记为 $\sum$），并且各个类别的先验概率 $P(\omega_i)$ 都相等时最简单，此时的最佳判决边界方程为

$$w^T x + w_0 = 0,$$

其中

$$w_0 = \frac{\widetilde{m}_1 + \widetilde{m}_2}{2},$$

由此可知，最佳决策面是通过 m_1 和 m_2 连线的中点并与连线正交的一个超平面。在二维空间里，最佳判决面是一条直线；而在一维空间里，它退化为一个点，也就是我们现在所要寻找的阈值 y_0。

因此在这里 $Y_0 = (m_1 + m_2)/2$，对于任意给定的未知样本，只要计算出它的投影点 y_0

$$y_0 = w^{*T} x,$$

再根据决策规则

$$y \gtrless y_0 \rightarrow x \in \begin{cases} \omega_1 \\ \omega_2 \end{cases},$$

就可以判断 x 的类别了。

利用儿童情感实验室提供的数据库，通过 Fisher 线性判断进行了基于生理参数的情绪识别实验。选取心率、R 波幅度、R 波宽度、体温和皮肤电阻作为特征值，对两类情绪（分别是紧张和高兴）进行区分。在总共 50 组数据中随机抽取 20 组作为训练样本，用于设计分类器；剩下 30 组数据作为测试样本，用于检测分类器的性能。最后得到的结果是紧张情绪的平均正确识别率是 94.4%，高兴的平均正确识别率是 91.2%，该分类已达到较低错误率（周同民，2006）。

3.2.4.2　基于基本粒子群优化算法（BPSO）的特征选择方法

从上文可以看出，Fisher 线性判别虽然最终将多维问题转换成了一维空间，但是整个运算过程是相当繁琐的。在寻找新方法的过程中，有研究者发现特征选择是从一批特征中选出一组最优特征，是一个组合优化问题，因此提出可以使用解决优化问题的方法来解决特征选择问题。常用的方法有分支定界法、顺序前进法、顺序后退法等，也可以使用模拟退火、遗传算法、禁忌搜索和粒子群优化等智能化启发式算法。只是目前还没有人将智能算法用于情感生理信号的特征选择问题。

由 Eberhart 和 Kennedy 在 1995 年提出的粒子群优化算法（PSO，particle swarm optimization）是一种模拟鸟群捕食行为的仿生算法，是智能优化算法的一种。该算法具有个体数目少、计算速度快、容易理解、易于实现等特点（Kennedy and Eberhart，1995）。最初的 PSO 是用来解决连续优化问题，后来 Mohan 等又提出了离散二进制 PSO 用来解决工程实际中的组合优化问题。

PSO 算法源于对鸟群觅食行动的模拟，基于群体和适应度的概念。假设在 D 维的目标搜索空间中，有 m 个粒子组成一个群落，其中第 i 个粒子表示为一个 D 维向量 $X_i = (x_{i1}, x_{i2}, \cdots, x_{iD})^T$，$i = 1, 2, \cdots, m$，即第 i 个粒子在 D 维的搜索空间中的位置是 X_i。换言之，每个粒子的位置就是一个潜在的解。将 X_i 带入一个目标函数就可以计算出其适应值，根据适应值的大小衡量 X_i 的优劣。第 i 个粒子的"飞行"速度也是一个 D 维向量，记 $V_i = (v_{i1}, v_{i2}, \cdots, v_{iD})^T$。第 i 个粒子到目前为止搜索到的最优位置为 $P_i = (p_{i1}, p_{i2}, \cdots, p_{iD})$，称为 pbest，整个粒子群迄今为止搜索到的最优位置为 $P_g = (p_{g1}, p_{g2}, \cdots, p_{gD})$，称为 gbest。在发现上述两个极值后，粒子就根据下面的公式来更新自己的速度和位置：

$$v_{id} = w \times v_{id} + c_1 \times rand( ) \times (p_{id} - x_{id} + c_2 \times Rand( ) \times (p_{gd} - x_{id}),$$
$$x_{id} = x\,id + v_{id},$$

其中 v_{id} 代表第 i 个粒子第 d 维的速度，为了防止粒子远离搜索空间，粒子的每一维速度 $v_{id} \in [-v_{max}, v_{max}]$，$v_{max}$ 是常数，由用户设定。x_{id} 代表第 i 个粒子第 d 维的位置，$rand$ () 和 $Rand$ () 为在 [0, 1] 间均匀分布的随机数，c_1 和 c_2 是学习因子，通常 $c_1 = c_2 = 2$；w 是加权系数，取值在 0.4 到 0.9 之间。粒子通过不断学习更新，最终找到解空间中的最优解所在位置，搜索过程则到此结束。最后输出的 gbest 就是全局最优解。

利用德国奥森堡大学的多媒体与信号处理实验室中的数据对此算法进行检验。数据采自一个人在四种不同情感状态（愉快、愤怒、悲伤、快乐）下分别对应的四种生理信号（皮肤电信号、肌电信号、呼吸

信号和心电信号），总共得到 100 个样本。通过 BPSO 方法进行特征选
择，最近邻法进行分类，四种情感的总体识别率达到 85％，其中，心电
信号对愉快、悲伤、快乐的识别效果较好，呼吸信号对愤怒的识别效果
最好。该结果表明，可以将 PSO 方法用于情绪生理信号的特征选择。

3.3　小结

随着学科交互的进程，情绪识别的生理学研究开始综合脑电、功能
成像、行为实验等多种研究方式，同样生理学研究也从直观的外在表象
中为其他方向的情绪研究提供了帮助，不同层面的研究互相交融、互相
辅助。由此可以推测，人类情绪的活动很有可能是一个涉及多种心理活
动和多层生理调控的机体功能网络。在漫长的进化历程中，人类情绪已
经随着环境的不断改变而形成了一个丰富的体系，而基于生理指标的情
绪识别研究才刚刚起步，在今后的情绪研究中，研究者们需要对情绪进
行更加细化明确的分类，并且多开发新的数据处理方法，既要有丰富的
研究手段，也要依靠标准的实验设计，这样才能更快更准确地在情绪识
别的方向上获得新的成果。

参考文献

程小丹，熊范忠，彭艳婕，2009. 手术室噪声污染的原因分析及护理对策. 吉林医学，22：2810-2811.

刘晴晓，孙静，侯钢，魏永越，王筱兰，尚晓芳等，2009. 抑郁症情绪日夜变化与若干生化指标. 临床精神医学杂志，2：77-79.

边肇祺，张学工等，2000. 模式识别. 北京：清华大学出版社.

王丽萍，包月平，金慧艳，2002. 新入院病人情绪与血压关系的观察与分析. 齐齐哈尔医学院学报，23：435.

杨治良，1998. 实验心理学. 杭州：浙江教育出版社.

于洪鸾，潘芳，江虹，马榕，孙敬中，2005. 结构式心理干预对围手术期乳腺癌患者不良情绪及应激水平的影响. 中国现代普通外科进展，5：297-299.

周同民，2006. Fisher 线性判别在儿童情绪识别中的应用. 声学技术，25（4）：276-278.

Decker H. S. , 2008. Psychoanalysis in Central Europe. *History of Psychiatry and Medical Psychology*, 3：587-628.

Ekman P. , Levenson R. W. and Friesen W. V. , 1983. Autonomic nervous system activity distinguishes among emotions. *Science*, 221 (4616)：1208-1210.

Hageman I. , Andersen H. S. and Jørgensen M. B. , 2001. Post - traumatic stress disorder：a review of psychobiology and pharmacotherapy. *Acta Psychiatrica Scandinavica*, 104 (6)：411-422.

Haykin S. S. , 2002. *Adaptive filter theory*. New Jersey：Prentice Hall.

James W. , 1884. What is an emotion? *Mind*, 9 (34)：188-205.

Kennedy J. , and Eberhart R. . 1995. Particle swarm optimization. the Proceedings of 1995 IEEE International Conference on Neural Networks, the University of Western Australia, Perth, Western Australia, November 27

Larsen R. J. , and Diener E. , 1987. Affect intensity as an individual difference characteristic: a review. *Journal of Research in Personality*, 21 (1): 1-39.

Levenson R. W. , Ekman P. and Friesen W. V. , 1990. Voluntary facial action generates emotion – specific autonomic nervous system activity. *Psychophysiology*, 27 (4): 363-384.

Levenson R. W. and Ekman P. , 2002. Difficulty does not account for emotion – specific heart rate changes in the directed facial action task. *Psychophysiology*, 39 (3): 397-405.

Penner L. A. , Shiffman S. , Paty J. A. and Fritzsche B. A. , 1994. Individual differences in intraperson variability in mood. *Journal of Personality and Social Psychology*, 66 (4): 712-721.

Scherer K. R. , Banse R. and Wallbott H. G. , 2001. Emotion inferences from vocal expression correlate across languages and cultures. *Journal of Cross – Cultural Psychology*, 32 (1): 76-92.

Scott J. C. , 1930. Systolic blood – pressure fluctuations with sex, anger and fear. *Journal of Comparative Psychology*, 10 (2): 97-114.

van der Kolk B. A. , 2001. The psychobiology and psychopharmacology of PTSD. *Human Psychopharmacology: Clinical and Experimental*, 16 (S1): S49-S64.

Wiener N. , 1949. *Extrapolation, Interpolation, and Smoothing of Stationary Time Series: with Engineering Applications*. Cambridge, MA: MIT.

Wood J. C. G. and Hokanson J. E. , 1965. Effects of induced muscular tension on performance and the inverted U function. *Journal of Personality and Social Psychology*, 1 (5): 506-510.

Yehuda R. , 2006. *Post – Traumatic Stress Disorder*. Sussex, U. K. : John Wiley & Sons, Ltd.

（刘语秋）

第三篇　心智解读的新进展

第四章　心智解读的脑电研究

脑电图（Electroencephalography，EEG）是从头皮表面记录到的大脑内部的神经电活动（Niedermeyer and Lopes da Silva，1982）。单个神经元的电活动太微弱而无法被 EEG 探测到，因此 EEG 所反映的是数千乃至数百万的空间朝向一致的神经元的同步活动的总和（Nunez，1981）。考虑到单个神经元的动作电位所需的时间为 0.5ms—130ms（依神经元的种类而定），EEG 技术所具有的 ms 级时间精度非常理想（Anderson，2005）；和其他脑成像技术（PET，fMRI）相比，EEG 直接反映了神经系统的电活动（主要是突触后电位）（Nunez，1981）。由于 EEG 与大脑的功能状态和信息加工过程有密切的关系，EEG 及衍生的 ERP 技术广泛地应用在神经科学和认知科学中。利用 EEG 的方式，可以归结为两个相对的导向：一是试图在心智处于某种状态或者心理加工处于某个阶段（以下统称心智状态）时，找到相应的 EEG 的特征；二是试图通过 EEG 的特征推测当前的心智状态，这个过程被称作是心智解读（mind reading）。这两个导向相互联系：一方面对已知的心智状态所对应的 EEG 的特征（包括频域、时域、以及相应的空间关系的特征）的界定，可以作为心智解读的基础；另一方面，能否通过这些特征准确地区分出心智的不同状态，可以作为这些特征是否和特定的心智状态之间存在必然的联系的检验标准。本章介绍通过 EEG 对情绪状态、记忆状态这两方面进行识别（或分类）的研究，并说明如何应用 EEG 进行心智解读以及目前手段的局限性。

4.1　基于 EEG 的情绪识别

要从 EEG 中识别出情绪状态，必须先明确情绪状态的含义。我们首先通过对情绪的神经基础的分析，介绍当前对情绪状态的主流理解，然后以此为基础介绍当前从 EEG 中识别情绪的几类方法。

4.1.1　情绪的神经基础

对情绪的神经基础的认识经历了早期的单系统模型和目前流行的双系统和多系统模型。

所谓单系统模型，是指各种情绪都是基于共同的脑结构。单系统模型有两类：一种认为情绪是边缘系统（limbic system）的功能，另一种认为情绪是大脑右侧半球（right hemisphere）的功能。

边缘系统的理论是基于对心理和行为的进化的解释。20 世纪初期的比较解剖学认为新皮质（neocortex）是哺乳动物特有的结构，而其他脊椎动物只拥有原始皮质（primordial cortex）。因为思考、推理、记忆、问题解决的能力在哺乳动物尤其是灵长类以及人的阶段得到很好的发展，研究者就推测这些能力必然和新皮质而非原始皮质有关（LeDoux, 2000）。而相对的，原始皮质以及相关的皮层下的神经节组成的边缘系统则是与进化的早期阶段相关的心理与行为（即情绪）的中介（Isaacson, 1974；MacLean, 1949, 1993）。

然而，这个看似简洁完整的理论，一开始就面临挑战。一方面被认为属于边缘系统的海马（Hippocampus）被发现与记忆这样的高级功能有紧密的联系（Scoville and Milner, 1957）。另一方面，1960 年代发现在非哺乳类的脊椎动物也存在和新皮层相对应的脑结构（Schmitt, 1970），这样将新皮层和认知功能对应、将原始皮层和边缘系统对应的逻辑基础就不复存在了。

右侧半球的理论认为右侧半球在所有类型的情绪（包括正面情绪和负面情绪）加工中都起到了关键作用。比如，对人类的行为学的研究发现左半脸（由右侧半球控制）能够更多地表达情绪信息（Sackeim et al.，1978），如果右侧半球受到损伤会破坏识别表情的能力（Mandal et al.，1996）。然而，并不是所有的研究都支持右侧半球的理论，对大量关于情绪的脑功能的研究的元分析发现，左右半球在处理情绪信息时的活动并没有显著差异（Murphy et al.，2003）。

从以上的讨论可以看出，当前的研究成果不支持情绪是单一的神经结构的功能的看法。事实上，当前流行的情绪模型（如双系统模型和多系统模型）都试图将情绪分解成更基本的元素。其中，双系统模型认为情绪是由两个维度构成，而多系统模型则认为情绪是不同的基本元素的集合。

我们先看双系统模型。最初的双系统模型认为所有的情绪都可以由正负性（valence）、唤起（arousal）两个维度决定；其中正负性是指情绪是正性的（positive）还是负性的（negtive），或者说是愉悦的（pleasant）还是不愉悦的（unpleasant）；而唤起这个维度则区分情绪是兴奋的（exited）还是平静的（calm）。比如害怕就是负性的，而高兴就是正性的；害怕是兴奋的，而伤心则是平静的。对这个模型支持的证据主要来自利用 EEG 对情绪研究时所发现的大脑前额部左右半球的不对称性，即正性的情绪引起相对更多的左半球的神经活动，而负性的情绪则引起相对更多的右半球的神经活动（Davidson，1992；Pizzagalli et al.，2005）。这里强调相对，是因为即使在安静的状态下（没有任务），大脑前额部的左右半球的活动也表现出持续的不对称性，这被认为反映了被测者基本的性格特征；而在加工情绪时所产生的特定的神经活动则是在这个原有的不对称的基础上发生的，比如在加工正性情绪时左半球的神经活动并不必然强于右半球的神经活动，而是强于在加工负性情绪或者中性情绪时左半球的神经活动（Coan and Allen，2004）。

但是后续的深入研究并没有完全支持前额部的不对称性活动与情

绪的正负性间的对应关系。比如，生气虽然是负性情绪，却对应着相对更强的左半球的活动（Harmon-Jones and Allen, 1998）。进一步的研究和分析表明，前额部的不对称性更可能对应着趋近（approach）和回避（withdraw），而非正性负性（Berkman and Lieberman, 2010）；因此，生气虽然是负性的，但是却对应着趋近，因此伴随着相对更强的左半球的活动。

对唤起这个维度的研究相对较少。有研究指出，在以视觉刺激激发情绪的研究中，视觉皮层的活动反应了唤起（Lang, 1998）。另外，杏仁核的活动也被认为和唤起有关（Gainotti , 1993；Williams , 2001）。

我们现在来看多系统模型。多系统模型认为情绪可以归结为几类"基本情绪"（Ekman, 1992）。所谓基本情绪有两个主要的含义，一是不同的基本情绪在重要的维度上（如外部信号、生理基础等）相互区别，二是每个基本情绪都与在进化中有重要意义的事件（如躲避天敌等）相对应。基本情绪代表了对特定的刺激的预设的反应模式，可以对具有特定意义的刺激作出快速、复杂、有组织的、难于被主动控制的反应（Ekman, 1999）。在多系统模型的框架下，分离出与基本情绪对应的神经活动便是一项中心的任务。害怕（fear）、厌恶（disgust）、生气（anger）、高兴（happy）、悲伤（sadness）等情绪获得了研究者最多的关注。通常认为：害怕和杏仁核有关，厌恶和基底神经节有关、生气和侧边额叶底部（OFC）有关；当前的研究还没有高兴和悲伤引发的脑活动的显著差别，不过这两类情绪会引起相比其他情绪而言更强的扣带回前部（ACC）、前额叶皮层（PFC）的活动（Phan et al. , 2002）。

怎么看待情绪决定了通过 EEG 识别情绪的方法。采用不同的情绪模型时，识别的途径和目标自然也会不同。若采用双系统模型，任务通常是从 EEG 中区分出某个待定的情绪在正负性和（或）唤起这两个维度上的具体的位置，进而识别出这个情绪；若采用多系统模型，那么识别的任务就应当是直接从 EEG 中区分出这个特定的情绪。下面分别介绍基于这两个导向的研究。

4.1.2 基于基本情绪模型的识别

通过 EEG 识别基本情绪的方法大致可以归为两类：一类认为 EEG 和具体情绪之间存在确定的对应关系，从 EEG 中识别情绪，就是找出这个具体的对应关系（变换矩阵）；而另一类认为 EEG 和情绪之间的对应有一定的随机性，因而利用统计方法对 EEG 进行分类，分类的结果就是识别的结果。

Musha 等人（1997）采用了第一类方法，他们认为 EEG 和情绪之间存在确定的对应关系，因而采用了 ESAM（Emotion Spectrum Analysis Method）对情绪进行识别（Musha et al.，1997）。被试需要想象某个具体的情绪（包括生气、伤心、愉悦、放松），他们同时记录了 FP1，FP2，F3，F4，P3，P4，O1 和 O28 八个位置的脑电。通过 FFT（快速傅立叶分析）将原始的脑电数据分为 θ 频段（5Hz—8Hz），α 频段（8Hz—13Hz），β 频段（13Hz—20Hz）三部分。每个电极在 α 频段上的交叉相关被作为分类所依赖的特征。Musha 等人（1997）认为这些指标和情绪可以用等式 $C \cdot y + d = z$ 联系起来。其中 C 被称为情绪矩阵，y 是前述指标，d 为常向量，而 z 则是情绪向量。在这里，z 是四维向量 $(1, 0, 0, 0)$、$(0, 1, 0, 0)$、$(0, 0, 1, 0)$、$(0, 0, 0, 1)$ 分别对应着一种基本情绪。他们将交叉相关的数据分为两组（A 组和 B 组），利用 A 组的数据求得情绪矩阵 C，然后将此矩阵应用在 B 组的数据上，将那些识别错误的数据从 B 组中剔除，然后利用 B 组中的剩余数据计算新的情绪矩阵，然后再将此矩阵应用在 A 组数据上，同样也将识别错误的数据从 A 组中剔除，直到没有被剔除的数据为止（通常重复两到三次便可）。

不过他们认为：虽然被试在感觉到生气时，z 在生气的维度上得分很高，但不代表生气的维度得分高时一定对应着生气的情绪体验，而可能是反映了一般的情绪紧张的状态；同样的，伤心的指标高时可能反映了情绪压抑的状态。因此，他们将 z 的维度生气、悲伤、愉悦、放松相应地用 N1，N2，P1，R 等符号取代。

为了检验 ESAM 方法的可靠性，他们对特定情境的脑电进行分析。图 1 的结果反映了在任务过程中被试的情绪变化的进程：两个被试同时进行计算任务，开始时，其中一个被试（被试 A）显得较放松，但当另一被试（被试 B）先完成时，被试 A 立即感到了压力，从而紧张起来。虽然这个分析看起来较合理，但是并没有经过有效的检验，因而严格来说，并不能作为支持 ESAM 方法的有效证据。

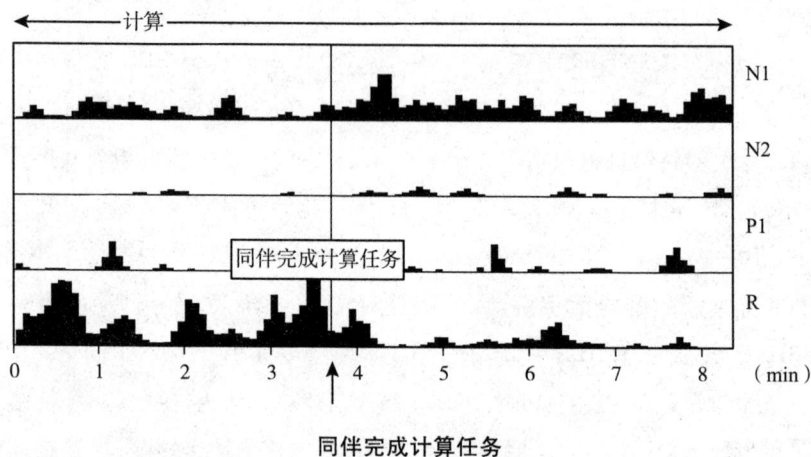

图 1　两个被试做计算任务的数据

其中一个被试在放松的状态（R 值）下进行计算，当他知道自己的同伴已经完成任务时，开始紧张起来（N1 值），不再那么放松了。（图片出自 Musha, et. al., 1997）

如果采用统计分类的方法，其基本的步骤可以归结为诱发情绪，记录脑电，提取特征，选择分类器，训练分类器，检验分类器等。

Ishino 和 Hagiwara（2003）利用电视、音乐、游戏等引起被试的四种情绪（愉悦、悲伤、生气、放松），应用 IVBA 脑电系统（包含三个位于前额部的电极）来记录对应的脑电。为了有效地进行分类，他们对原始的脑电数据进行预处理，取得 α 频段（8Hz—13Hz）、β 频段（14Hz—19Hz）、γ 频段（20Hz—30Hz）的功率，以及均值和方差，另外还包括经由小波分析、加权平均、主成份分析降维等步骤而获得的用以分类的特征。他们应用反向传播算法，输入前述数据对前馈型神经网络（feedforward neural network）进行训练。利用这个方法进行分类的准确度（将属于某种情绪的脑电准确的分到这类的比例）最高达到 67.7%（区分生气时），最低也达到 54.5%（愉悦）；而错误率（将属于某种情绪的脑电准确的分到另一类的比例）最高为 34.3%（将放松误判为悲伤）。

较高的错误率一方面可能反映了脑电数据本身具有较大的不确定性，不同的情绪所对应的脑电并没有特别明确清晰的界限；另一方面则可能反映了情绪并没有被有效诱发。事实上，Ishino 和 Hagiwara（2003）并没有检验是否诱发了特定的情绪；一般来说，同样的外界刺激并不必然引起被测者同样的反应，比如一段生气的视频，除了可能诱发生气的情绪，也可能诱发愉悦的情绪。即使每次试验（trail）中都有预设的情绪发生，情绪的发动（onset）和结束（offset）也不会发生在固定的时刻，对整段的 EEG 而非特定的情绪阶段的 EEG 进行分析，自然也会导致无法识别出情绪的情形。

一般来说，记录脑电时，都要求被测者尽量减少肌肉的运动，以免在脑电中引入肌电（EMG）的干扰（Michail *et al.*, 2010）。Mikhail 等人认为，基于 EEG 的情绪识别要能在日常的情景下的应用，就需要能够处理包含肌电干扰的数据。他们利用了 Coan 等（2001）的数据进行研究。在 Coan 等（2001）的实验中，被试的任务是模仿看到的表情图片中脸部的动作，其被告知的实验目的是研究肌肉活动对脑电的影响，同时记录了 FP1, FP2, F3, F4, F7, F8, Fz, FTC1, FTC2, C3, C4, T3, T4, TCP1, TCP2, T5, T6, P3, P4, Pz, O1, O2, Oz, A1, A2 这 25 个位置的脑电（以 Cz 为参考）。对此数据预处理后，进行 FFT 变换，抽取出 alpha 频段的功率和相位作为分类的特征；同时被选作分类特征的还有平均相位、平均功率、峰值频率、峰值大小、大于零的样本数目；另外，考虑到大脑对正负情绪的反应存在左右半球的不对称性，Mikhail 等将左右脑在各频率的差异也作为指标。之后，应用支持向量机（Support Vector Machines）对指标数据进行分类。指标数据被随机分为训练组（90%）和测试组（10%）（重复了 20 次）。最终分类的准确率为 30%—72.6%。

不过需要指出的是，这里分类的结果并不能等同于情绪识别。虽然理解面部表情需要通过引发自身相应的情绪，但是在模仿表情动作的情形下，并不能区分正确分类所依赖的特征是来自表情本身还是来自仅与动作相关的成分。

基于多系统模型的分类效果较差，一方面可能是由于在以上的实验中，分类所依赖的特征仅仅包括了每个电极单独频段的特征，而没有考虑电极间的相关性。已有的研究表明，基本情绪可能对应着不同区域的脑电活动的相关性。对平方协变谱（squared coherence spectra）与基本情绪的关系的研究表明，挑衅（aggression）和愉悦（joy）对应着 alpha 频段的协变的增加，而紧张（anxiety）和伤心（sorrow）则对应着 alpha 频段的协变的减少（Hinrichs and Machleidt, 1992）。还有研究发现，生气对应着 theta 频段的广泛的（包括额部、中部、颞部、顶部、枕部）相关性，而害怕则对应着 alpha 频段的额部电极间的相关活动以及 beta2 频段的相关活动（Rusalova and Kostyunina, 2004）。另一方面，可能与基本情绪特异性的神经活动（主要是皮层下的神经结构的活动）有关，皮层上的与情绪相关的区域（如 PFC）则参与了所有基本情绪的加工（虽然不同的情绪对应的 PFC 的反应可能有所不同，但是这还没有被清晰地揭示出来），而 EEG 则主要反映了皮层上的神经活动。事实上，针对基本情绪的 EEG 研究还非常少见。

由于大量的研究都揭示了前额部的不对称性与情绪的维度（趋向性维度或者正负性的维度）有密切的关系，使得基于双系统模型的识别有更可靠的基础，因而可能获得更好的识别效果。

4.1.3　基于多维度模型的识别

目前，基于多维度模型识别情绪的研究主要采用分类的方法，基本步骤与识别基本情绪时类似。根据所关注的维度的多少，这些研究可以分为三类：只关心情绪极性（正—负或者趋近—回避）、只关心唤起、同时关心极性和唤起。下面分别对它们进行说明。

Schaaff 和 Schultz（2009）选用了 International Affective Picture System（IAPS）中的三类图片（高兴、中性、不高兴）作为刺激材料来唤起被测者相应的情绪。同时，记录了 Fp1，Fp2，F7 和 F8 这 4 个位置的脑电。为了有效地识别情绪，他们选取了 α 频段的峰值频率、α 频段的功率、各电极在 α 频段的交叉相关（cross-correlation）、以及时域上的统计指标作为识别的特征。

其中交叉相关由以下等式给出：

$$c(F; jk) = \frac{\sum_F X_j(f_n) X_k^*(f_n)}{\sqrt{\sum_F \left| X_j(f_n) \right|^2} \sqrt{\sum_F \left| X_k(f_n) \right|^2}},$$

F 为目标频段，j 和 k 代表相关电极，而 $X_j(f_n)$ 代表 j 电极上的 EEG 信号在频率第 n 个频率柱上的傅立叶变换。

而时域上的统计指标则包括以下 6 种：

（1）原始信号的平均值

$$\mu_x = \frac{1}{N} \sum_{n=1}^{N} x_n;$$

（2）原始信号的标准差

$$\sigma_x = \left(\frac{1}{N-1} \sum_{n=1}^{N} (x_n - \mu_x)^2 \right)^{1/2};$$

（3）原始信号一阶差分的绝对值的平均数

$$\delta_x = \frac{1}{N-1} \sum_{n=1}^{N} \left| x_{n+1} - x_n \right|;$$

（4）标准化后的信号的一阶差分的绝对值的平均数

$$\tilde{\delta}_x = \frac{\delta_x}{\sigma_x};$$

（5）原始信号的二阶差分的绝对值的平均数

$$\gamma_x = \frac{1}{N-2} \sum_{n=1}^{N-2} \left| x_{n+2} - x_n \right|;$$

（6）标准化后的信号的二阶差分的绝对值的平均数

$$\tilde{\gamma}_x = \frac{\gamma_x}{\sigma_x};$$

其中 X_n 表示原始信号的全部 N 个采样中的第 n 个数据。

当所有特征均计算好后，再将这些数据用如下的公式标准化：

$$x_i^{norm} = \frac{x_i - \mu_x}{\sigma_x},$$

其中 μ_x 代表这些特征的样本的平均值，而 σ_x 则表示它们的标准差。

在取得这些特征后，利用支持向量机（SVM）对数据进行分类，最终在不同被试上取得了从 38.83% 至 55.56% 的准确率。较低的准确率可能跟识别情绪图片不一定能够引起相应的情绪有关。而 Schaaff 和 Schultz（2009）并没有区分那些相应情绪的真正被唤起的阶段的 EEG 和那些没有相应情绪的阶段的 EEG。

Chanel 等人（2005）探讨了对唤起的识别。他们同样选取了 IAPS 中的图片作为刺激材料来诱导相应的情绪，为了研究唤起的维度，因而选取了高唤起和低唤起的各 50 张图片（在不同的极性上均匀选取）；不同的是，他们意识到情绪图片本身并不能和相应的情绪直接对应，因此，他们在每幅图片呈现后都引入了自我评估的阶段（采用简化的 Self Assessment Manikin，SAM）。

他们依据 Aftanas 等人（2004）的结果选取了表 1 所示的电极和对应

表 1 不同 EEG 特征值对应的脑区和频段

（Aftanas *et al.*，2004）

EEG 特征	脑区位置	频率范围
1	[PT；P；O]	θ1(4—6Hz)
2	[PT；P；O]	θ2(6—8Hz)
3	[PT；P；O]	γ(30—45Hz)
4	[AT；F]	α2(10—12Hz)
5	[AT；F；C]	β1(12—18Hz)
6	[C；PT；P；O]	β3(22—30Hz)

的频段上的功率，并将其平均之后作为分类的特征。可以看出，相关的

电极主要位于大脑后部，正如前文所说，对于以视觉材料为刺激的情绪加工的研究中，视皮层的活动和唤起有关。

他们分别依据 Bayes 方法和 Fisher Disciminant Analysis（FDA）进行了分类。为了检验分类的效果，首先需要建立标准的正确分类。最简单的方法是依据图片的属性直接进行分类，这样就获得两类，一类是平静的情绪，一类是兴奋的情绪。较困难的是根据自我评估进行分类。事实上，自我评估没有重现图片的分类，被测者更倾向于报告平静的情绪。他们采取了两种分类方法，一种是分成两类（平静、兴奋），一种是分成三类（平静、中等、兴奋）。这两种分类法中不同类属中的样本量并不相同，尤其是三分法中，属于兴奋的情绪的样本最稀少。

基于图片的属性所获得的分类来检验对 EEG 的分类效果时，采用 Bayes 方法的分类效果仅达到 54%（随机水平 50%），而采用 FDA 方法的效果稍好，为 55%。这反映了图片的属性和被测者实际体验到的情绪之间存在较大差距的现实。

基于自我评估的结果所获得的分类检验对 EEG 的分类效果时，在二分法的情况下（随机水平 50%），其中一个被试的分类效果达到 72%（基于 Bayes 方法）或 70%（基于 FDA 方法）；在三分法的情况下（随机水平 33%），其中一个被试基于 Bayes 方法的分类效果达到 58%。作者认为，被试间的情况存在较大差异的原因，是不同的被试对自我情绪进行评估的能力有较大差异，有的被试能够较准确地评估自己的情绪状态，有的则不能，导致了基准分类的不准确。

Horlings（2008）同时考虑极性和唤起两个维度。他们同样采用了 IAPS 中的图片作为诱导情绪的刺激材料，同时也采用 SAM 进行了自我评估。当每个维度上分成五类时，他们在极性维度上获得了 32% 的正确率，在唤起维度上获得了 37% 的正确率；当仅考虑每个维度上的极端类别，极性维度和唤起维度则分别获得了 71% 和 81% 的正确率。

从以上的研究看来，以多维度模型为基础的识别并没有获得预想的高准确度。造成这个问题的原因除了上文中已经提及的情绪图片和情绪之间不存在固定的对应关系、自我评估无法准确地反应个体的情绪状态外，一个重要的原因是，前述的研究所关注的情绪的极性的维度是正性—负性，而非趋近—回避，而当前的研究还没有揭示正性—负性维度与 EEG 之间确切的对应关系。

4.2 基于 P300 的测谎（脑指纹技术）

4.2.1 P300 简介

P300 是由出现概率较低的并与任务相关的刺激所引发的事件相关电位（ERP）（魏景汉、罗跃嘉，2010）。目前认为，P300 是一种内生电位，它与被试对刺激的反应而不是刺激本身的物理属性相关联。P300 被认为反映了刺激评估和分类。通常利用 oddball 范式来研究来引发 P300；所谓 oddball 范式，是指刺激序列中包含两类刺激，一类是高概率的非目标（或标准）刺激，一类是低概率的目标刺激（Squires et al.，1975）。一般来说，P300 的潜伏期（从目标刺激出现到正电位出现峰值的时间间隔）在 300ms 到 600ms 之间，这也是 P300 得名的原因。根据引发的条件和性质的不同，P300 可以分为 P3a 和 P3b 两类（Squires et al.，1975）。

一般来说，与任务无关的低概率刺激所引发的是 P3a，它的潜伏期在 220ms 至 280ms 之间，最大的幅值一般出现在头皮的额部或中部的位置（如 FCz 或 Cz）（Polich，2003）；而低概率的目标刺激所引发的是 P3b，也就是传统的 P300，潜伏期一般在 310ms 至 380ms 之间，最大的幅值一般出现在头皮的顶部（如 Pz）（Polich，2007）。通过包含三类刺激的 oddball 范式可以清楚地显示这两种 P300 的差异。三类刺激包括：高概率的标准刺激、低概率的目标刺激和低概率的异常刺激。Grillon 等人（1990）采用这种范式研究了低概率的异常刺激所引发的脑电。他们采用 1600Hz 的纯音为标准刺激，900Hz 的纯音为目标刺激，而 700Hz 的纯音为异常刺激。他们发现相对于目标刺激所引发的 P300（即 P3b），异常刺激引发的 P300（即 P3a）潜伏期相对较短，且主要分布在头皮的额部。由于一般认为 P3b 与认知加工有更密切的关联，P3b 获得了研究者更多的关注。

对 P3b 的研究根据关注潜伏期和波幅的不同，可以分成两大类。

通过对潜伏期的研究，研究者发现 P3b 的产生反映了不确定性的解决。Sutton 等（1967）给被试呈现单个或两个强度不同的滴答声（click）。在一种条件下，被试被要求报告其所听到的嘀嗒声的数目。如果第二个嘀嗒声出现，P3b 出现在第二声嘀嗒声之后大约 300ms 左右。更重要的是，即使只有一声滴答声，P3b 出现的时刻和有两声时几乎相同。这说明，P3b 的出现是基于第二声嘀嗒声可能出现的时刻。事实上，如果操作两声之间的时间间隔，P3b 出现的时刻严格反映了这个时间间隔的变化（如，当第二声总是出现在第一声的 500ms 之后，P3b 就会出现在第一声之后 800ms 左右）。相反，如果被试的任务是区分嘀嗒声的强度，P3b 总是出现在第一声的 300ms 之后，因为被试可以通过第一声的强度判断出所有两个滴答声的强度。另外，影响不确定性解决的因素（如区分的难度）也会影响 P3b 的潜伏期。McCarthy 和 Donchin（1981）给被试呈现了一系列 3×3 的矩阵，每个矩阵包含了"左"（left）或"右"（right）这两个词中的一个，而被试则需要根据矩阵中包含的单词作出按键反应。他们发现，矩阵中的其他位置如果是数字符号（#），P3b 的潜伏期要比其他位置是随机的其他英文字母时要显著地提前，这与其他字母对识别目标单词造成了更大的干扰相一致。相似地，降低刺激的物理强度，也可以使得 P3b 的潜伏期延长。这些结果说明 P3b 的潜伏期反映了被试评估或分类任务相关的刺激所需的时间。另外，需要强调的是，P3b 反映的是评估刺激的过程而非选择反应的过程。事实上，虽然不同的指导语（要求被试注重速度还是注重正确率）会影响反应时，但并不影响 P3b 的潜伏期（Kutas et al.，1977）。

对 P3b 波幅的研究发现，P3b 受到多种因素的影响。首先是概率，某个事件的概率越低，P3b 的波幅越大（Donchin，1981）。这里的概率包括了多种类型的概率：全局概率，也就是目标刺激相对于标准刺激的整体比例；局部概率，也就是在特定的序列中，目标刺激相对于标准刺激的比例；以及时间概率，也就是在某个固定的时间间隔内（不管标准刺激是否出现），目标刺激出现的频率（Duncan-Johnson and Donchin，1977）。Johnson 进一步提出，P3b 的波幅受三种因素的影响：主观概率、刺激的意义，以及信息的传递。所谓主观概率是客观的概率与被试主观判断相结合的概率，某个刺激所引发的 P3b 的波幅与其减少的不确定性直接相关。而刺激的意义可以用三个独立的变量来描述：任务复杂度、刺激复杂度、以及刺激的重要性。信息传递是指刺激所指代的信息与被试所接收到的信息的比率，它受到识别刺激的难度和保持对此刺激的注意的难度的影响（Johnson，1986）。特别地，P3b 的幅值的大小与分配到刺激的注意和认知资源有关，如在双任务范式下，完成主任务所需要的认知资源越大，次任务（oddball）所引发的 P3b 的波幅就越小（Kok，2001）。

有趣的是，即使与任务无关，那些与被试自身相关的信息（如名字、生日等）也可以引发典型的 P3b（Gray et al.，2004；Ninomiya et al.，1998）。基于 P3b 的这个特性，研究者认为，P3b 可以用来检测某个特定的项目是否存在于被试的记忆中，而不需要依赖被试的报告。

4.2.2 基于 P300 的测谎研究

基于 P300 的测谎实际上是测量某个特定的项目（如与罪案相关的信息）是否存在于被试的记忆中，而不是检测被试是否对某个项目说谎（如否认认识这个项目）。

这类研究通常采用包含三类刺激的 oddball 范式：高概率的标准刺激、低概率的目标刺激（与当前任务有关，通常需要对其他出相应的反应），以及低概率的探测刺激（与罪案或者被试记忆中的项目相关，但与当前任务无关，不需要对其作出反应）。

初期的实验主要探讨了 P300 对记忆项目的检测。被试首先学习一组单词（如同属于动物），一定的间隔后再学习另外一组单词（如同属于衣物）。在正式的实验中，这些单词和被试没有学习过的单词一起组成刺激序列，被试需要对第二组学习的单词作出"学习过"的反应（按某个键），而对另外的单词作出"没学习过"的反应（按另外的键）。通过 P300，可以以较高的正确率从标准刺激中分辨出第一组的单词。如果被试掩盖信息的动机（可以通过指导语来操作）越强烈，分辨的正确率越高。

Rosenfeld 等（2003）发现，如果对某个刺激口头撒谎，这个刺激所引发的 P300 比目标刺激引发的 P300 有相对较小的幅值。特别地，如果将 P300 的幅值标准化（scaled），也就是将 Pz，Cz，Fz 三个位置的 P300 的幅值除以它们的几何平均数作为这些位置的标准化幅值，那么，与目标刺激所引发的 P300 相比，撒谎的刺激所引发的 P300 在 Pz 上的标准化幅值没有明显差异，而在 Fz、Cz 上则要显著的小。

Meijer 等（2007）以人脸为材料研究了 P300 识别"被隐藏"的信息的能力。他们同样采用了包含三类刺激的 oddball 范式。在其中一个实验中，如果一张属于被试的兄弟姐妹的人脸图片作为目标刺激，则另一张属于被试的朋友的人脸图片会作为探测刺激；反之亦然；而标准刺激为与被试无关的人脸。被试需要对目标刺激作"认识"的反应（按某个键），而对另外的刺激则作"不认识"的反应（按另一个键）。根据 P300 的波幅的差异，从标准刺激中分辨出探测刺激的正确率达到了 92%（22/24）。这里采用了 Bootstrapping 的方法进行识别。Bootstrapping 方法可以从同一个数据集中产生多个不同的平均数。对一个具体的被试而言，假设有 n 个探测试验（trial），i 个标准试验。Bootstrapping 的第一步就是从 n 次探测试验中，以有放回的方式取出 n 次试验，然后将其平均。第二步，从第一步所得到的平均反应中得到探测试验的 P300 的幅值，然后对标准试验重复第一步和第二步（当然取出的是 i 次试验），得到标准试验的 P300 的幅值。第三步，就是从探测试验的幅值中，减去标准试验的幅值，得到一个差异分数。这三步重复 100 次，从而得到 100 个不同的差异分数。如果在 95% 的水平上，差异分数显著大于 0，那么就算是正确识别出了探测试验。在第二个实验中，目标刺激和探测刺激为曾给被试授课的教授的人脸图片，准确分辨出探测刺激的正确率则非常低（17% 或 4/24）。这表明，仅仅"认识"某个人，无法引发足以区分的 P300 反应。

4.3　基于 EEG 的言语识别

从 EEG 的信号中进行言语识别（speech recognition）的最大困难在于言语内容数量庞大，远远超出情绪状态的维度数量。当前已有的研究最多只能表明存在着从 EEG 中识别出言语内容的可能。下文对这些研究作简单的介绍。

Suppes 等（1997）尝试通过 EEG 和 MEG 来识别单词（7—12 个）。这里所谓的识别单词，实际上只是判断一段或一组 EEG 或者 MEG 信号时由哪个单词引发的。实验条件分为三类：单词为听觉刺激，被试的任务是理解这个单词；单词为视觉刺激，任务是默读；单词为视觉刺激，任务是出声阅读。其中"出声阅读"作为对照任务，用以检验基于 EEG 的单词分类是否只是通过与发声动作有关的信号来实现的。由于最终的结果表明，基于 EEG 识别的效果普遍优于基于 MEG 识别的效果，这里只围绕 EEG 部分的结果作介绍。

EEG 识别主要基于单个被试的数据进行。每个单词在理解、默读两种条件下的 EEG 数据被分成原型和待判定两类；判定的基本过程是将待判断的 EEG 数据和不同单词的原型数据相比较（依据最小二乘法），与哪个原型数据差别最小，则判定这段 EEG 由与这个原型数据相应的单词所引发。

为了获得最佳的识别效果，首先做了选择最优滤波器的处理。由于除了提高识别率之外，并不知道需要选择哪些频道的信号，于是进行了穷举式的计算，也就是对一定范围内的低通频率、频带宽度的识别效果都进行了计算，从中选出最优滤波器。基于滤波后的 EEG 信号，又进行了最优电极的选择，也就是对每个被试选择识别率最高的电极。最终的准确率在34%—97%之间（包括两个任务）。不过，这里选择的最优滤波器、最优电极并不稳定：首先是不同的被试各不相同；其次是同一被试对调原型和待判定的数据的地位，也会导致变化。虽然这里的分析很像是在玩数字游戏，不过还是反映了一定的规律。如最优滤波器主要包括了 θ 和 α 频段，最优电极基本分布在头皮中部（包括在 10—20 系统中以 T\C 为标签的电极）。

另外，似乎能肯定的是，这里的识别不是完全通过发声动作有关的信号来实现的。因为基于对照任务（出声阅读）的 MEG 进行的识别效果劣于基于 EEG 的效果。并且，在默读任务下，对发音相同的单词（如 two，too，to）也能进行一定程度的区分。

在进一步的分析中，对默读条件下识别效果最好的被试（正确率91%），做基于单次试验（单 trail）的识别，达到了40%左右的正确率。另外，被试间的分析也获得了高于随机水平的正确率。

Suppes 等（1998）把类似的方法运用到句子识别上，也基本取得了正面的结果：如果直接从与句子整体相对应的 EEG 中进行识别，识别率最高达到86.7%。他们探索了用相邻电极间的电位差（代替相对于公共的参考电极的电位差）来代表某个电极的活动，并以此作为识别的信号，获得了更高的识别率（最高为93.3%）。

另外，他们尝试将不同句子中的单词对应的 EEG 信号分割以后重新组合，再以重组后的信号构造原型。结果以不同方式的组合获得了不同的识别效果。如果只重组第一个单词，识别率最高可达53.3%；如果将每个单词都重组，识别率最高只有18.3%。从另一方面看，虽然每句话中的单词之间都有显著间隔，但这些间隔并没有使得对应的 EEG 回到静息状态。这两个结果显示，句子并不是词语简单的叠加，期望先判断单词再从单词的组合中识别句子是行不通的。

Suppes 等（1999a）进一步探索了被试间的句子识别。这里所说的被试间识别包括两种类型：一是待判定数据和原型数据都是所有被试的 EEG 信号平均，在这种情况下，无论句子是以听觉通道还是视觉通道呈现，识别率都显著高于基于单个被试数据的识别率（在该研究中，句子数量最大达到 48 个）。不过，Suppes 等人（1999a）也承认，这里被试间的平均可以获得更好的识别率，可能只是由于叠加的 EEG 数量增多而已。第二是待判定数据和原型数据分别来自不同的被试群，在这种情况下，识别率明显低于第一种情况。不过在视觉呈现时，最高识别率依然达到了 90%，特别需要说明的是，既然待判定数据和原型数据来自不同的被试群也能获得高识别率，脑电中似乎应该包含了通用（不同被试均相同）的句子表征。不过在该研究中，他们发现视觉呈现时的识别效果要远远好于听觉呈现的效果。这可能说明，这里的识别所依赖的信号对应的是句子的物理特征，而不是句子的抽象意义，通用的表征可能只是视觉加工的基本规律的体现。

但是，Suppes 等（1999b）针对名词及其所指的实际刺激进行的识别研究结果表明，基于 EEG 的识别可能通过与意义有关的成分来实现。实验中包含了两类刺激，一类是简单图像（如圆圈、色块等），另一类是这些图像的名称。除了对同样的刺激识别率较高外，当以简单图像所对应的 EEG 信号作为原型数据，以名称（无论是以视觉形式还是听觉形式呈现）所对应的 EEG 信号作为待判定的数据时，都获得了较高的正确率。

虽然以上介绍的 Suppes 实验小组的研究结果趋于正面，但需要特别指出，他们所采用的分析方法包含了显著不合理的方面。比如为不同的刺激、不同的被试分别选择最优滤波器以及最优电极的过程摆脱不了人为提高识别率的嫌疑。事实上，哪怕是对于同一个刺激、同一个被试，只是对调原型数据和待判定数据的地位，最优滤波器和最优电极也会改变。很难合理地解释为什么相同的内容在相同的条件下（原型数据和待判定数据来自相邻的 trial）却反映在不同电极和频率上。不过，由于最优滤波器与最优电极的位置在部分被试间较接近，以上报告的结果具有一定程度的可信度，而且作为探索性研究，至少表明了基于脑电进行言语内容识别的可能性。要摆脱这样不合理的筛选，可靠的途径是通过对问题的充分研究来实现，也就是找出不同的言语内容所触发的 EEG 特征。

4.4　小结

目前，从 EEG 中解读心智状态的工作还远未成熟。这一方面是由于对某个心智状态所引起的神经活动的研究还不充分，传统的只关注加工过程的研究无法提供解读心智的有效指标；另一方面对心智状态本身的认识也还有待深入。要实现对心智的解读，首先要明晰不同心智状态的区分。不过，以上介绍的内容显示了 EEG 信号中确实负载了大量与心智状态相关的信息，这是将来进一步探索基于脑电的心智解读的基础。

另外，对 EEG 的解读存在着纯工程和认知两个导向。前者把对 EEG 的解读只当做信号处理和分类的过程，后者更多依靠认知神经科学的精巧实验，对数据的处理相对简单。笔者相信这两个导向的有效结合将会推动这个领域的进步。只有认知神经科学、统计学、脑电采集技术等领域的研究者协调推进，才能实现心智解读的突破。有效的突破除了会使人类对心脑关系的认识达到新的高度，也必然会给人类生活带来重大变革。

参考文献

魏景汉, 罗跃嘉, 2010. 事件相关电位原理与技术. 北京: 科学出版社.

Aftanas L. I. , Reva N. V. , Varlamov A. A. , Pavlov S. V. , and Makhnev, V. P. 2004. Analysis of evoked EEG synchronization and desynchronization in conditions of emotional activation in humans: temporal and topographic characteristics. *Neuroscience Behaviroal Physiology*, 34 (8): 859–867.

Anderson J. R. 2005. *Cognitive Psychology and Its Implications*/John R. Anderson (6th ed.) . New York: Worth Publishers.

Berkman E. T. , and Lieberman M. D. 2010. Approaching the bad and avoiding the good: lateral prefrontal cortical asymmetry distinguishes between action and valence. *Journal of Cognitve Neuroscience*, 22 (9): 1970–1979.

Chanel G. , Kronegg J. , Grandjean D. , and Pun T. 2005. *Emotion assessment: Arousal evaluation using EEG's and Peripheral Physiological Signals*. Technical report. Computing Science Center, University of Geneva. Geneva 4, Switzerland.

Coan J. A. , and Allen J. J. 2004. Frontal EEG asymmetry as a moderator and mediator of emotion. *Biol ogical Psychol ogy*, 67 (1–2): 7–49.

Davidson R. J. 1992. Anterior cerebral asymmetry and the nature of emotion. *Brain and Cognition*, 20 (1): 125–151.

Donchin E. 1981. Presidential address, 1980. Surprise!... Surprise? *Psychophysiology*, 18 (5): 493–513.

Duncan – Johnson C. C. , and Donchin E. 1977. On quantifying surprise: the variation of event-related potentials with subjective probability. *Psychophysiology*, 14

(5): 456-467.

Ekman P. 1992. An argument for basic emotions. *Cognition and Emotion*, 6 (3/4): 169-200.

Ekman P. 1999. *Basci Emotions*. Sussex, U. K. : John Wiley and Sons, Ltd.

Gainotti G. , Caltagirone, C. , and Zoccolotti, P. 1993. Left/right and cortical/subcortical dichotomies in the neuropsychological study of human emotions. *Cognition and Emotion*, 7: 71-93.

Gray H. M. , Ambady N. , Lowenthal, W. T. , and Deldin, P. 2004. P300 as an index of attention to self - relevant stimuli. *Journal of Experimental Social Psychology*, 40 (2): 216-224.

Grillon C. , Courchesne E. , Ameli R. , Elmasian R. , and Braff D. 1990. Effects of rare non-target stimuli on brain electrophysiological activity and performance. *International Journal of Psychophysiology*, 9 (3): 257-267.

Harmon - Jones E. , and Allen J. J. 1998. Anger and frontal brain activity: EEG asymmetry consistent with approach motivation despite negative affective valence. *Journal of Personality and Socical Psychology*, 74 (5): 1310-1316.

Hinrichs H. , and Machleidt W. 1992. Basic emotions reflected in EEG - coherences. *International J ournal of Psychophysiology*, 13 (3): 225-232.

Isaacson R. L. 1974. *The limbic system*. New York, : Plenum Press.

Ishino K. , and Hagiwara M. 2003. *A feeling estimation system using a simple electroencepholograph*. Paper presented at the Systems, Man and Cybernetics, 2003. IEEE International Conference.

Johnson R. , Jr. 1986. A triarchic model of P300 amplitude. *Psychophysiology*, 23 (4): 367-384.

Kok A. 2001. On the utility of P3 amplitude as a measure of processing capacity. *Psychophysiology*, 38 (3): 557-577.

Kutas M. , McCarthy G. , and Donchin E. 1977. Augmenting mental chronometry: the P300 as a measure of stimulus evaluation time. *Science*, 197: 792-795.

Lang P. J. , Bradley M. M. , Fitzsimmons J. R. , Cuthbert B. N. , Scott J. D. ,

Moulder B. , and Nangia V. 1998. Emotional arousal and activation of the visual cortex: an fMRI analysis. *Psychophysiology*, 35 (2): 199–210.

LeDoux J. E. 2000. Emotion circuits in the brain. *Annual Review Neuroscience*, 23: 155–184.

MacLean P. D. 1949. Psychosomatic disease and the visceral brain, recent developments bearing on the Papez theory of emotion. *Psychosomatic Medicine*, 11 (6): 338–353.

MacLean P. D. 1993. *Cerebral evolution of emotion*. New York: Guilford.

Mandal M. K. , Mohanty A. , Pandey R. , and Mohanty S. 1996. Emotion-specific processing deficit in focal brain-damaged patients. *International Jounal of Neuroscience*, 84 (1–4): 87–95.

McCarthy G. , and Donchin E. 1981. A metric for thought: a comparison of P300 latency and reaction time. *Science*, 211 (4477): 77–80.

Meijer E. , Smulders F. , Merckelbach H. , and Wolf A. 2007. The P300 is sensitive to concealed face recognition. *International Journal of Psychophysiology*, 66 (3): 231–237.

Michail M. , EI – Ayat K. , Kaliouby R. , Coan J. , and Allen J. J. 2010. *Emotion detection using noisy EEG data*. Paper presented at the Augmented Huamn Conference, Megeve, France.

Murphy F. C. , Nimmo – Smith I. , and Lawrence A. D. 2003. Functional neuroanatomy of emotions: a meta-analysis. Cogn itive, Affective, *Behavioral Neuroscience*, 3 (3): 207–233.

Musha T. , Yuniko T. , Haque H. , and Ivantisky G. 1997. Feature extraction from EEGs associated with emotions. *Artif Life Robotics*, 1: 15–19.

Niedermeyer E. , and Lopes da Silva F. H. 1982. *Electroencephalography*, *basic principles*, *clinical applications*, *and related fields*. Baltimore: Urban and Schwarzenberg.

Ninomiya H. , Onitsuka T. , Chen C. H. , Sato E. , and Tashiro N. 1998. P300 in response to the subject's own face. *Psychiatry and Clinical Neuroscience*, 52 (5):

519-522.

Nunez P. L. 1981. *Electric fields of the brain*; *the neurophysics of EEG*. New York; Oxford University Press.

Phan K. L. , Wager T. , Taylor S. F. , and Liberzon, I. 2002. Functional neuro-anatomy of emotion; a meta-analysis of emotion activation studies in PET and fMRI. *Neuroimage*, 16 (2); 331-348.

Pizzagalli D. A. , Sherwood R. J. , Henriques J. B. , and Davidson R. J. 2005. Frontal brain asymmetry and reward responsiveness; a source - localization study. *Psychol ogical Science*, 16 (10); 805-813.

Polich J. 2003. Overview of P3a and P3b. In J. Plolich (Ed.), *Detection of change*; *Event - related potential and fMRI findings* (pp. 83-98) . Boston; Kluwer Academic.

Polich J. 2007. Updating P300; an integrative theory of P3a and P3b. *Clinical Neurophysiology*, 118 (10); 2128-2148.

Rosenfeld J. P. , Rao A. , Soskins M. , and Miller A. R. 2003. Scaled P300 Scalp Distribution Correlates of Verbal Deception in an Autobiographical Oddball Paradigm; Control for Task Demand. *Journal of Psychophysiology*, 17 (1); 14-22.

Rusalova M. N. , and Kostyunina M. B. 2004. Spectral correlation studies of emotional states in humans. *Neuroscience Behavioral Physiology*, 34 (8); 803-808.

Sackeim H. A. , Gur R. C. , and Saucy M. C. 1978. Emotions are expressed more intensely on the left side of the face. *Science*, 202 (4366); 434-436.

Schaaff K. , and Schultz T. 2009. *Towards an EEG - based emotion recognizer for humanoid robots*. Paper presented at the Robot and Human Interactive Communication, 2009, Toyama, Japan.

Schmitt F. O. 1970. *The Neurosciences*; *second study program*. New York, ; Rockefeller University Press.

Scoville W. B. , and Milner B. 1957. Loss of recent memory after bilateral hippocampal lesions. *Journal of Neurology Neurosurgery and Psychiatry*, 20 (1); 11-21.

Squires N. K. , Squires K. C. , and Hillyard S. A. 1975. Two varieties of long - latency positive waves evoked by unpredictable auditory stimuli in man. *Electroen-cephalogr Clin Neurophysiol*, 38 (4): 387-401.

Sutton S. , Tueting P. , Zubin J. , and John E. R. 1967. Information delivery and the sensory evoked potential. *Science*, 155 (768): 1436-1439.

Williams L. M. , Phillips M. L. , Brammer M. J. , Skerrett D. , Lagopoulos J. , Rennie C. , Gordon E. 2001. Arousal dissociates amygdala and hippocampal fear responses: evidence from simultaneous fMRI and skin conductance recording. *Neuroimage*, 14 (5): 1070-1079.

（万　群）

第五章 心智解读的脑功能成像研究

近年来在神经成像方面的研究表明，通过非侵入式的手段测量人脑活动来分析人类的意识体验是有可能实现的。这一类的"脑解读"（brain reading）研究目前主要集中在视知觉领域。当然，同样的方法还可以延伸到其他类型的心理状态，如外显态度和测谎（参见本书"心智解读与测谎"一章）。

虽然现有的大量研究支持脑激活和心理状态知觉的密切关系，但是以目前的技术能否实现心智解读？解读的细致程度和有效性有多少？能否解读当事人被隐藏的想法甚至无意识心理？时间分辨率能到多少？能否对个人当前的认知或直接状态进行准实时的评估？本文将从视觉系统加工特点、视觉皮层的心智解读和其他心智解读（包括意图解读、概念解读和无意识心智解读等）三方面介绍当前的研究成果和方法，最后从方法学和技术实现的可能性上展望心智解读的未来。

5.1 视觉系统的神经机制

由于当前关于心智解读的研究多集中在视觉体验领域，因此了解人类以及其他灵长类视觉系统的结构和神经回路，对于正确分析心智解读研究中的数据并作出合理解释非常重要。

5.1.1　灵长类的视觉系统

5.1.1.1　视皮层脑区间的神经连接

对僧帽猴的研究表明，其大脑皮层的一半都与视觉加工有关（Felleman and van Essen，1991）。在这个广大的网络中，V1 区对几乎所有视觉信息独立进行初级的分类，并与所有其他皮层有连接。视网膜信息的 90% 都通过外侧膝状体（lateral geniculate nucleus，LGN）投射到 V1 区，剩下 10% 的视网膜纤维投射到不同的皮层下结构中，包括从视网膜经由上丘到达丘脑枕的路径，这条路径与几个外侧纹状皮层（extrastriate cortex，包围着初级视皮层的带状视觉反应区）相互连接（Cowey and Stoerig，1991）。从 V1 区开始，信息分流到不同的外侧纹状视觉区做进一步的分析，包括 V2，V3，V3A，V4，MT（或 MST，motion sensitive areas，侧纹状皮层的运动敏感区），PO（parieto—occipital，枕联合区），IP（posterior intraparietal visual areas，后侧顶内视觉区）。这些外侧纹状皮层接受几乎所有来自 V1 区直接或间接的输入。像 V4 和 MT 等区域直接投射到顶—额交汇处，后者与注意、工作记忆和运动计划有关。多数视觉区之间的连接包含了前馈和反馈的连接，表明相互加工的程度很高。不过，V1 接收的其他区域（如 MST，FST，STP，TEO，TE，TH，LIP，FEF 和听觉皮层）的反馈投射并不是直接的投射（Barone，et al.，2000；Falchier，et al.，2002；Salin and Bullier，1995）。视觉皮层的重要脑区及其功能详见表 1。

5.1.1.2　视皮层神经元的活动特点

神经元的反应特点能够说明它们如何分析视觉场景。当视觉信息逐层往上加工，神经元也具有越来越大的感受野（receptive field），并且更偏爱加工复杂的刺激。视网膜和外侧膝状体的神经元是单极神经元，只有一个环中心的同心感受野（centre-surround concentric receptive fields）。

表 1 重要脑区及其对应视觉功能

（出自文献 Tong F.，2003，Primary visual cortex and visual awareness. Nature Reviews Neuroscience，4）

脑区简称	结构及功能介绍
FST	位于 MT 和 MST 前侧，颞上沟的底层；也与运动知觉有关，不过研究不多
STP	颞上后感觉区，对视觉、听觉和体感刺激有反应，尤其对视觉形式的运动反应强烈
TEO and TE	分别对应颞下皮层的后侧和前侧，与形状、客体和人脸加工有关
TH	位于旁海马回中，与场景知觉和视觉记忆有关
LIP	顶内区域的外侧边缘，与视空间注意和眼球运动计划密切相关
FEF	额眼区，与视空间注意和眼球运动计划有关，和 LIP 之间有密切连接

V1 区的神经元显示出很多新的谐调特征，包括对方向的选择，运动方向的选择。V1 神经元属于双极神经元，感受野比较小，提供高空间分辨率的细节特征信息（Barlow，et. al.，1967；Cumming，2002；Hubel and Wiesel，1962，1968）。另外，V1 神经元也对颜色、对比、空间频率和眼优势很敏感（de Valois，et. al.，1979；Hubel and Wiesel，1962a）。因此，初级视觉皮层能够在精细层面提供多种对视觉场景的特征分析，然后选择性地将这些信息分流输出到更加专业的处理区域，即大家熟知的背侧和腹侧通路（Ungerleider and Mishkin，1982）。其中，背侧通路（dorsal stream）主要与客体定位有关，多集中于大脑的后侧和上侧区域；腹侧通路（ventral stream）主要与客体识别有关，多集中在大脑的后侧和下侧区域。背侧区域如 MT 和 LIP，大多参与到运动和空间知觉，而腹侧区域如 V4，则更多参与颜色和形状知觉。

5.1.2 视觉体验的理论

目前被广泛接受的视知觉理论是神经定位理论，与 V1 和外侧纹状区域在视知觉中的作用有关。定位理论假设特定的神经区域或神经回路对于知觉很重要，因为它们的功能属性，连接性或在网络中的功能是客观存在的。

虽然由于体验具有主观性，我们无法对其作标准定义，不过研究者们仍然力求对其作出种种客观的定义。如 Tong（2003）对视觉体验的定义是，对即时出现在视野中的项目的特定意识内容（specific contents of consciousness for items in immediate sight）。视觉体验有别于注意：直接的注意是多种体验的必要条件，但是不能保证该项目一定能被知觉到。

5.1.2.1　分层模型

分层模型（Hierarchical models）提出，只有高层加工的外侧纹状区域直接参与了视觉体验——V1 区受损只是干扰了信息流向上层输送（Holmes，1918；Rees，et. al.，2002）。根据分层模型，原始的视觉输入经过一层层越来越复杂和专有化的加工，变得越来越容易被高水平的视皮层知觉到。它假定外侧纹状区域，如 V4，MT 和颞下皮层，分别直接表征了颜色、运动和客体身份的意识信息（Crick and Koch，1995；Zeki，1974，1977，2001）。与之相反，V1 提供了必要的视觉输入，正如眼睛的功能那样，但是它没有表征视觉意识信息的功能。Crick 和 Koch 进一步提出，只有直接投射到前额叶皮层的外侧纹状区才直接对意识体验有作用。他们的依据是所有意识体验必须能够报告和直接产生某种动作行为（Rees et al.，2002）。因为 V1 缺乏直接到前额叶的投射，该理论就假定 V1 不能直接对视觉体验有贡献。更多研究者的假设是，额叶和顶叶的注意相关区域都对意识知觉有贡献（Holmes，1918），而这些区域从上至下发送到外侧纹状皮层的信号可能是选择视觉体验中的特定视觉表征（Gross，et al.，1969）。分层模型预测，体验与外侧纹状皮层的关系应该比与 V1 的关系更加密切，因此如果只干扰 V1 神经活动但不影响外侧纹状区，不应该对视觉体验有影响。

5.1.2.2 交互影响模型

交互影响模型（Interactive models）提出，V1 直接参与了视觉体验，与外侧纹状区域形成动态连续的回路（Lamme and Roelfsema，2000；Leopold and Logothetis，1999；Pollen，1999）。V1 区与外侧纹状区域的很多部分相互连接，包括 V2，V3，V3A，V4，MT（Felleman and van Essen，1991）。

根据交互影响模型，特定区域的外侧纹状皮层和 V1 之间持续的活动对维持视觉表征体验很必要。因此，尽管 V1 区没有直接和前额叶皮层有反馈连接，但它能决定哪些外侧纹状区信息能够到达前额叶区，具体方式是通过支持或阻止外侧纹状区的中间部分所表征的信息。这种模型下，允许 V1 对高级视觉区施加"否决"力量，从而提出一个问题：在交互影响的网络中，哪些区域才应该被当做是信息加工的"上层（top）"，哪些是"底层（bottom）"。

高级区与 V1 区持续性的连接被假定有其他重要功能。高级区域可能发送反馈信号，以巩固来自 V1 区信息的可信度，或者以从上至下（也可以说是知觉分组或注意选择）的方式调节 V1 区的活动。高级区与 V1 的持续连接也能提供一种目录检索系统，以实现对不同类型的信息进行知觉绑定，而这些信息是在不同视觉区或通路中经过分析的。不过知觉绑定也带来一个问题：大脑如何将不同类型的信息（如颜色、朝向、运动和形状）整合成一个单独且连贯的知觉表征（Treisman and Gelade，1980）。由于 V1 区包含了所有相关特征信息的高分辨率图，并与视网膜投射的外侧纹状区域有高度组织化的连接，因此它可以充当"主导地图"（master map）或空间特征索引，以绑定不同脑区加工的知觉信息。交互影响模型预测，即使外侧纹状区的活动没有受到干扰，对 V1 活动的干扰应该会影响意识。该理论的一些版本可能也预测了 V1 活动与意识的相关性。

5.1.2.3   其他模型

其他相对中立的观点表明，V1 活动与意识的关系可能只在一个范围内有效。例如，视觉体验的分层模型可能与交互影响模型一样，预测了相似的 V1 干扰效应，但不一定假设 V1 和外侧纹状的活动有持续的连接。正如初级输入层，V1 可能对多个外侧纹状区的活动模式进行组织化，因此如果没有 V1，网络中剩余部分的活动模式只能退化。从这个意义上说，V1 可能对视觉意识的表征有完整和必要的作用。

不过话说回来，V1 区的活动和视觉意识的关系可能是灵活而随机应变的。可能 V1 表征的信息知识对特定类型的视觉体验不可或缺（如客体—背景的分离，注意中心的知觉，低水平特征的知觉等）。一些理论认为，意识是以动态的、整体神经活动的方式存在，因此任何特定脑区（如 V1）都会参与到意识的过程，只要它的信息是广泛传播在不同脑区间（Treisman and Gelade，1980）。震荡模型（oscillation model）提出，同步化高频率的神经活动的复杂分布模式对于意识的形成很重要（Engeland Singer，2001）。这些模型强调了时间结构而不是脑区位置的功能，且没有强调 V1 区在意识中的作用。在当前背景下，震荡模型既可能参与了外侧纹状区域的视觉信息表征（分层模型），也可能参与形成了 V1 和高级视觉区的动态回路（交互影响模型）。

5.1.3   损伤研究

5.1.3.1   盲视

V1 区受损病人的典型症状是在相应视野中完全没有视觉意识，但是有些病人还有残存的视觉功能，还有些病人只是视野中有"盲点"（Tononi and Edelman，1998）。盲视病人在强迫选择任务中，能够以高于随机水平的概率区分刺激物的存在、位置、朝向、波长和运动方向，虽然他们自己声称没有视觉体验（Stoerig and Cowey，1992；Tononi and

Edelman, 1998）。单侧 V1 区受损的猴子也表现出类似的盲视现象——它们无法觉察呈现在受损半边脑区的刺激，但是在强迫选择条件下能够准确地分辨刺激的属性，结果与人类在非口头报告条件下的相似（Stoerig, et al., 2002；Stoerig and Cowey, 1997）。

这些发现表明，信息加工和感觉体验是两码事——即使有足够的信息到达视觉系统，也仍有可能没有视觉体验。不过，盲视病人的视觉体验是否完全消失了呢？也许是他们不愿意报告出微弱的视觉印象呢？相似的效应在正常被试身上也会发生——在视觉阈限边缘的条件下，特别是对静态刺激的感知，被试往往不愿意相信自己的知觉（Cowey and Stoerig, 1995）。不过，盲视病人确实对移动明显的刺激还保有残留的知觉能力，他们自己将那种感觉形容为"黑色物在黑色背景下移动"（Stoerig et al., 2002；Azzopardi and Cowey, 1998；Barbur, et al., 1993）。一个叫 DB 的盲视病人，尽管没能感知到初始刺激，却声称有视觉后像的体验（Riddoch, 1917）。这样看来，盲视病人的正常视力非常有限，但不能说完全消失。

完好无损的外侧纹状皮层可能对盲视病人的视觉起很重要的作用，因为几乎没有证据表明整个半脑切除的病人还有残留的视觉分辨能力（Weiskrantz, et al., 2002）。虽然膝状—纹状（geniculostriate）通路（从视网膜经由 LGN 到 V1）将大多数视觉信息输入到皮层，但其他皮层下通路也有投射到外侧纹状区（Cowey and Stoerig, 1991）。对猴子的单细胞电极记录表明，视觉信息在 V1 受损或活动受阻时仍然可以到达外侧纹状区。虽然放电频率下降了，但 MT 和 V3A 区还有相当比例的神经元仍然对视觉刺激有反应，而且还能继续完成方向辨别的任务（Faubert, et al., 1999；Girard, et al., 1991）。尽管如此，V1 受损的猴子在运动觉察的任务中行为表现很糟糕，除非是在强迫选择条件下（Rodman, Gross, and Albright, 1989）。近期的神经成像研究表明，在 V1 单侧受损病人的盲区呈现刺激，其外侧纹状区的网络仍然能被激活（Moore, et al., 1995）。在 fMRI 实验中，呈现在盲区没有被患者感知到的刺激依然能稳定激活一系列脑区，包括 MT 和 V3A 区、对颜色敏感的 V4/V8 区和进行客体知觉的外侧枕叶区。因此，外侧纹状区还是有相当多的刺激选择功能，但是没有 V1 的参与，其活动不足以支持视觉体验。这与交互影响模型的假设是一致的。不过也有可能是外侧纹状区的信号太微弱，以至于无法支持有意识的知觉，但足以完成强迫选择任务（Tong，2003）。

5.1.3.2　外侧纹状区损伤

　　与 V1 区受损造成的广泛影响不同，其他视皮层受伤只会导致相对狭隘的视觉功能缺陷。如 V2 区的损伤只会影响知觉分类，但不影响视敏度或差别敏感度（Goebel, et al., 2001）。大面积双侧 MT 及周边区域受损，在至少一个病人身上发现有运动知觉的缺失（Merigan, et al., 1993；Zihl, et al., 1991）。但更严格的 MT/MST 受损只会导致中等程度的方向分辨障碍，而且能够部分恢复（Plant, et al., 1993；Zihl, et al., 1983）。包围着 V4 区的舌回（lingual gyrus）受损会导致颜色知觉意识的丧失（Hadjikhani, et al., 1998；Meadows, 1974a；Pasternak and Merigan, 1994；Wade, et al., 2002；Zeki, 1990），而颞下皮层的损伤则影响人脸或客体识别（Gross, 1994；Heywood and Cowey, 1998）。

　　损伤顶叶后侧和颞上回将导致视觉注意和视觉意识的整体缺陷（Meadows, 1974b；Vallar and Perani, 1986）。单侧损伤的病人通常显示出空间忽略（neglect）——无法获得受损脑区对侧视野的视觉体验。双侧损伤的影响更大，Balint 综合征的特点就是无法同时感知两个或两个以上客体（simultanagnosia），无法转移注意，也不能很好地在视觉引导下完成运动或眼动（Karnath, et al., 2001）。以猴子为被试的实验中，任何顶叶视觉单元受损都会导致轻微的视觉引导眼动（visually guided eye movements）或运动缺陷，而颞上回的损伤则导致更多与忽略有关的缺陷（Andersen and Buneo, 2002）。

　　无论是 V1 区还是顶—颞叶区受损都会极大地影响视觉意识，可见没有哪个脑区可以独立支持视觉体验。从以上研究结果看，顶一颞叶的几处损伤暗示该区负责对视觉事件作出反应，而 V1 区似乎是唯一对视觉体验至关重要的区域。

5.1.4 视觉体验的神经基础研究

损伤研究能够揭示移除某一块脑区会造成什么视觉影响，而电生理和神经成像技术则研究在视觉网络完整的情况下哪些区域对视觉体验有贡献。一种有效的范式是利用模糊条件研究视觉体验的神经基础，因为模糊条件下，物理刺激保持稳定但知觉会不时变动，这样被试报告的知觉状态所对应的神经反应就不可能归因为物理刺激，而是意识知觉。

5.1.4.1 双眼竞争

许多研究充分利用了双眼竞争这一基本现象来研究视觉体验的神经基础 (Watson, et al., 1994)。当不同模式的单眼刺激同时呈现在两眼视野中时，它们会竞争注意资源以获得优先知觉的地位，因此被试的主观体验是两个视野中的刺激每隔几秒会交替"出现"(Blake and Logothetis, 2002)。早期以人为被试的研究发现，在双眼竞争时枕叶的脑电信号 (EEG) 会出现稳定的波动 (Lansing, 1964)。但在猴子的单细胞电极实验中，只有少数 V1，V4 和 MT 区的神经元随着知觉变动而放电，一些神经元在自身偏好的刺激受到压抑时放电频率还会增加 (Cobb, et al., 1967; Logothetis and Schall, 1989)。只有在颞下皮层，多数神经元才表现出根据猴子知觉变动的放电模式 (Leopold and Logothetis, 1996)。这些结果似乎支持双眼竞争的知觉体验来自高水平的外侧纹状区，而不是 V1 区负责单眼知觉的神经元相互竞争的结果。

不过，也有支持双眼竞争来自 V1 区的 fMRI 研究。比如，Blake (1989) 探测了人脑 V1 区的单眼视区所对应的盲点 (blind spot)。在实验中，一边视野呈现的是被试喜欢的刺激，另一边是不喜欢的刺激，结果被试 V1 区 fMRI 信号波动幅度与物理变化引起的波动一样大，说明竞争完全有可能发生在单眼视皮层，即双眼竞争是两只眼睛之间早期竞争的结果。在另一项研究中，以高对比和低对比的光栅分别作为单眼刺激，结果双眼竞争引起的 fMRI 信号波动在 V1 区和 V4 区的稳定程度相同，且没有证据表明高级视觉区的信号更强（Tong and Engel，2001）。还有一个支持双眼竞争发生在 V1 区的实验：以人脸和房子为单眼刺激交替呈现，位于腹侧外纹状皮层的人脸和房子特定加工区表现出相同的反应，说明竞争在到达该皮层前已经得到解决。顶叶和额叶的注意相关区也在竞争更替中被激活，表明这些区域也参与了意识觉察和对模糊知觉事件的解释（Tong，et al.，1998）。

5.1.4.2　视觉觉察

V1 区的活动似乎与有意识地觉察视觉目标或某种视觉模式密切相关。对清醒状态的猴子作单细胞（single—unit）电生理记录，如果神经元的感受野中呈现的是以朝向、对比或颜色为基础区分目标和背景的内容，并且目标本身纹理粗糙、体积较大、容易区分，那么该神经元放电的晚成分（反应开始后的 80 ms 到 100 ms）会有所增强（Lumer，et al.，1998；Zipser，et al.，1996）。值得注意的是，只有当猴子成功分辨出目标和背景，V1 的反应才会增强；如果没有识别出目标，也就没有增强。这表明这些神经调节与猴子的意识知觉状态密切相关（Rossi，et al.，2001）。

功能核磁共振成像研究也表明，V1 的活动与模式知觉密切相关。当要求被试判断一个微弱、临近知觉阈限的视觉刺激是否出现时，无论被试正确识别出目标还是虚报（false alarms，即被试以为目标存在，其实没有的情况），V1 区的反应都一样大，但在没有目标和错过目标时（target—absent and missed—target），V1 的反应就小多了（Lee，et al.，2002）。在另一项研究中，呈现微弱的视觉刺激前增加一个纯音信号，以提高被试的预期，结果分辨的正确率与注意增强的程度有关，且 V1 的信号强度受到注意的调节（Thiele，et al.，2000）。

5.1.4.3 双稳态知觉

一些关于双稳态知觉（Bistable perception）的研究发现：在外侧纹状区，视觉体验和神经活动的相关程度比在 V1 区更大。当猴子报告模糊旋转圆柱体的运动方向（由一系列点的移动构成）时，V1 只有 20%的神经元受到知觉的调节，而 MT 区有 60%的神经元受到调节（Ress，et al.，2000）。两项 fMRI 的研究发现，在双稳态运动知觉的自发变更中，外侧纹状区的 MT 区出现选择性激活（Grunewald，et al.，2002；Sterzer，et al.，2002）。另一项研究发现，被试无论何时从不一致运动的知觉转换到一致运动的知觉时，其 MT 的活动都增强，并伴随 V1 活动的降低（Muckli et al.，2002）。另一项研究反转图形（如 Necker 方块，Rubin 的脸—花瓶图案）的 fMRI 实验发现，当被试报告知觉转换发生时，其腹侧外纹状区、顶叶和额叶区域的活动下降（Murray，et al.，2002）。这些发现表明视觉体验和外侧纹状区活动的耦合关系，也表明在双稳态知觉中，外侧纹状区和 V1 区活动此消彼长的（push—pull）关系。这不同于竞争，因为竞争包含了低水平特征的现象性退化，而这些双稳态知觉的形式包含了对稳定低水平特征的整体组织。因此还需要进一步的研究，以澄清这些 V1 区的调节是否反映了知觉组织的作用，是否在从低水平和高水平刺激属性或其他因素之间进行注意转换。不过，V1 活动似乎还是经常与这些双稳态知觉的复杂形式相关（Tong，2003）。

5.2 心智解读的视觉研究

5.2.1 解读静态心理状态

决定个体处于意识还是无意识知觉或认知状态的一个关键因素是，

脑活动与某个特定状态的对应是否唯一，能否排除其他可能。理想的情况下，不同认知状态被编码在不同的脑区。只要这些区域在空间上能够被功能核磁共振成像仪器分辨出来，就可以独立测量这些脑区的活动。这种方法多运用在客体的视知觉或视觉表象的任务中。

5.2.1.1　独立脑区模块

有些脑区表征特定类型的视觉信息，可以从解剖结构上进行区分。例如，视觉腹侧通路的 FFA 对于人脸刺激比其他客体引起的激活强烈得多（Allison et al.，1994；Kanwisher, et al.，1997）。类似地，PPA 区主要对包含房子和场景信息的刺激作出反应（Epstein and Kanwisher，1998）。由于这些皮层区域之间相距几厘米，可以根据这两个脑区的激活情况推测个体当前是在想象人脸还是场景（O'Craven and Kanwisher，2000）。因此，如果可以清楚地区分神经基础，就可以通过脑激活区域推测个体内省时的心理事件。

5.2.1.1.1　脸部识别区（FFA）

人类是高度社会化的动物，没有社会交流对我们来说不啻为最痛苦的惩罚之一。正是因为我们的生活与他人息息相关，所以准确有效地判断别人的身份、动作、情绪和意图是一项非常重要的能力。这些信息大多可以从脸部表情获得。在认知神经科学领域，研究者最有兴趣的是探索支持脸部表情的各种神经机制（Farah，1996；Haxby, et al.，2000；Kanwisher，2000）。Downing 等（2006）考查了人类视觉皮层分类选择加工的广度（prevalence）和特殊性（specificity）。他们记录了 12 名被试在注视场景和 19 种不同客体类别时的脑活动。正如预期那样，FFA 区对人脸有选择性加工，而 PPA 对场景有选择性加工，EBA 对身体有选择性加工。另外还有三个新发现：1）FFA，PPA 和 EBA 的选择加工很显著，对于特定类别的反应程度比其他类别要强烈得多；2）在颞叶中回的一个区域对工具的响应程度比非工具（如水果蔬菜）要显著得多，这引起研究者猜测该区是否对工具有选择加工性；3）研究没有发现枕—颞通路有任何区域对其他类别的刺激有专属的选择加工特点。综合以上结果，表明具有选择加工性的小块脑区在视皮层中的数量其实很少（Downing，et al.，2006）。关于 FFA 的研究还有很多，此处不再赘述。

5.2.1.1.2 外侧纹状身体区（EBA）

虽然相对脸部而言，研究者对于身体知觉的关注少得多。但事实上，身体所承担的个人信息和脸部一样多，它也能够传达社交相关信息，而且在个体一生中具有高度一致性和连续性（Downing，2007）。不同个体之间的身体外形基本相似（Slaughter，Stone，and Reed，2004），而且在视觉上身体比脸部更加显著（Downing，et al.，2004；Mack and Rock，1998；Tamietto，et al.，2007）。

过去几年以 fMRI 为手段的研究为身体知觉的脑区定位提供了清晰的依据。主要的研究范式是比较对没有头部的身体和身体某部位的反应与完整身体的反应。采用这种方法发现，枕颞叶皮层的外侧中心区域对静态的人体或身体部位反应强烈且有选择，但是对脸部、客体和客体的部位反应微弱。这个区域的反应也可以扩展到非照片，如线条图、棍状体型和人形轮廓，表明这个脑区对身体的表征是各种视觉特征的抽象化描述（Downing，et al.，2001）。该区对非人类动物的反应明显低于对人类的反应，但是又高于对客体的反应，而且对哺乳类动物的反应高于鸟类和鱼类。这就暗示了该区域可以被类似人形的刺激激活（Downing et al.，2006），研究者将该区域定义为外侧纹状身体区（extrastriate body area，EBA）（Downing et al.，2001）。

EBA 位于颞下沟和颞中回的两侧（Peelen and Downing，2005a；Spiridon，et al.，2005）。根据脑成像研究的统计，有身体选择性的体素与人类运动选择区（MT）和背侧中心的客体形状选择区 LO 都有重叠（Downing et al.，2001；Downing，Wiggett，and Peelen，2007）。因此无论是利用小组平均的 fMRI 数据还是单个被试的 ROI（region of interest）数据，从方法上区分这些区域都有一定困难。最近 Downing 等（2007）和 Peelen 等（2006）利用多体素模式分析的方法（multi—

voxel pattern analyses, MVPA）克服了这个困难，从精细分辨水平上区分了这些脑区。因此我们在使用空间平滑处理和小组平均这两项操作时要小心，因为 EBA（或者 MT\LO）的激活水平是各个峰值协同激活的平均。

5.2.1.1.3　梭状身体区（FBA）

近期的 fMRI 研究找到了第二个与身体选择有关的脑区，且在解剖位置上不同于 EBA。这个区域位于梭状回，因此也称之为梭状身体区（fusiform body area, FBA）。FBA 对整个身体和身体部位以及对身体范式的描述都有选择性激活（Peelen et al., 2006；Peelen and Downing, 2005b；Schwarzlose, et al., 2005）。它与人脸选择区（face—selective fusiform face area）相邻且有部分重叠（Kanwisher et al., 1997）。有趣的是，在猴子的 STS 区也发现脸部选择和身体选择区相邻（Pinsk, et al., 2005；Tsao, et al., 2003）。

FBA 和 FFA 在位置的临近也带来了一个问题：在梭状回发现的身体选择激活会不会是脸部选择神经元间接引起的呢？比如通过心理想象或由身体到脸部的联想（Cox, et al., 2004）。不过，有几个研究反对这种解释。比如，以高分辨率的 fMRI 成像研究发现，梭状回的小片相邻脑区对身体有选择性激活但对脸部没有，或者正好相反（Schwarzlose et al., 2005）。进一步用 MVPA 方法显示，梭状回中对脸部和身体的选择性激活的体素之间没有关系（Peelen et al., 2006）。换句话说，脸部和身体所激活的体素之间没有关系——对脸部有强烈反应的体素不一定对身体有反应，从而说明两种类别的激活神经核团不是相同的。

类似 FFA，EBA 等具有空间区分性的脑区也存在于脑的宏观地形结构中，例如早期视皮层的视觉区域图（Sereno et al., 1995）。不同脑区活动的地形分布可以预测行为，例如当被试移动右边或左边的肢体时，左脑或右脑的初级运动皮层活动就有明显不同，由此可以准确预测被试移动的是哪边的肢体（Dehaene, 1998a）。

5.2.1.2 分布式表征模式

虽然可以利用腹侧通路上具有解剖区分性的"模块"来解读不同的客体类型，如人脸、场景、身体部分，有可能还包括字母，但是，特定模块的数量毕竟有限（Downing et al., 2006），而且这些区域在加工客体类型的专门化程度上还有待商榷（Carlson, et al., 2003；Haxby et al., 2001）。加工不同客体时，脑区之间的激活是有重叠的。如果某个脑区在多种认知任务或知觉状态下都有激活，那么空间分辨率相对较低的非入侵式测量手段（如 fMRI）基本就不可能完成脑解读的工作了。

不过，也没有必要把脑皮层分成一个一个完全独立加工特定知觉或认知状态的模块。与其分别测量不同模块的激活，不如分析脑活动的空间激活模式（Carlson et al., 2003；Cox and Savoy, 2003；Haxby et al., 2001；O'Toole, et al., 2005；Spiridon and Kanwisher, 2002）。例如，Haxby 等（2001）分别向被试呈现了人脸、猫、五种类型的人造物体（如椅子、鞋和瓶子）和无意义图片。结果每种类型引发了腹侧枕颞交汇处不同的空间响应模式（见图 1）。每种模式都包含了 fMRI 信号的空间分布情况。也就是说，这种区别并不是皮层加工区域的不同，因为即使在分析时把某些脑区排除在外，也可以利用模式分析的方法得到被试当前看到的客体类型。甚至在只对某一种刺激有反应的脑区，也能够发现对所有刺激类型的反应各不相同的激活模式。这暗示了腹侧颞叶皮层对人脸和客体的表征基础广泛分布在各个位置而且互相重叠。

进行知觉解读时，可以首先测量不同类型客体的表征模板（训练阶段），然后对引起相似反应模式的信号按照模板来分类，同时检验模板的有效性。最简单的方法是先定义好样本和模板之间的相关程度达到多少时可以归为一类（Haxby et al., 2001），或者采用更复杂的模式识别方法，如线性区分或者支持向量机（support vector machines, Cox and Savoy, 2003）。研究证实，采用这些分类法可以有效分辨被试当前注视什么客体，甚至在多种客体之间作选择（Cox and Savoy, 2003；Haxby et al., 2001)。

Kay 等（2008）发展了一套基于定量感受野模型的解码方式，该模型定义了视觉刺激和早期视觉皮层活动的关系。这些模型针对空间、朝向、空间频率等描述了个别像素，并且估计直接由自然图像引起的反应。结果显示，这些感受野模型可以从一大组完全新异的自然图像中分辨出被试所注视的那张图。识别过程不仅是视网膜映射的视觉区。这一研究结果提示，在不久的将来可能实现仅仅测量大脑活动来重建个体的视觉体验。

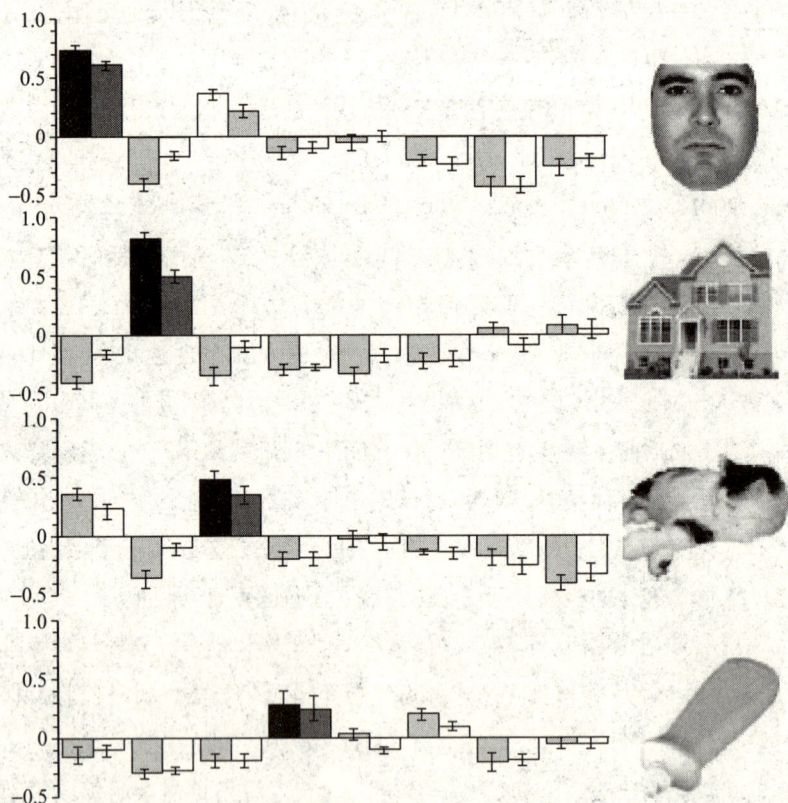

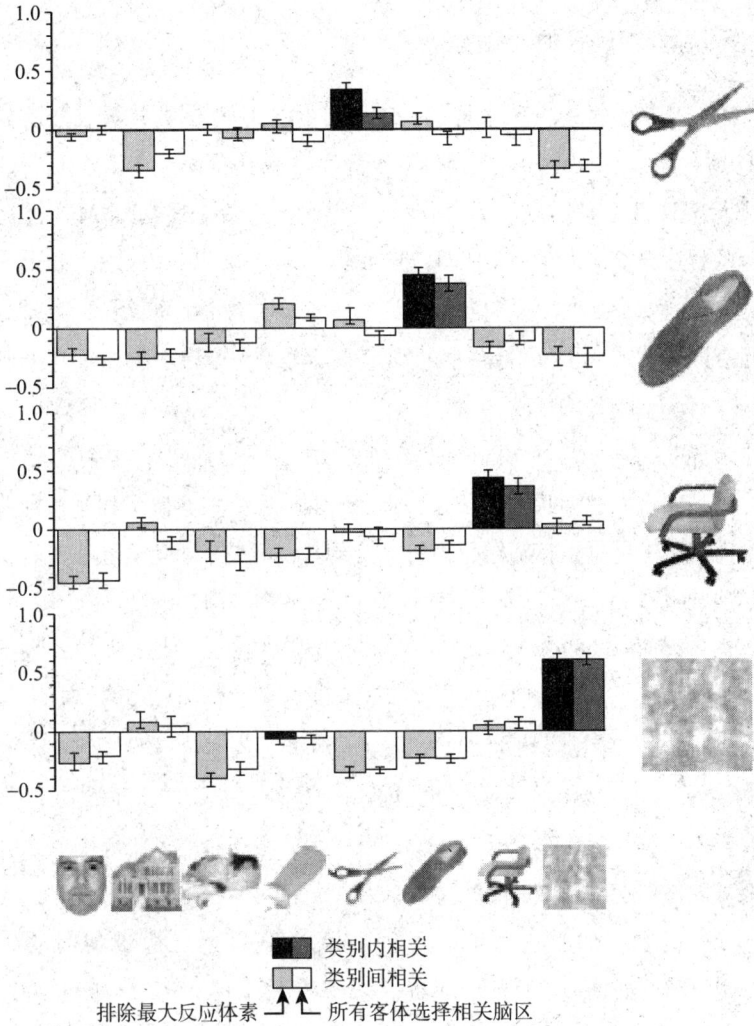

图 1

图中黑色和浅灰色表示所有被试在腹侧颞叶客体—选择性皮层的激活情况；深灰色和白色表示在排除了对任意两种刺激都有最大反应的区域后的腹侧颞叶皮层。黑色和深灰色表示类别内的相关系数；浅灰色和白色表示类别间的相关系数。（图片来自文献 Haxby, et al. , 2001. Distributed and overlapping representations of faces and objects in ventral temporal cortex. Science, 293 (5539)：2425—2430. ）

5.2.1.3 表征的精细模式

大脑皮层对客体细节表征的精密程度优于功能核磁共振成像的分辨率 (Logothetis, 2008)。比如, 编码高水平视觉特征是由颞下皮层的神经元完成的, 这些神经元之间彼此组织的空间精密程度比 fMRI 所能分辨的程度要高 (Tanaka, 1997; Wang, et al., 1996)。另外, 低水平视觉特征 (如特定的边界朝向) 在早期视皮层中的表征是以几百微米的量级空间分布的 (Obermayer and Blasdel, 1993)。这是功能核磁共振成像的分辨率达不到的精度。

边界朝向 (edge orientation) 是视觉系统分析的最基本特征, 提供了关于客体边界和形状的信息, 从而实现客体区分和客体识别。来自神经生理的很多证据支持, 猴和猫的视皮层有专门加工朝向信息的功能柱和单独神经元 (Bartfeld and Grinvald, 1992; Blasdel, 1992; Hubel and Wiesel, 1962, 1968)。fMRI 的空间分辨率受到很多因素的限制, 包括技术限制、每个像素的信噪比下降、BOLD 信号的空间模糊等, 使得神经活动的定位有几个毫米级的误差 (Engel, et al., 1997; Kim, et al., 2000; Malonek and Grinvald, 1996)。另外, 被试的头动也会造成图像模糊。因此传统的分析方法就显得力不从心, 而用多变量模式分析法则可以得到意想不到的结果。

最有代表性的当属 Kamitani 和 Tong (2005b) 对边界朝向的研究。他们向被试呈现八种朝向刺激, 同时采用 3T 的 MRI (空间分辨率为 3mm ×3mm ×3mm) 记录早期视觉区域的脑活动情况 (V1 — V4 和 MT +)。在数据分析时, Kamitani 和 Tong 采用了一种新方法测量整体激活模式。他们假定每个体素采样自视皮层 3mm ×3mm ×3mm 的区域, 可能在其神经或血液动力学响应值上对不同朝向刺激有所不同, 虽然差别比较微弱。这种差别可能来自每个像素中朝向功能柱随机变化值的分布。猴子的朝向功能柱反映了这种空间变化, 而且这些变化似乎不随时间改变 (Shtoyerma et al., 2000)。即使假设朝向功能柱的空间分布是完全统一的，脉管系统的分布变化也会导致血液动力采样在不同朝向功能柱之间有所不同，于是产生了对朝向偏好的局部偏向。

他们预计，如果把所有微弱的像素信号整合起来，整体活动模式将显示出明显且稳定的朝向选择性（整体朝向选择）。试验结果表明，不同朝向激活了人类初级视觉区不同的 fMRI 活动模式。这样就可以通过线性模式分析技术精确地解读出相应信息，而且这种朝向选择活动模式支持稳定的主观知觉内容神经解码。

额外的分析印证了这种来自人类视觉区的朝向信息反映了与朝向刺激有关的反应。前人的研究方法是采用仅以像素激活强度值（pixel intensity values）为基础的线性整体朝向探测器（linear ensemble orientation detectors），这种方法不能分辨出随机刺激光栅（phase—randomized stimulus gratings）的朝向，因为朝向属于比较高级的特征，不能通过对输入值赋予线性权重值的方法获得。不过，当由线性探测器组成的解码器收到非线性的内部朝向过滤器（intervening orientation filters）的信息时，可以分辨出这些图像，其功能类似 V1 区的神经元。这些结果表明，整体朝向选择不是由于点阵式光栅图像在视网膜投射（retinotopic projection of bitmap grating images）的皮层区产生的，而是来自每个体素中本身所包含的朝向信息，这些信息事后可以整合在一起。

那么这些像素间的哪种朝向偏好（orientation preferences）模式能够精确解释整体选择性呢？研究者标注出每个有朝向偏好的像素在平展的脑皮层上的表征，把朝向探测器找出的最大权重的体素（voxel）标上颜色。体素的朝向偏好揭示了一种在被试间可变的、个性化的分散模式。虽然有一些具有相同朝向偏好的体素会富集在局部，但多数情况下这可能只是由轻微头动、Talaraich 转换中的数据重新插入和 BOLD 信号本身引起的空间模糊（spatial blurring）(Engel et al.，1997；Malonek and Grinvald，1996)。在不同视觉区或不同视觉象限，特定偏好的朝向所占的比例并没有显著区别。总之，朝向偏好"地图"揭示了很多局部变化，表明由眼动或其他因素导致的整体偏好效应不能解释这些活动模式中包含的高程度朝向选择信息。

即使当 fMRI 数据经过正态转换，去除了被试间平均活动水平的差异，朝向选择的结果仍然一样稳定。而且正向和斜向之间（斜向效应，the oblique effect：Furmanski and Engel，2000）的平均活动水平差异也很小。因此，响应强度间的粗略不是要分析的朝向信息的严格来源。研究者也检验了在放射型朝向的结果中是否存在整体偏向，因为早先的一些研究报道，从猴子视网膜神经节细胞的中央窝和 V1 区向外放射的神经元有朝向偏好（Bauer and Dow，1989；Schall，et al.，1986）。

那么，当被试看到的是模棱两可的朝向刺激时，其脑激活模式能否反映被试更倾向于注意哪种朝向呢？研究者假设，初级视觉区的活动可能构成了表征主观体验的生理基础。如果是这样，当被试注视两个相互重叠的光栅（比如格子），应该能从初级视觉区的活动模式中解读出被试当前注意的那个光栅。

研究者首先用被试注视单个光栅（45°或 135°）时的 fMRI 数据训练朝向解读器。然后向被试呈现格子刺激（即两种重叠的光栅），并要求他们注视一种光栅而忽略另一种光栅，其中被要求注意的光栅会稍稍改变光栅柱的宽度。最后用单个光栅训练的解读器分析两种光栅的 fMRI 数据。结果发现，早期视觉区的朝向信号极度偏向被试关注的光栅。即使两个重叠光栅出现时，fMRI 活动模式也能有效地预测出被试此时所关注的朝向。

研究者强调了使用线性方法研究整体特征选择性的重要性。分析时用线性权重程序测量每个像素中包含的朝向选择信息，然后将多个像素的信息整合起来。因为采用非线性模式分析技术时，即使每个像素都缺乏朝向信息，最终也能提取出朝向信息。灵活的非线性方法可以允许像素间非线性交互作用的存在；这样构建出的非线性朝向过滤器能解读出以像素强度信息为基础的朝向信息。因此，非线性方法可能会虚假地反映模式分析算法的特征，即没有真实反映出大脑单个单元的特征。由于这些原因，在测量整体特征选择性时要限制模式分析方法的灵敏度。

Kamitani 和 Tong (2005b) 的结果可以揭示当前关于早期视皮层和初级视皮层在视知觉中作用的争议 (Rees et al., 2002; Tong, 2003)。自发的由上到下的注意分配强烈地反映在早期视皮层 (V1 和 V2) 的加工中。这些结果暗示,对于这些早期视皮层的投射反馈可能对以特征为基础的注意选择和保持注意在某个特定朝向非常重要。从更普遍的意义上来看,心智解读的方法提供了一种框架,即能够延伸当前构成主观体验的神经基础的框架 (Koch, 2004)。通过分析整体活动,研究者能够提取关于个体在模糊知觉条件下的主观心理状态。心智解读方法进一步发展的目标是应用在非侵入式的脑机接口 (Donoghue, 2002; Wolpaw and McFarland, 2004),通过机器"翻译"人脑活动从而有效执行某种命令。

人类可以体验到阈下朝向刺激的后效应 (after-effects),这一点提示此类刺激在皮层已得到加工。决定该效应的生理基础可以归结到视皮层的朝向功能柱。Haynes 等 (2005) 的研究显示,即使在普通分辨率的条件下,也可以利用 fMRI 对朝向刺激有选择性加工的 V1 区进行直接测量。研究发现,V1 区很多地方显示了对定向刺激轻微但可重复的偏向加工 (bias),因此我们可以用多变量模式识别法把 V1 区所有此类信息累加起来。利用这些信息,我们可以成功预测被试在看哪个朝向刺激,甚至当刺激呈现为阈下水平时也可以实现 (J. Haynes and G. Rees, 2005a)。

紧接着 Kamitani 和 Tong (2006) 等利用模式分类法分析 fMRI 信号,发现人类视觉皮层的整体活动模式中包含了稳定的朝向选择信息,由此可以解读当前被试注意的运动朝向。从 V1—V4 区和 MT+/V5 区的整体活动可以解读被试注意的运动朝向(八个候选项)。而且,当呈现给被试两种重叠的运动朝向时,单个运动朝向引发的整体活动可以有效地预测被试的主导知觉是哪一个。这些结果表明在很多视觉区域(包括早期视觉区 V1—V4 和 MT+/V5),以特征为基础的注意能够引导朝向选择性的核团活动。

5.2.2 解读动态心理活动

当前关于心智解读的研究工作还有很多局限。比如在所有解读个体心理状态研究中，都是在提前设定好的条件下，要求被试注视或持续想象某个刺激，或者在严格的实验控制下持续呈现某个（或某类）刺激。这些情境并不是日常思维和知觉的典型模式，因为在平日生活中我们的思维和知觉是以意识流的形式存在的（James，1890）。为了在更自然的条件下解读认知状态，研究者要解决的关键问题是能否仅通过脑活动来重建被试自发变化的动态思维过程。一种可能的解决方法是利用简化的模拟系统，因为在这样的系统中意识改变的诱因仅有几种可能。

双眼竞争（binocular rivalry）是一种研究意识知觉动态变化的常用实验范式（Blake and Logothetis，2002）。当彼此不太相似的图像分别呈现在被试的两个视野，会出现竞争知觉主导（Perceptual dominance）的现象，如此一来，两张图片会轮流被"看"到，而受"抑制"的一张则不会进入意识。由于知觉自发地在两个单眼视野间转换，但刺激的物理属性不变，那么与意识知觉相关的神经反应就可以和感觉加工区分开了。这样就有助于研究大脑解读意识知觉而不是刺激本身。来自视觉皮层的信号可以区分双眼竞争中的不同主导知觉（Haynes，et al.，2005）。不过，这些研究依赖于不同个体脑激活的平均水平，因此不能有效证明能否在秒级的时间精度上解读知觉。来自 EEG 的信号可以动态反映出双眼竞争中不断变化的知觉主导（Brown and Norcia，1997），因此可以用来跟踪有意识知觉的时间进程。不过 EEG 的空间分辨有限，因此无法提供产生这些信号的精确脑区。

Haynes 等（2005）利用双眼竞争范式，在不引入任何外界感觉刺激的条件下诱发了频繁自发随机的意识体验改变。他们在被试的左边视野呈现旋转的红色光栅，右侧视野呈现旋转的正交蓝色光栅。当被试自己感觉"看到"左边的刺激时按左键，"看到"右边的刺激时按右键。同时用 fMRI 记录其脑区变化。结果显示一些脑区在知觉红色光栅时的信号更强，另一些脑区则是在知觉蓝色光栅时信号更强。之后训练模式分类器跟据 fMRI 数据分辨被试知觉到红色光栅（图中用深灰色表示）和蓝色光栅（图中用浅灰色表示）的时间段（如图2）。

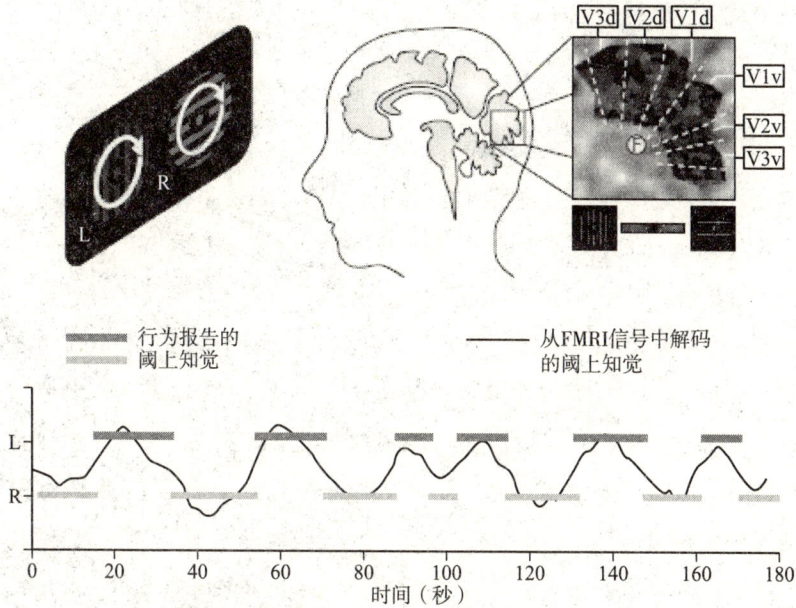

图 2　跟踪动态心理过程

v，腹侧；d，背侧；F，中央凹。深灰色和浅灰色表示意识知觉；黑色波浪线表示经过血液动力学校正，从初级视觉皮层的活动信号中解码出的意识知觉。（图片出自 Haynes and Rees, 2006 Decoding mental states from brain activity in humans. Nature Neuroscience, 7 (7): 523—534.）

这种分类器可以独立检验数据库，以获得对任何知觉波动的动态预测。也就是说，把这种分类器应用到另一份独立数据的检验中，也能高效地解码被试当前知觉到的刺激。它可以在高时间精度的条件下动态预测当前占主导地位的视知觉，同时也揭示了不同的主导知觉所对应的脑区有何不同。从 V1 区解读的内容反映了哪只眼睛的视野信息为当前主导；与之对比，从外纹状视觉皮层解码的内容则反映了哪种知觉为当前主导 (Haynes and Rees, 2005)。进一步来看，既然可以从稳定的单眼视野的信号准确预测双眼竞争时的知觉状态，那么就表明预测可以概括各种视觉条件，并且不需要也不依赖运动反应。因此有可能只通过脑激活预测主观体验的动态变化的时间进程。

Polyn 等（2005）采用类似的时间分辨解码方法发现，信息的神经表征和随后被试的自我报告具有一定的时间不对称性。例如，在被试口头报告回忆出某张特定图片之前，视皮层就出现了与图片重复出现对应的活动模式（Polyn，Natu，Cohen，and Norman，2005）。因此，脑解读可以让研究者深入地了解不同脑区信息编码的方式和脑区活动的动态模式（Hung，et al.，2005）。

自然情境对解读知觉提出了更大的挑战，因为自然情境本身就是动态的，而且增加了复杂性，不像简单模型中的刺激都是在严密控制之中（Bartels and Zeki，2004；Hasson，et al.，2004）。比如，自然视觉情境一般都包含很多客体，这些客体彼此独立活动或者消失。在自然视觉的条件下，个体一般不会只注意一个中央注视点，而是自由移动视线（Yarbus，1967）。这就带来了一个从视网膜地图上解读空间组织模式的难题，因为眼动会产生动态的空间移动（Duhamel，et al.，1992）。因此自然情境下解读知觉更加困难。

最初的方法是研究不同个体在自由观看电影时对应的脑活动，由此得到一个注视自然情境的估计值（Bartels and Zeki，2004；Hasson et al.，2004）。Bartles and Zeki（2004）以 007 系列电影为材料，用 fMRI 测量了被试观看时的脑活动。当被试知觉不同刺激特征（颜色、人脸、语言和人体）时，分别测量对应的知觉体验强度。所有被试在知觉不同特征时，特征间的加工保持高度独立。结果显示特定脑区的活动强度与相应的知觉体验强度呈线性相关，而且这些脑区间彼此独立活动。功能特定的脑区信号似乎反映了客体基本类别（如人脸和房子，甚至动作观察）的知觉情况。研究者由此推论，即使在自然条件下，当需要同时加工很多特征时，脑区的功能仍然保持特异性。这种方法开创了一种新的脑成像范式，能够在非控制、自然刺激的单独实验中定位不同脑区。

为了探索大脑各区域在自然条件下如何协同工作，Hasson 等 (2004) 让被试躺在 fMRI 中自由观看半个小时的大众风格电影。利用非偏分析，以一个大脑的时空活动模式作为另一个大脑的"模型"。结果发现不同被试在体素水平上 (voxel - by - voxel) 有相当惊人的时间同步性。这种同步性不仅出现在初级和次级视觉、听觉区，还出现在高级联合皮层。由此揭示了个体大脑在自然视觉条件下，有"集体对号"的倾向。被试间的同步性主要指与激发情绪的场景和区域选择模块有关的、广泛分布的皮层激活模式。

5.2.3 多变量神经成像分析法的优越性

为了探索脑激活如何编码某个特定知觉或认知状态，传统成像法通常是先找到该任务所激活的脑区。这种方法需要重复测量大脑中成千上万个位置，但是分析时却是在各个脑区孤立进行。由此导致的问题是，在比较个体的两种或更多心理状态时需要测量脑激活的所有不同之处，这是一个庞大的计算量。从理论上讲，如果可能检测到任意脑区在两种心理状态下的激活不同，那么就可以根据个体当前的脑激活判断其心理状态。但在实际应用中，通常很难发现两种心理状态（除非差别很大）下的脑激活有何区别。

对比严格的以位置为基础的传统分析法，近期许多研究表明：如果考虑到全脑的空间活动模式，人类脑成像的效率可以大大提高 (Carlson et al. , 2003；Cox and Savoy, 2003；Haxby et al. , 2001；Haynes and Rees, 2005；Kamitani and Tong, 2005b；Kamitani and Tong, 2005a；Kriegeskorte, et al. , 2006；LaConte, et al. , 2005；Mitchell, 2003；Mitchell, et al. , 2004；Mourao - Miranda, et al. , 2005；O'Toole, et al. , 2005；Polyn et al. , 2005；Sidtis, et al. , 2003）。这种以模式为基础 (pattern - based) 或多变量分析法 (multivariate analyses) 相比单变量方法 (univariate approaches) 有如下几种优越性：

（1）对认知状态的觉察更加敏感，不同空间位置的微弱信息可以通过高效的方式聚集起来（LaConte et al.，2005），而传统的方法只是对反应显著的体素做空间平均，忽略了反应微弱的体素所携带的信息；

（2）即使两个单独脑区的活动没有分别对应某个认知状态，但是两者共同分析时可能会发现不一样的结果（Sidtis et al.，2003）；

（3）大多数传统研究采用的加工步骤（如空间平滑处理）去除了一些非常精细的空间信息，而这些信息如果通过多变量分析法，可能也揭示了某些知觉或认知状态（Haynes and Rees，2006）；

（4）传统的 fMRI 分析方法总是想办法找到与实验条件相关的激活体素（稳定且显著的体素），为了提高对特定条件的敏感度，通常是算出某个条件下所有单次试验（trial）的平均激活水平，但这样一来某个特定时间点的激活信息就丧失了。相反，多变量分析法能够准实时（quasi—online）地估计被试在某个时间点的知觉或认知状态，从而避免此类问题（Mitchell，2003；Polyn et al.，2005）。

近期的研究表明以模式为基础的 BOLD 信号虽然空间分辨率低，但解码之后也能预测知觉的低水平特征。例如，通过解码早期视皮层激活的空间分布模式可以预测当前呈现给被试的是什么刺激，如朝向（Haynes and Rees，2005a，2005b；Kamitani and Tong，2005b）、运动方向（Kamitani and Tong，2005a），甚至颜色（Haynes and Rees，2005）。这些空间分布响应模式可能反映了高分辨特征地图（Haynes and Rees，2005b；Kamitani and Tong，2005b）上相对低分辨的信息。有意思的是，虽然数据是从一般空间分辨的 fMRI 中获得，但却能以高准确率分辨出图像的朝向，甚至简单测量一下初级视皮层（V1 区）的活动就能实现（Haynes and Rees，2005b），甚至当只有一个单独脑功能柱被区分出来时（仅需 2 秒采集），预测准确率可高达 80%。显然传统的方法低估了一次扫描所采集的信息量。

总之，以模式为基础的技术能够分析当前心理状态所对应的脑活动。因此要实现对心理状态的解读，提取脑活动中的信息，必须从传统的以位置为基础（location—based）的分析方法转向以模式为基础的分析方法。但是研究者也必须认识到，用于脑解读的信号和实际的神经活动之间的关系是复杂而间接对应的（Logothetis and Pfeuffer，2004）。从实际的角度出发，研究的关键问题是脑解读能在多大程度上预测认知或知觉状态。

5.3 心智解读的其他研究

5.3.1 解读意图

虽然当人们进行目标导向（goal—directed）的活动时，前额叶的活动会增强（Rowe，et al.，2005），但还不能肯定前额叶的活动是否编码了被试当前的意图，因为可能皮层活动的增强只是对运动反应的准备过程（Blankertz et al.，2003；Haggard and Eimer，1999），或是在头脑中呈现几套备选的反应方案，或是追踪之前类似反应的记忆，亦或是构建一个新任务网络（Hadland，et. al.，2001）。

Haynes 等（2007）让被试在两个任务间二选一，并在执行任务前有意识地保留该意图一段时间。即被试先想一会儿自己的意图，然后才能开始执行所选择的任务。研究者发现在这段延迟时间里，有可能从被试的前额叶内侧和外侧区域活动解码出被试所选择的任务。而当被试执行任务时，大多数信息可以通过前额叶皮层的后侧区域解码出来。

为了在没有偏见的模式下探索信息体素，研究者采用了一种"探照灯"（searchlight）的方法。具体做法是将一球状探照灯的中心定在某个体素上，然后以探照灯覆盖的范围定义与体素相邻的局部区域。每次扫描时，这个区域的空间响应模式被提取出来。接着用一组数据训练模式分类器，用来识别与两种数学操作有关的外显准备的典型反应模式，并测量局部解码的准确度。之后把搜索灯转移到下一个空间区域重复上述操作。结果能够以高于随机水平的准确率解码 MPFCa（内侧前额叶皮层的前端），MPFCp（内侧前额叶皮层的后端），LLFPC（左侧额极皮层外侧），LIFS（左侧额下沟），RMFG（右侧额中回）和 LFO（左侧额顶盖）。其中，MPFCa 脑区在延迟阶段（见图 3 右边的浅灰色柱）解码准确率最高，但是执行阶段（深灰色柱）的准确率只是随机水平。相反，MPFCp 区在执行阶段解码准确率最高，但在延迟阶段只是随机水平。另外，前额叶皮层外侧的其他几个脑区在延迟阶段也编码了信息，但是在执行阶段没有编码（图3）。

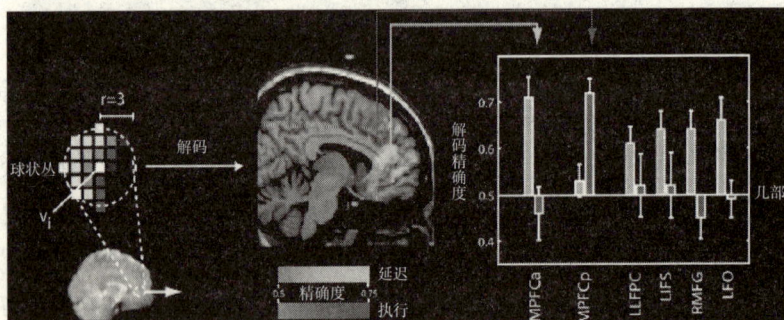

图3 延迟阶段和执行阶段解码被试的特定意图

左边：球状探照灯覆盖的范围设定。 中间：浅灰色部分表示延迟阶段与解码意图有关的脑区；深灰色部分表示任务执行阶段与解码意图有关的脑区。 右边：前额叶各个脑区在延迟阶段和执行阶段的解码准确率分布。（图片来自 Haynes, et al., 2007. Reading hidden intentions in the human brain. *Current Biology*, 17 (4)）

以上结果表明有意识地保留目标意图是可以通过前额叶皮层的活动反映出来的，从而为前瞻记忆提供了一种可能的神经基础（Burgess, et al., 2003；Miller and Cohen, 2001；Sakai and Passingham, 2003）。同时也暗示在任务准备和任务执行阶段，目标是由不同脑区编码的。从前额叶皮层内侧区解读意图最稳定，可能是由于该脑区具有内省自身心理状态的特殊功能（Haynes et al., 2007）。

5.3.2　解读概念

人类大脑如何表征概念性知识? 这是一个广受争议的问题。脑成像研究显示,神经活动的空间模式与个体脑中所想的语义类别 (如工具、建筑和动物) 有关,无论想的内容是图片还是单词。Mitchell 等 (2008) 利用计算模型预测与单词有关的神经激活。具体的预测过程分两步:首先,把输入词汇编码成中介的语义特征 (inermediate semantic features),特征值是从大量包含输入词汇典型用法的文本中提取的;然后把图像看做是 fMRI 信号与每个相关中介语义特征的线性组合 (linear combination),以预测 fMRI 图像 (图4)。经过训练的模型能够预测文本中上千种其他名词的 fMRI 激活,且超过 60 个名词具有高度准确性。例如,与动词"吃"相关的语义特征激活了右侧岛盖部 (属于味觉皮层的一部分)的活动;与"推"相关的语义特征激活了右侧后中央回 (与运动前准备有关);与"跑"相关的语义特征激活了右侧颞上沟的后部 (与生物运动知觉有关)(参见图5)。

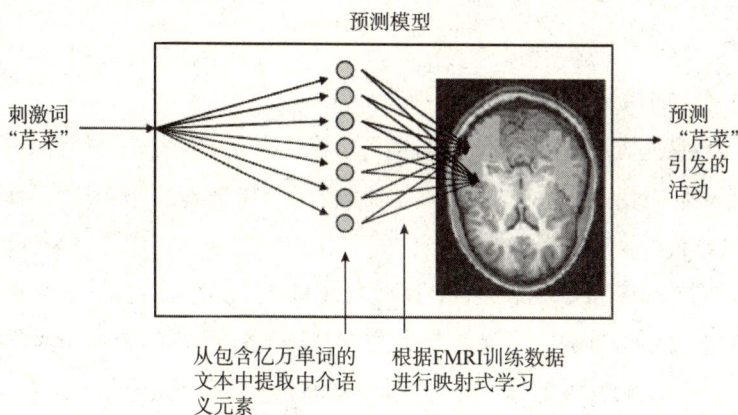

图4　预测对任意名词的脑激活模型

图片出自文献 Mitchell, et al., 2008. Predicting human brain activity associated with the meanings of nouns. Science, 320 (5880))

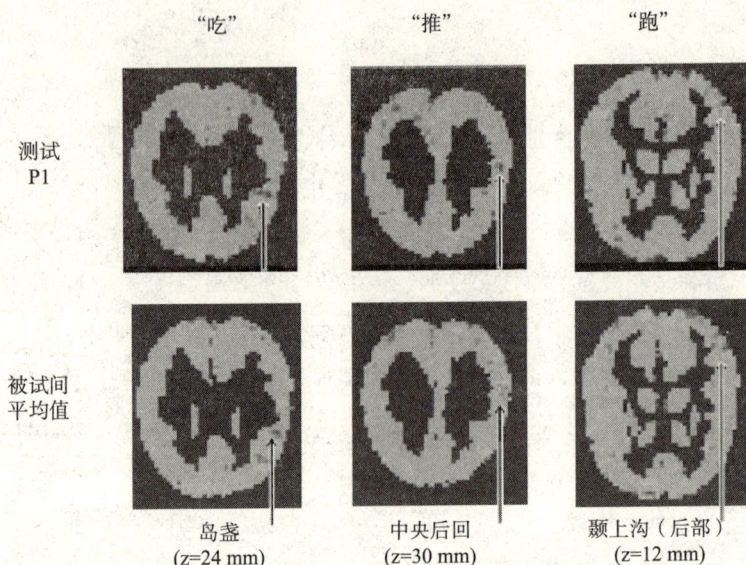

图 5

图为从 25 个语义特征中选取的 3 个语义特征激活脑区（只显示水平切面的一张切片）。第一行是第一个被试的脑区激活情况，第二行是所有被试的平均激活情况。（图片出自文献 Mitchell，et al.，2008. Predicting human brain activity associated with the meanings of nouns. *Science*，320（5880））

5.3.3　解读无意识或内隐心理状态

当感觉输入保持不变时，可以利用脑解读的方式获得个体完全内隐的心理状态变化。例如，向被试施加两个叠加起来的朝向刺激，不需要被试口头报告就可以确认其当前的注意集中在哪个刺激上（Kamitani and Tong，2005a）。也就是说，即使被试有意隐瞒某些信息，也能通过脑解读内隐信息的方法破解，对测谎领域的进展大有帮助（Davatzi-kos，2005；Kozel，2005；Langleben，2005）。

无意识的心理状态包含了一些连个体自己都不知道的内隐信息。很多研究表明个体存在不同类型的无意识状态，如对阈下刺激的表征（Mar-cel，1983；Reingold and Merikle，1988），无意识的动作准备（Dehaene，1998b）等。脑解读的方式似乎对预测这种无意识的心理状态以及描述时间变化尤其有用。

从原则上讲，类似的方法也能应用于更高级的脑区和更复杂的认知状态。例如，可以利用神经表征找到一群具有无意识种族歧视的人 (Phelps，2000)。解读方式可用来预测个体的某些偏见。类似的，大脑加工可能包含了反映有意动作发生前的无意识运动倾向 (Haggard and Eimer，1999；Libet，et al.，1983)。虽然说这些研究并没有明确地找到即将出现的倾向是如何编码的，但至少揭示了倾向出现在进入意识之前。这回答了一个引人入胜的问题：将来能否利用脑解读预测人类行为中无意识的决定因素。

5.3.4　心智解读与文化的关系

只有人类拥有推断他人思想、意图和感受的能力。在过去的几十年里，这种能力吸引了哲学家、灵长类动物学家、临床和发展心理学家、人类学家、社会心理学家以及认知神经科学家们的关注。大多数学者认同：推测他人心理状态的能力是与生俱来的，尤其对于成功的人类社会交往至关重要。无论这种能力是否受文化影响，在行为水平和神经水平上仍然没有证据完全支持某一方观点。Adams 等 (2010) 首次提供了行为和神经学证据，支持同文化背景下的个体对彼此心理状态的解读比跨文化个体更具优势。被试选取的是本土日本人和美国白种人。作者利用fMRI 检验了文化内优势与神经结构的关系，发现被试在解读心理状态时，相同文化条件比跨文化条件下双侧颞上沟后部的激活更大。结果支持了在推测高级心理状态时神经结构上的文化一致性，同样在不同文化群体中存在不同的解读方式 (Adams et al.，2010)。

5.3.5　fMRI 解读心智面临的问题与挑战

在几乎所有的人类脑解读研究中，解读算法都是先训练个体形成一些稳定的心理状态，然后以此为基础进行单独测量。这种高度简化的情景还远远不能满足现实应用：比如从一个被试身上得到的结果能否推论到其他被试身上，或者一个情景下得到的结果能否演变到新的情景中？或者当训练阶段和测验阶段间隔了几天后分类还是否有效？（Cox and Savoy，2003；Haynes and Rees，2005，Kamitani and Tong，2005a）总结起来，fMRI 解读心智面临的问题可以分为以下几类。

第一，情景间的普遍程度。任何心理状态发生时的情景不可能只有一种，有时背景会有微妙的变化，因此成功解读需要精确探测特定心理状态的不变成分，从而避免把所有可能的情景都训练一遍。这就需要分类算法具备灵活性，以忽略不同情境中相同心理状态的无关差别。前人的方法一般是先用某个特征训练模式分类器，根据几个样本间的不变特征找出特定的脑激活模式，然后推广到其他特征（Kamitani and Tong，2005a）、新的刺激条件（Haynes and Rees，2005）和新的案例中（Cox and Savoy，2003）。但是这里有个问题：如果一种类别中包含了非常不同的心理状态，就不能将它们映射到同一个脑激活模式。因此，必须仔细分类心理状态，以保证同类别下的心理状态具有较高程度的相关。另一方面，普遍化的获得通常是以对单个样本分辨能力的下降为代价的。任何解读算法不仅要探测到心理状态的不变成分，也必须要具备足够分辨单个样本的能力。因此，成功的分类器必须小心平衡样本间的不变性和差异性（Haynes and Rees，2006）。

第二，同时发生的不同心理状态。要实现同时解读两种或者更多心理状态，需要一种能确定重合位置的方法。因为不同心理状态的脑激活在空间模式上有重叠部分，所以必须找到一种方法可以允许各自的独立解码。关于心理状态的"虚拟感受器"的研究表明，分开的程度和独立测量心理状态可以通过模式的简单线性重叠来完成（Mitchell et al.，2004）。但是，现在尚不清楚如何处理不同心理状态激活相同神经核团的情况（Haynes and Rees，2006）。

第三，从有限的训练样本到无限的应用案例。人类的知觉或认知状态的种类是没有上限的，但训练的类别肯定有限。只要这个问题没有解决，脑解读就会局限在简单且选择有限的研究范式中。例如，如果能以少量句子训练解读器，然后将其运用到新句子中，就是一个大的突破。从一组松散的类别推广到完全新的类别中需要某种推算。如果我们能够决定表征空间，那么就有可能解码空间中任意的心理状态（或心理状态的类型）。也就是说，脑活动模式和特定认知或知觉状态的对应如果是在一个系统化的参数空间中，那么就可以推算脑对新异知觉或认知状态的反应模式了。对于某些心理状态，上述情形是可能实现的。多维缩放比例表明，被试知觉到的客体间的相似性，在其脑活动中也有反映，即腹侧枕—颞叶皮层的活动模式相似 (Edelman, et al., 1998; O'Toole, et al., 2005)。因此，可根据抽象形状空间相对位置的响应模式对新客体的类别进行判断，同时也能得到特定脑区神经编码的变化范围（或者至少搞清楚神经活动如何在 fMRI 信号中编码）。在这方面，重复启动范式或 fMRI 适应范式弥补了现有的间接方法 (Grill—Spector, et al., 2006)。

第四，被试间的差异性。任何解读方法都应该能概括不同时段 (session) 和不同心理状态，当然也要能概括不同的被试个体。例如，理想的应用型脑解读器（如测谎仪）应该是建立在一系列有代表的数据基础上，应用时只需小幅度校正甚至不需要校正。虽然这种例子也曾见报道 (Davatzikos, 2005; Mitchell et al., 2004; Suppes, Han, Epelboim, and Lu, 1999)，但脑解读应用的最主要功能应该是找到功能脑区和心理状态的对应。虽然空间校准算法和个体脑结构图像模板已公开 (Friston, 1995)，但在宏观空间水平上，即使在进行过严密的校准之后不同个体的相同脑功能区并不完全一致 (Fischl, Sereno, Tootell, and Dale, 1999)。尤其是在精密的空间水平上，还存在很多空间匹配不成功的情形。例如，V1 区朝向功能柱的模式主要受到个体的早期视觉体验的影响，这种被试间的差别必然会影响朝向特异模式的普遍化 (Haynes and Rees, 2005a, 2005b; Kamitani and Tong, 2005a)。因此，对于特定心理状态被试间普遍化程度可能仍旧是一个值得探讨的问题。

最后，与其他非入侵式方法一样，以 fMRI 为手段的脑解读也是建立在反推的基础上。即使在实验室环境下引发的一种心理状态与特定的神经反应模式同时发生，也不能肯定两者间一定有因果关系；假如这种反应模式在其他情景中也存在，那就不一定是这种心理状态的机制。这种反推的方法在神经成像的很多领域都受到批评（Poldrack，2006）。另外在解释 fMRI 信号的时候应该注意，BOLD 信号的神经基础还没有完全清楚，因此 fMRI 信号也有可能不代表神经核团的放电活动（Logothetis and Pfeuffer，2004）。

5.4　小结

虽然脑解读的方法取得了一系列重要进展，特别是在视觉皮层的研究成果最多，但目前还不知道是否所有的心理状态类型都可以被解读。从视皮层活动解读视觉刺激的朝向，可以用神经元组织地形学方法找到对某种特征有反应的区域。神经元选择性的地形组织是感觉和运动加工的系统性特征，但它和更高级认知加工脑区的关系还是未知数。具有相似功能的神经元组成核团以功能柱的形式存在，这可能也是脑组织普遍存在的一个特征（Mountcastle，1997），即使当前还不清楚这种特征相似到何种程度（Horton and Adams，2005）。

心智解读研究的前景是，利用脑成像等非侵入式方法在时间和空间上精确地解读个体的心理状态。最终要解决的问题是确认脑区所有的组织规则，包括诸如有目标行为（goal—directed behavior）这样的高水平认知加工。不过当前研究的材料还仅限于简单刺激，距离"全脑解读器"的目标还有很长的路。当前神经成像的技术限制主要是空间和时间分辨率的问题。另外，fMRI 和 MEG 价格高昂、运输困难也是问题之一。在目前的技术条件下，只有 EEG 和近红外光学成像技术便于运输，且价格较低。但即使高敏感度和便于运输都能实现，还是存在一系列方法学的问题阻挠了脑解读的应用。

参考文献

Adams R. B. , Rule N. O. , Franklin R. G. , Wang E. , Stevenson M. T. , Yo-shikawa, S. , et al. , 2010. Cross-cultural Reading the Mind in the Eyes: An fMRI investigation. *Journal of Cognitive Neuroscience*, 22 (1): 97–108.

Allison T. , Ginter H. , McCarthy G. , Nobre A. C. , Puce A. , Luby M. , et al. , 1994. Face recognition in human extrastriate cortex. *Journal of Neurophysiology*, 71 (2): 821–825.

Andersen R. A. and Buneo C. A. , 2002. Intentional maps in posterior parietal cortex. *Annual Review of Neuroscience*, 25, 189–220.

Azzopardi P. , and Cowey A. , 1998. Blindsight and visual awareness. *Consciousness and Cognition*, 7 (3): 292–311.

Barbur J. L. , Watson J. D. G. , Frackowiak R. S. J. , and Zeki S. , 1993. Conscious visual perception without V1. *Brain*, 116 (6): 1293–1302.

Barlow H. B. , Blakemore C. , and Pettigrew J. D. , 1967. The neural mechanism of binocular depth discrimination. *Journal of Physiology*, 193 (2): 327–342.

Barone P. , Batardiere A. , Knoblauch K. , and Kennedy H. , 2000. Laminar distribution of neurons in extrastriate areas projecting to visual areas V1 and V4 correlates with the hiearchical rank and intimates the operation of a distance rule. *Journal of Neuroscience*, 20 (9), 3263–3281.

Bartels A. , and Zeki S. , 2004. Functional brain mapping during free viewing of natural scenes. *Human Brain Mapping*, 21: 75–85.

Bartfeld E. and Grinvald A. , 1992. Relationships between orientation-preference pinwheels, cytochrome oxidase blobs, and ocular-dominance columns in primate striate cortex. *PNAS*, 89: 11905-11909.

Bauer R. and Dow B. M. , 1989. Complementary global maps for orientation coding in upper and lower layers of the monkey's foveal striate cortex. *Experimental Brain Research*, 76: 503-509.

Blake R. 1989. A Neural Theory of Binocular Rivalry. *Psychological Review*, 96 (1), 145-167.

Blake R. and Logothetis N. K. 2002. Visual competition. *Nature Reviews Neuroscience*, 3: 13-21.

Blankertz B. , Dornhege G. , Sch? fer C. , Krepki R. , Kohlmorgen J. and Mü ller K. R. , et al. , 2003. Boosting bit rates and error detection for the classification of fast-paced motor commands based on single-trial EEG analysis. *IEEE Transactions on Neural Systems and Rehabilitation Engineering*, 11 (2), 127-131.

Blasdel G. G. , 1992. Orientation selectivity, preference, and continuity in monkey striate cortex. *Journal of Neuroscience*, 12, 3139-3161.

Brown R. J. and Norcia A. M. , 1997. A method for investigating binocular rivalry in real-time with the steady-state VEP. *Vision Research*, 37: 2401-2408.

Burgess P. W. , Scott S. K. and Frith C. D. , 2003. The role of the rostral frontal cortex (area 10) in prospective memory: a lateral versus medial dissociation. *Neuropsychologia*, 41 (8): 906-918.

Carlson T. A. , Schrater, P. , and He, S. , 2003. Patterns of Activity in the Categorical Representations of Objects. *Journal of Cognitive Neuroscience*, 15 (5), 704-717.

Cobb W. A. , Morton, H. B. and Ettlinger G. , 1967. Cerebral potentials evoked by pattern reversal and their suppression in visual rivalry. *Nature*, 216 (5120): 1123-1125.

Cowey A. and Stoerig P. , 1991. The neurobiology of blindsight. *Trends in Neurosciences*, 14 (4): 140-145.

Cowey A. , and Stoerig P. , 1995. Blindsight in monkeys. *Nature*, 373 (6511): 247–249.

Cox D. D. , and Savoy R. L. , 2003. Functional magnetic resonance imaging (fMRI) "brain reading": detecting and classifying distributed patterns of fMRI activity in human visual cortex. *NeuroImage*, 19 (2): 261–270.

Cox D. , Meyers E. and Sinha P. , 2004. Contextually evoked object-specific responses in human visual cortex. *Science*, 304: 115–117.

Crick F. and Koch C. , 1995. Are we aware of neural activity in primary visual cortex?. *Nature*, 375 (6527): 121–123.

Cumming B. G. , 2002. An unexpected specialization for horizontal disparity in primate primary visual cortex. *Nature*, 418 (6898): 633–636.

Davatzikos C. , 2005. Classifying spatial patterns of brain activity with machine learning methods: application to lie detection. *Neuroimage*, 28: 663–668.

de Valois K. K. , de Valois R. L. and Yund E. W. , 1979. Responses of striate cortex cells to grating and checkerboard patterns. *Journal of Physiology*, 291: 483–505.

Dehaene S. , 1998a. Inferring behavior from functional brain images. *Nature Neuroscience*, 1: 549–550.

Dehaene S. , 1998b. Imaging unconscious semantic priming. *Nature*, 395: 597–600.

Donoghue J. P. , 2002. Connecting cortex to machines: recent advances in brain interfaces. *Nature Neuroscience*, 5 (1): 1085–1088.

Downing P. E. , Bray D. , Rogers J. and Childs C. , 2004. Bodies capture attention when nothing is expected. *Cognition*, 93: 27–38.

Downing P. E. , Chan A. W. Y. , Peelen M. V. , Dodds C. M. and Kanwisher N. , 2006. Domain Specificity in Visual Cortex. *Cerebral Cortex*, 16 (10): 1453–1461.

Downing P. E. , Jiang Y. , Shuman M. and Kanwisher N. , 2001. A cortical area selective for visual processing of the human body. *Science*, 293: 2470–2473.

Downing P. E. , Wiggett A. J. and Peelen M. V. , 2007. Functional Magnetic Resonance Imaging Investigation of Overlapping Lateral Occipitotemporal Activations Using Multi – Voxel Pattern Analysis. *Journal of Neuroscience*, 27 (1): 226 – 233.

Duhamel J. R. , Colby C. L. and Goldberg M. E. , 1992. The updating of the representation of visual space in parietal cortex by intended eye movements. *Science*, 255: 90 – 92.

Edelman S. , Grill – Spector K. , Kushnir, T. , and Malach, R. , 1998. Towards direct visualization of the internal shape space by fMRI. *Psychobiology*, 26: 309 – 321.

Engel A. K. and Singer, W. , 2001. Temporal binding and the neural correlates of sensory awareness. *Trends in Cognitive Sciences*, 5 (1): 16 – 25.

Engel S. A. , Glover G. H. and Wandell B. A. , 1997. Retinotopic organization in human visual cortex and the spatial precision of functional MRI. *Cerebral Cortex*, 7: 181 – 192.

Epstein R. , and Kanwisher N. , 1998. A cortical representation of the local visual environment. , 392 (6676): 598 – 601.

Falchier A. , Clavagnier S. , Barone P. and Kennedy H. , 2002. Anatomical evidence of multimodal integration in primate striate cortex. *Journal of Neuroscience*, 22 (13), 5749 – 5759.

Farah M. J. , 1996. Is face recognition "special"? Evidence from neuropsychology. *Behav Brain Res*, 76: 181 – 189.

Faubert J. , Diaconu V. , Ptito M. , and Ptito A. , 1999. Residual vision in the blind field of hemidecorticated humans predicted by a diffusion scatter model and selective spectral absorption of the human eye. *Vision Research*, 39 (1): 149 – 157.

Felleman D. J. and Van Essen D. C. , 1991. Distributed hierarchical processing in the primate cerebral cortex. *Cerebral Cortex*, 1 (1): 1 – 47.

Fischl B. , Sereno M. I. , Tootell R. B. and Dale A. M. , 1999. High resolution intersubject averaging and a coordinate system for the cortical surface. *Human Brain Mapping*, 8: 272–284.

Friston K. J. , 1995. Spatial registration and normalisation of images. *Human Brain Mapping*, 2: 165–189.

Furmanski C. S. and Engel S. A. , 2000. An oblique effect in human primary visual cortex. *Nat. Neuroscience*, 3: 535–536.

Girard P. , Salin P. A. , and Bullier J. , 1991. Visual activity in areas V3a and V3 during reversible inactivation of area V1 in the macaque monkey. *Journal of Neurophysiology*, 66 (5): 1493–1503.

Goebel R. , Muckli L. , Zanella F. E. , Singer W. and Stoerig P. , 2001. Sustained extrastriate cortical activation without visual awareness revealed by fMRI studies of hemianopic patients. *Vision Research*, 41 (10–11): 1459–1474.

Grill – Spector K. , Henson R. and Martin A. , 2006. Repetition and the brain: neural models of stimulus-specific effects. *Trends Cogn Sci.* , 10: 14–23.

Gross C. G. , 1994. How inferior temporal cortex became a visual area. *Cerebral Cortex*, 4 (5): 455–469.

Gross C. G. , Bender D. B. and Rocha – Miranda, C. E. , 1969. Visual receptive fields of neurons in inferotemporal cortex of the monkey. *Science*, 166 (3910): 1303–1306.

Grunewald A. , Bradley D. C. and Andersen R. A. , 2002. Neural correlates of structure – from – motion perception in macaque V1 and MT. *Journal of Neuroscience*, 22 (14): 6195–6207.

Hadjikhani N. , Liu A. K. , Dale A. M. , Cavanagh P. and Tootell R. B. H. , 1998. Retinotopy and color sensitivity in human visual cortical area V8. *Nature Neuroscience*, 1 (3): 235–241.

Hadland K. A. , Rushworth M. F. S. , Passingham R. E. , Jahanshahi M. and Rothwell, J. C. , 2001. Interference with performance of a response selection task that has no working memory component: an rTMS comparison of the dorsolateral prefrontal and medial frontal cortex. *Journal of Cognitive Neuroscience*, 13 (8):

1097-1108.

Haggard P. and Eimer M. , 1999. On the relation between brain potentials and the awareness of voluntary movements. *Experimental Brain Research*, 126: 128 - 133.

Hasson U. , Nir Y. , Levy I. , Fuhrmann G. and Malach R. , 2004. Intersubject synchronization of cortical activity during natural vision. *Science*, 303: 1634 - 1640.

Haxby J. V. , Gobbini M. I. , Furey M. L. , Ishai A. , Schouten J. L. and Pietrini P. , 2001. Distributed and overlapping representations of faces and objects in ventral temporal cortex. *Science*, 293 (5539): 2425-2430.

Haxby J. V. , Hoffman E. A. and Gobbini M. I. , 2000. The distributed human neural system for face perception. *Trends in Cognitive Sciences*, 4: 223-233.

Haynes J. D. , Deichmann R. and Rees G. , 2005. Eye - specific effects of binocular rivalry in the human lateral geniculate nucleus. *Nature*, 438: 496-499.

Haynes J. D. and Rees G. , 2005. Predicting the stream of consciousness from activity in human visual cortex. *Current Biology*, 15: 1301-1307.

Haynes J. , Sakai K. , Rees G. , Gilbert S. , Frith C. and Passingham R. E. , 2007. Reading hidden intentions in the human brain. *Current Biology*, 17 (4): 323-328.

Haynes J. and Rees G. , 2005. Predicting the orientation of invisible stimuli from activity in human primary visual cortex. *Nature Neuroscience*, 8 (5): 686-691.

Haynes J. , and Rees, G. , 2006. Decoding mental states from brain activity in humans. , *Nature Reviews Neuroscience*, 7 (7): 523-534.

Heywood, C. , and Cowey, A. , 1998. With color in mind. *Nature Neuroscience*, 1 (3): 171-173.

Holmes G. , 1918. Disturbances of vision by cerebral lesions. *Brit. J. Ophthalmol.* , 2: 353-384.

Horton J. C. and Adams D. L. , 2005. The cortical column: a structure without a function. *Philos. Trans. R. Soc. Lond. B Biol. Sci.* , 360, 837-862.

Hubel D. H. and Wiesel T. N. , 1962. Receptive fields, binocular interaction and functional architecture in the cat's visual cortex. *Journal of Physiology* (*Lond.*), 160: 106– 154.

Hubel D. H. and Wiesel T. N. , 1968. Receptive fields and functional architecture of monkey striate cortex. *Journal of Physiology*, 195 (1): 215– 243.

Hung C. P. , Kreiman G. , Poggio T. and DiCarlo J. J. , 2005. Fast readout of object identity from macaque inferior temporal cortex. *Science*, 310: 863– 866.

James W. , 1890. *The Principles of Psychology*. New York: Henry Holt.

Kamitani Y. and Tong F. , 2005a. Decoding motion direction from activity in human visual cortex. *Journal of Vision*, 5: 152a.

Kamitani Y. and Tong F. , 2005b. Decoding the visual and subjective contents of the human brain. *Nature Neuroscience*, 8 (5): 679– 685.

Kamitani Y. and Tong F. , 2006. Decoding Seen and Attended Motion Directions from Activity in the Human Visual Cortex. Current Biology, 16 (11): 1096– 1102.

Kanwisher N. , 2000. Domain specificity in face perception. *Nature Neuroscience*, 3: 759– 763.

Kanwisher N. , McDermott J. and Chun M. M. , 1997. The fusiform face area: a module in human extrastriate cortex specialized for face perception. *Journal of Neuroscience*, 17 (11): 4302– 4311.

Karnath H. O. , Ferber S. and Himmelbach M. , 2001. Spatial awareness is a function of the temporal not the posterior parietal lobe. *Nature*, 411 (6840): 950– 953.

Kay K. N. , Naselaris T. , Prenger R. J. and Gallant J. L. , 2008. Identifying natural images from human brain activity. *Nature*, 452 (7185): 352– 355.

Kim D. S. , Duong T. Q. and Kim S. G. , 2000. High – resolution mapping of iso – orientation columns by fMRI. *Nat. Neuroscience*, 3: 164– 169.

Koch C. , 2004. *The Quest for Consciousness: A Neurobiological Approach*. Englewood, Colorado: Roberts.

Kozel F. A. , 2005. Detecting deception using functional magnetic resonance imaging. *Biology Psychiatry*, 58: 605-613.

Kriegeskorte N. , Goebel R. and Bandettini P. 2006. Information - based functional brain mapping. *PNAS*, 103: 3863-3868.

LaConte S. , Strother S. , Cherkassky V. , Anderson J. and Hu X. , 2005. Support vector machines for temporal classification of block design fMRI data. *Neuroimage*, 26: 317-329.

Lamme V. A. F. and Roelfsema P. R. , 2000. The distinct modes of vision offered by feedforward and recurrent processing. *Trends in Neurosciences*, 23 (11): 571-579.

Langleben D. D. , 2005. Telling truth from lie in individual subjects with fast event-related fMRI. *Human Brain Mapping*, 26: 262-272.

Lansing R. W. , 1964. Electroencephalographic correlates of binocular rivalry in man. *Science*, 146 (3649): 1325-1327.

Lee T. S. , Yang C. F. , Romero R. D. and Mumford D. , 2002. Neural activity in early visual cortex reflects behavioral experience and higher - order perceptual saliency. *Nature Neuroscience*, 5 (6): 589-597.

Leopold D. A. and Logothetis N. K. , 1996. Activity changes in early visual cortex reflect monkeys' percepts during binocular rivalry. *Nature*, 379 (6565): 549-553.

Leopold D. A. and Logothetis N. K. , 1999. Multistable phenomena: changing views in perception. *Trends in Cognitive Sciences*, 3 (7): 254-264.

Libet B. , Gleason C. A. , Wright E. W. and Pearl D. K. , 1983. Time of conscious intention to act in relation to onset of cerebral activity (readiness-potential) . The unconscious initiation of a freely voluntary act. *Brain*, 106: 623-642.

Logothetis N. K. , 2008. What we can do and what we cannot do with fMRI. *Nature*, 453 (7197): 869-878.

Logothetis N. K. and Pfeuffer J. , 2004. On the nature of the BOLD fMRI contrast mechanism. *Magn. Reson. Imaging*, 22: 1517-1531.

Logothetis N. K. and Schall J. D. , 1989. Neuronal correlates of subjective visual perception. *Science*, 245 (4919): 761–763.

Lumer E. D. , Friston K. J. and Rees G. , 1998. Neural correlates of perceptual rivalry in the human brain. *Science*, 280 (5371): 1930–1934.

Mack A. and Rock I. , 1998. *Inattentional Blindness*. London: MIT Press.

Malonek D. and Grinvald A. , 1996. Interactions between electrical activity and cortical microcirculation revealed by imaging spectroscopy: implications for functional brain mapping. *Science*, 272: 551–554.

Marcel A. J. , 1983. Conscious and unconscious perception: experiments on visual masking and word recognition. *Cognitive Psychology*, 15: 197–237.

Meadows J. C. , 1974a. Disturbed perception of colours associated with localized cerebral lesions. *Brain*, 97 (4): 615–632.

Meadows J. C. , 1974b. The anatomical basis of prosopagnosia. *Journal of Neurology Neurosurgery and Psychiatry*, 37 (5): 489–501.

Merigan W. H. , Nealey T. A. and Maunsell J. H. R. , 1993. Visual effects of lesions of cortical area V2 in macaques. *Journal of Neuroscience*, 13 (7): 3180–3191.

Miller E. K. and Cohen J. D. , 2001. An integrative theory of prefrontal cortex function. *Annual review of neuroscience*, 24 (1): 167–202.

Mitchell T. M. , 2003. *Classifying instantaneous cognitive states from FMRI data.* Paper presented at the AMIA Annual Symposium Proceedings.

Mitchell T. M. , Hutchinson R. , Niculescu R. S. , Pereira F. and Wang X. , 2004. Learning to decode cognitive states from brain images. *Machine Learning*, 57: 145–175.

Mitchell T. M. , Shinkareva S. V. , Carlson A. , Chang K. , Malave V. L. , Mason R. A. , et al. , 2008. Predicting human brain activity associated with the meanings of nouns. *Science*, 320 (5880): 1191–1195.

Moore T. , Rodman H. R. , Repp A. B. and Gross C. G. , 1995. Localization of visual stimuli after striate cortex damage in monkeys: Parallels with human blindsight. *Proceedings of the National Academy of Sciences of the United States of America*, 92 (18): 8215–8218.

Mountcastle V. B. , 1997. The columnar organization of the neocortex. *Brain*, 120: 701–722.

Mourao – Miranda J. , Bokde A. L. , Born C. , Hampel H. and Stetter M. , 2005. Classifying brain states and determining the discriminating activation patterns: support vector machine on functional MRI data. *Neuroimage*, 28: 980–995.

Muckli L. , Kriegeskorte N. , Lanfermann H. , Zanella F. E. , Singer W. and Goebel R. , 2002. Apparent motion: event – related functional magnetic resonance imaging of perceptual switches and States. *The Journal of neuroscience*, 22 (9): 1–5.

Murray S. O. , Kersten D. , Olshausen B. A. , Schrater P. and Woods D. L. , 2002. Shape perception reduces activity in human primary visual cortex. *Proceedings of the National Academy of Sciences of the United States of America*, 99 (23): 15164–15169.

Obermayer K. and Blasdel G. G. , 1993. Geometry of orientation and ocular dominance columns in monkey striate cortex. *Journal of Neuroscience*, 13 (10): 4114–4129.

O'Craven K. M. and Kanwisher N. , 2000. Mental imagery of faces and places activates corresponding stimulus – specific brain regions. *Journal of Cognitive Neuroscience*, 12 (6): 1013–1023.

O'Toole A. , Jiang F. , Abdi H. and Haxby J. V. , 2005. Partially distributed representation of objects and faces in ventral temporal cortex. *Cognitive Neuroscience*, 17: 580–590.

Pasternak T. and Merigan W. H. , 1994. Motion perception following lesions of the superior temporal sulcus in the monkey. *Cerebral Cortex*, 4 (3): 247–259.

Peelen M. V. , Wiggett A. J. and Downing P. E. , 2006. Patterns of fMRI activity dissociate overlapping functional brain areas that respond to biological motion. *Neuron*, 49: 815–822.

Peelen M. V. and Downing P. E. , 2005a. Within – subject reproducibility of category – specific visual activation with functional MRI. *Human Brain Mapping*, 25： 402–408.

Peelen M. V. and Downing P. E. , 2005b. Selectivity for the human body in the fusiform gyrus. *Journal of Neuropsychology*, 93： 603–608.

Phelps E. A. , 2000. Performance on indirect measures of race evaluation predicts amygdala activation. *Cognitive Neuroscience*, 12： 729–738.

Pinsk M. A. , DeSimone K. , Moore T. , Gross C. G. and Kastner S. , 2005. Representations of faces and body parts in macaque temporal cortex： a functional MRI study. *PNAS*, 102： 6996–7001.

Plant G. T. , Laxer K. D. , Barbaro N. M. , Schiffman J. S. and Nakayama K. , 1993. Impaired visual motion perception in the contralateral hemifield following unilateral posterior cerebral lesions in humans. *Brain*, 116 (6)： 1303–1335.

Poldrack R. A. , 2006. Can cognitive processes be inferred from neuroimaging data?. *Trends Cogn Sci.* , 10： 59–63.

Pollen D. A. , 1999. Feature article on the neural correlates of visual perception. *Cerebral Cortex*, 9 (1)： 4–19.

Polyn S. M. , Natu V. S. , Cohen J. D. and Norman K. A. , 2005. Category-specific cortical activity precedes retrieval during memory search. *Science*, 310： 1963–1966.

Rees G. , Kreiman G. and Koch C. , 2002. Neural correlates of consciousness in humans. *Nature Reviews Neuroscience*, 3： 261–270.

Reingold E. M. and Merikle P. M. , 1988. Using direct and indirect measures to study perception without awareness. *Percept. Psychophys.* , 44： 563–575.

Ress D. , Backus B. T. and Heeger D. J. , 2000. Activity in primary visual cortex predicts performance in a visual detection task. *Nature Neuroscience*, 3 (9)： 940–945.

Riddoch G. , 1917. Dissociation of visual perceptions due to occipital injuries， with especial reference to appreciation of movement. *Brain*, 40 (1)： 15–57.

Rodman H. R. , Gross C. G. and Albright T. D. , 1989. Afferent basis of visual response properties in area MT of the macaque. I. Effects of striate cortex removal. *Journal of Neuroscience*, 9 (6): 2033-2050.

Rossi A. F. , Desimone R. and Ungerleider L. G. , 2001. Contextual modulation in primary visual cortex of macaques. *Journal of Neuroscience*, 21 (5): 1698-1709.

Rowe, J. B. , Stephan K. E. , Friston K. , Frackowiak R. S. J. and Passingham R. E. , 2005. The prefrontal cortex shows context - specific changes in effective connectivity to motor or visual cortex during the selection of action or colour. *Cerebral Cortex*, 15 (1): 85-95.

Sakai K. and Passingham R. E. , 2003. Prefrontal interactions reflect future task operations. *Nature Neuroscience*, 6 (1): 75-81.

Salin P. A. and Bullier J. , 1995. Corticocortical connections in the visual system: structure and function. *Physiological Reviews*, 75 (1): 107-154.

Schall J. D. , Perry V. H. and Leventhal A. G. , 1986. Retinal ganglion cell dendritic fields in old - world monkeys are oriented radially. *Brain Research*, 368: 18-23.

Schwarzlose R. F. , Baker C. I. and Kanwisher N. , 2005. Separate face and body selectivity on the fusiform gyrus. *Journal of Neuroscience*, 25: 11055-11059.

Sereno M. I. , Dale A. M. , Reppas J. B. , Kwong K. K. , Belliveau J. W. , Brady T. J. , et al. , 1995. Borders of multiple visual areas in humans revealed by functional magnetic resonance imaging. *Science*, 268 (5212): 889-893.

Shtoyerman E. , Arieli, A. , Slovin H. , Vanzetta I. , and Grinvald A. , 2000. Long-term optical imaging and spectroscopy reveal mechanisms underlying the intrinsic signal and stability of cortical maps in V1 of behaving monkeys. *Journal of Neuroscience*, 20: 8111-8121.

Sidtis J. J. , Strother S. C. and Rottenberg D. A. , 2003. Predicting performance from functional imaging data: methods matter. *Neuroimage*, 20: 615-624.

Slaughter V. , Stone V. E. and Reed C. , 2004. Perception of faces and bodiesmdash] similar or different?. *Current Direction of Psychological scicence*, 13:

219–223.

Spiridon M. , Fischl B. and Kanwisher N. , 2005. Location and spatial profile of category – specific regions in human extrastriate cortex. *Human Brain Mapping*, 27: 77–89.

Spiridon M. and Kanwisher N. , 2002. How distributed is visual category information in human occipito – temporal cortex? an fMRI study. *Neuron*, 35 (6): 1157– 1165.

Sterzer P. , Russ M. O. , Preibisch C. and Kleinschmidt A. , 2002. Neural corre- lates of spontaneous direction reversals in ambiguous apparent visual motion. *Neu- roImage*, 15 (4): 908–916.

Stoerig P. , Zontanou A. and Cowey A. , 2002. Aware or unaware: assessment of cortical blindness in four men and a monkey. *Cerebral Cortex*, 12 (6): 565– 574.

Stoerig P. and Cowey A. , 1992. Wavelength discrimination in blindsight. *Brain*, 115 (2): 425–444.

Stoerig P. and Cowey, A. , 1997. Blindsight in man and monkey. *Brain*, 120 (3): 535–559.

Suppes P. , Han B. , Epelboim J. and Lu Z. L. , 1999. Invariance between subjects of brain wave representations of language. *PNAS*, 96: 12953–12958.

Tamietto M. , Geminiani G. , Genero R. and de Gelder B. , 2007. Seeing fearful body language overcomes attentional deficits in patients with neglect. *Journal of Cognitive Neuroscience*, 19: 445–454.

Tanaka K. , 1997. Mechanisms of visual object recognition: monkey and human studies. *Current Opinion in Neurobiology*, 7 (4): 523–529.

Thiele A. , Dobkins K. R. and Albright T. D. , 2000. Neural correlates of contrast detection at threshold. *Neuron*, 26 (3): 715–724.

Tong F. , 2003. Primary visual cortex and visual awareness. *Nature Reviews Neuro- science*, 4: 219–229.

Tong F. , Nakayama K. , Vaughan J. T. and Kanwisher N. , 1998. Binocular rivalry and visual awareness in human extrastriate cortex. *Neuron*, 21 (4): 753-759.

Tong F. and Engel S. A. , 2001. Interocular rivalry revealed in the human cortical blind-spot representation. *Nature*, 411 (6834): 195-199.

Tononi G. and Edelman G. M. , 1998. Consciousness and complexity. *Science*, 282 (5395): 1846-1851.

Treisman A. M. and Gelade G. , 1980. A feature - integration theory of attention. *Cognitive Psychology*, 12 (1): 97-136.

Tsao D. Y. , Freiwald W. A. , Knutsen T. A. , Mandeville J. B. and Tootell R. B. , 2003. Faces and objects in macaque cerebral cortex. *Nature Neuroscience*, 6: 989-995.

Ungerleider L. G. and Mishkin, M. , 1982. Analysis of visual behavior. In Ingle D. J. Goodale M. A. and Mansfield R. J. W. (ed.): Cambridge, Massachusetts: MIT Press. 549-586.

Vallar G. and Perani D. , 1986. The anatomy of unilateral neglect after right - hemisphere stroke lesions. A clinical/CT - scan correlation study in man. *Neuropsychologia*, 24 (5): 609-622.

Wade A. R. , Brewer A. A. , Rieger J. W. and Wandell B. A. , 2002. Functional measurements of human ventral occipital cortex: Retinotopy and colour. *Philosophical Transactions of the Royal Society B: Biological Sciences*, 357 (1424): 963-973.

Wang G. , Tanaka K. and Tanifuji M. , 1996. Optical imaging of functional organization in the monkey inferotemporal cortex. *Science*, 272 (5268): 1665-1668.

Watson R. T. , Valenstein E. , Day A. and Heilman K. M. , 1994. Posterior neocortical systems subserving awareness and neglect: Neglect associated with superior temporal sulcus but not area 7 lesions. *Archives of Neurology*, 51 (10): 1014-1021.

Weiskrantz L. , Cowey A. and Hodinott - Hill I. , 2002. Prime-sight in a blindsight subject. *Nature Neuroscience*, 5 (2): 101-102.

Wolpaw J. R. and McFarland D. J. , 2004. Control of a two-dimensional movement signal by a noninvasive brain-computer interface in humans. *PNAS*, 101: 17849–17854.

Yarbus A. L., 1967. *Eye Movements and Vision.* New York: Plenum.

Zeki S. M. 1974. Functional organization of a visual area in the posterior bank of the superior temporal sulcus of the rhesus monkey. *Journal of Physiology*, 236 (3): 549–573.

Zeki S. M. 1977. Colour coding in the superior temporal sulcus of rhesus monkey visual cortex. *Proceedings of the Royal Society of London-Biological Sciences*, 197 (1127): 195–223.

Zeki S., 1990. A century of cerebral achromatopsia. *Brain*, 113 (6): 1721–1777.

Zeki S., 2001. Localization and globalization in conscious vision. *Annual Review of Neuroscience*, 24: 57–86.

Zihl J., Von Cramon D., Mai, N. and Schmid C., 1991. Disturbance of movement vision after bilateral posterior brain damage: Further evidence and follow up observations. *Brain*, 114 (5): 2235–2252.

(姚　远)

第六章 脑解读的 fMRI 数据
处理基本原理

6.1 前 言

血氧水平依赖的核磁共振脑功能成像（BOLD fMRI，以下简称 fM-RI），由于其简单易行、完全无创伤性、可重复性等优点成为国际生物医学磁共振成像研究中最活跃的领域之一。近 10 余年，国际医用核磁共振学会（ISMRM）的年会上与此有关的论文都超过总数的一半以上。这项技术的普遍应用也对医学图像处理理论和方法的发展提出了研究课题和挑战。依照对大脑信息处理方式的理解，fMRI 图像处理可以分为以功能整合（functional integration）为主导思想的方法和以功能分区（functional segregation）为主导思想的方法。功能整合考虑大脑的不同功能区为一个整体，不同的细分的脑功能区之间进行协调整合，以完成不同的任务，如感知、记忆等。以此为基础的 fMRI 图像处理主要获取不同脑功能区在处理同一外界刺激时相互之间的时间与空间关系信息，主要的方法有功能连接（functional connectivity）和有效连接（effective connectivity）。国内在这些方面，尤其是静息状态（不加刺激，没有模型描述）下的 fMRI 图像处理做得很有特色，如中国科学院自动化所的蒋田仔研究组（Liu，2010）、北京师范大学的臧玉峰等（Zang，2004）和朱朝喆研究组（Wang，2008），形成了独特的优势和特点，相应的研究结果已经在脑功能的专业杂志上发表。另一方面，功能分区则是根据细胞结构将大脑皮层划分为一系列解剖区域，每个区域形成不同的神经中枢，分担不同的任务，形成大脑皮质分区的专司功能。在这个意义上，fMRI图像处理的主要目标是提取实验刺激所诱导的神经活动的脑功能区空间位置信息。国内研究人员，如陈华富和尧德中等在这个领域做出了卓越的工作（Zhang，2010），他们提出延迟子空间分解算法（delay subspace decomposition）替代正则化的零延迟相关矩阵（canonical zero-delay correlation matrix）的方法用于fMRI图像激活探测，该研究结果发表在"IEEE Trans Medical Imaging"（Chen，2005）。目前多数fMRI图像处理工具软件都是基于功能分区原则，例如SPM，AFNI，FSL等等。本章将主要介绍基于功能分区原则的fMRI图像处理原理，关于基于血液动力学响应的生物物理模型的fMRI图像处理中将涉及功能整合意义上的有效连接（effective connectivity）研究。

6.2　数据的预处理

脑功能成像技术主要探测某些脑生理信号（如脑血氧含量、脑血流以及脑葡萄糖代谢 tt 率等）在脑中的时空分布或与任务相关的数据序列，图像的空间最小单元为像素（pixel）。为了保证足够的空间和时间分辨率，脑功能成像实验数据量非常庞大，数据处理方法也就很复杂，大致可分为两种方法：感兴趣区（ROI）分析法和基于像素的分析法。感兴趣区分析法通过人工定位，找出感兴趣的区域，对这些区域的数据做统计分析，从中得到这些区域的脑功能信息。这种方法的优点是便捷，类似于动物电生理实验的数据处理方法，对于只关心特定区域脑功能的实验非常有效。但由于人工方法带有偶然性，并且很难用计算机去定位，对于寻找有关脑激活区的实验就不适用，这时需要用基于像素的分析法。

　　基于像素的分析法是以脑功能成像图像的像素为基本单位，逐像素对数据做统计分析，得到某个显著性水平下的脑激活图，并可以此为基础给出某些（或全部）激活区的生理信号时间变化或任务相关曲线。由于是逐像素分析，不存在人为因素，并可由计算机自动处理，这种方法已被普遍采用。这方面可应用的软件很多，如被广泛接受的统计参数图（Statistical Parametric Mapping，SPM）软件（6）和 AFNI 软件（Analysis of Functional Neuroimage）及 Stimulate 软件等。

　　脑功能成像实验需要多个被试和多次测量，如何将实验数据融合到一起，首先需要完成脑空间上的统一，也就是多个被试和多次测量所得图像的同一个像素应该对应于相同的脑空间位置，同时为了提高数据的信噪比以及消除不同被试脑结构的细微差别，在对数据做统计分析前需要做预处理。数据的预处理包括：头动校正（realign）、不同成像方法间的图像融合（coregister）、不同被试间的图像同一化（normalization，也称为标准化）以及为提高数据的信噪比和消除不同被试脑结构细微差别而进行的空间平滑（smooth）。其中前三项统称为图像的空间变换，常用的做法是以其中的一幅图像或标准脑图像（也称为基准图像，template image）为基础，通过数学方法将其他图像（也称为目标图像，object image）变换到这个基准图像上。这里，以 SPM 软件包为基础，简单地介绍功能核磁共振图像的基本数据预处理原理，它的详细应用说明可以参见其手册（可自由下载）或相关文献（Frackowiak，1997）。

6.2.1　插值方法

　　在进行坐标变换的时候，通常需要重新分割空间和计算新像素的灰度值。计算新像素的灰度值的最简单的方法有最近相邻法（Nearest Neighbor），又称零阶插值（zero-order interpolation）。它的好处在于能够保留原始的图像信息，但是变换后的图像质量退化严重。

　　较常用的插值方法为三维线性插值（tri-linear interpolation），又称一阶插值。虽然它的计算量较最近相邻法大，但是相应的图像质量更好，块状现象（blocky）较少，然而这种方法损失了部分高频信号。假定原始图像坐标从 (xa_aX, ya_aX) 到 (xp_pX, yp_pX)，对应的信号强度为 va_aX, vp_pX，待定坐标为 (xu_uX, yu_uX)。首先需要确定像素 r，s 的信号强度：

$$v_r = \frac{(x_g - x_f)v_f + (x_r - x_f)v_g}{x_g - x_f}$$

$$v_s = \frac{(x_k - x_s)v_j + (x_s - x_j)v_k}{x_k - x_j}$$

随后 u 点的值由像素 r 和 s 插值获得：

$$v_u = \frac{(x_u - x_s)v_r + (x_r - x_u)v_s}{x_r - x_s}$$

二维情况下的简单扩展就是三维线性插值方法。三维线性插值方法利用待确定点周围 8 个像素的灰度值，当其附近更大范围的像素被考虑时，能够获得更好的插值效果。多项式插值就是一种常用二阶的插值方法，通常用 Lagrange 多项式计算（Press，1992）。例如 q 点的插值由附近的 a，b，c，d 点决定：

$$v_q = \begin{pmatrix} 1 & (x_q - x_a) & (x_q - x_a)^2 & (x_q - x_a)^3 \end{pmatrix} q$$

其中 q 为多项式系数：

$$q = \begin{bmatrix} 1 & 0 & 0 & 0 \\ 1 & (x_b - x_a) & (x_c - x_a)^2 & (x_c - x_a)^3 \\ 1 & (x_c - x_a) & (x_c - x_a)^2 & (x_c - x_a)^3 & 1 \end{bmatrix}^{-1} \begin{bmatrix} I_a \\ I_b \\ I_c \\ I_d \end{bmatrix}$$

要确定 u 点值时，则相应地需要获得 q，r，s 和 t 的值。

最优化的插值方法应该是在 Fourier 空间进行的（Eddy，1996），然而实际的刚体变换通常是在真实空间中进行的。最接近 Fourier 空间的插值方法是 sinc 插值法。完全的 sinc 插值确定每个点的值都需要图像中所有像素的参与，由于计算速度的关系，这常常是不现实的。因此，通常采用加窗（window）的方法加以约束。常用的加窗方法有 Hanning 窗方法。图 2 为 Hanning 窗约束的 sinc 方程。一维 sinc 插值公式为：

$$\sum_{i=1}^{I} v_i \frac{\frac{\sin(\pi d_i)}{\pi d_i} \frac{1}{2}(1 + \cos(2\pi d_i/I))}{\sum_{j=1}^{I} \frac{\sin(\pi d_j)}{\pi d_j} \frac{1}{2}(1 + \cos(2\pi d_j/I))}$$

其中 d_i 为第 i 个像素到待插值点的距离，v_i 为第 i 个像素的灰度值。

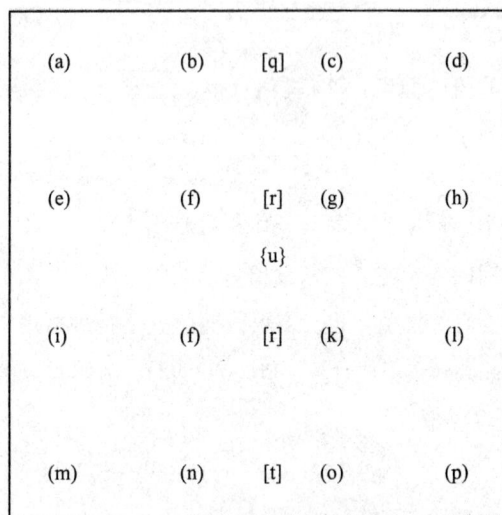

图 1 二维图像插值示意图

a 点到 p 点代表原始图像，u 为待插值点，q 到 t 用作插值的中间点计算

图 2 二维 sinc 方程示意图

左边为未加窗的 sinc 方程，右边未加 Hanning 窗的 sinc 方程

nearest neighbour interpolation   bi-linear interpolation   sinc interpolation

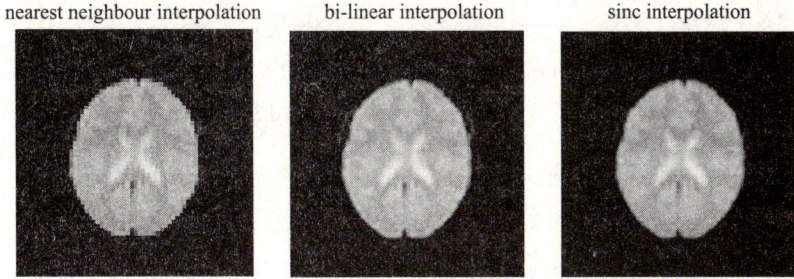

图 3

三种插值方法的比较最近相邻法结果存在一定的块状结构（blocky），而线性插值和 sinc 插值的结果没有太大的差别

6.2.2 头动校正

由于脑功能成像实验持续时间长，通常在半小时以上，测量次数多，如功能核磁实验可以多达数百次，被试的呼吸、血流脉动等生理因素造成的头部运动在所难免。虽然实验时一般会对被试头部做固定，但为了避免长时间的固定给被试带来紧张和不安并影响实验结果，这种固定不可能很紧，微小的头动依然存在，需要采取适当的办法来消除它的影响。考虑到是同一被试，采用刚性变换（rigid transformation）是合适的，这时运动可分解为头部旋转和平移两部分。设变换前的空间坐标为 (x, y, z)，变换后的空间坐标为 (x', y', z')，则有：

$$\begin{pmatrix} x' \\ y' \\ z' \\ 1 \end{pmatrix} = T \times R_x \times R_y \times R_z \begin{pmatrix} x \\ y \\ z \\ 1 \end{pmatrix} \qquad (6.1)$$

其中 $T = \begin{pmatrix} 1 & 0 & 0 & x_0 \\ 0 & 1 & 0 & y_0 \\ 0 & 0 & 1 & z_0 \\ 0 & 0 & 0 & 1 \end{pmatrix}$ 为坐标原点平移 (x_0, y_0, z_0) 后的变换；$R_x =$

$$\begin{pmatrix} 1 & 0 & 0 & 0 \\ 0 & \cos(\theta) & \sin(\theta) & 0 \\ 0 & -\sin(\theta) & \cos(\theta) & 0 \\ 0 & 0 & 0 & 1 \end{pmatrix}, \ R_y = \begin{pmatrix} \cos(\phi) & 0 & \sin(\phi) & 0 \\ 0 & 1 & 0 & 0 \\ -\sin(\phi) & 0 & \cos(\phi) & 0 \\ 0 & 0 & 0 & 1 \end{pmatrix},$$

$$R_z = \begin{pmatrix} \cos(\psi) & \sin(\psi) & 0 & 0 \\ -\sin(\psi) & \cos(\psi) & 0 & 0 \\ 0 & 0 & 1 & 0 \\ 0 & 0 & 0 & 1 \end{pmatrix}$$ 分别是绕 x, y 和 z 轴旋转 θ、φ

和 ψ 角后的变换。

头动校正就是要求解上述变换矩阵参数,实际操作过程中,可将数学公式 (6.1) 简化为:

$$\vec{Y'} = M \vec{Y} \tag{6.2}$$

其中 $M = T \times R_x \times R_y \times R_z$ 是上述四个变换矩阵的积,16 个矩阵元中

只含有 6 个独立未知参数,$\vec{Y} = \begin{pmatrix} x \\ y \\ z \\ 1 \end{pmatrix}$、$\vec{Y'} = \begin{pmatrix} x' \\ y' \\ z' \\ 1 \end{pmatrix}$ 分别是变换前后的空间坐

标向量 (为了表达简洁和求解方便而人为加了第四维)。公式 6.2 是仿射变换 (affine transformation) 的一种特例。

头动校正的第一步,是求解方程 6.2 中的 6 个独立未知参数,第二步是做重切片 (reslice),包括重新分割空间和计算新像素灰度值。计算新像素的灰度值的主要方法有:最近相邻法 (nearest neighbor)、三线性插值法和正弦插值法等,选择何种方法要根据计算精度和计算能力来定。

仿射变换 M 中 12 个未知参数 m_{ij} ($i = 1, 3$, $j = 1, 4$),另有 4 个常系数:$m_{4j} = 0$ ($j = 1, 3$),$m_{44} = 1$。求解 12 个未知参数的算法有很多,统计参数图 (SPM) 软件包采用了下列方法来实现。

设目标图像和基准图像为 $f(x)$ 和 $g(x)$,$x = (x, y, z)$ 为空间坐

标，引进两幅图像间的标度因子 u 为新的未知参数，则有：

$$u^g(\mathrm{x}) = f(M\mathrm{x}) + e(\mathrm{x}) \tag{6.3}$$

其中 $e(\mathrm{x})$ 是误差项。直接求方程（6.3）的最优化解比较复杂，可以利用泰勒展开，忽略高阶项，而建立下列线性方程用迭代法来求解：

$$A\left(u \quad m_{11} \quad m_{21} \quad m_{31} \quad m_{12} \quad m_{22} \quad \cdots \quad m_{34}\right)^T = f \tag{6.4}$$

式中 g、f 是基准图像和目标图像 $g(\mathrm{x})$ 和 $f(\mathrm{x})$ 空间数字化后的图像矩阵，矩阵 A 为：

$$\left(g \quad \frac{\partial f}{\partial m_{11}} \quad \frac{\partial f}{\partial m_{21}} \quad \frac{\partial f}{\partial m_{31}} \quad \frac{\partial f}{\partial m_{12}} \quad \frac{\partial f}{\partial m_{22}} \quad \cdots \quad \frac{\partial f}{\partial m_{34}} \right)$$

为了便于计算，可将矩阵 A 转化为下列矩阵：

$$\left(\begin{array}{c} g \quad diag\,\vec{X}\left(\frac{\partial f}{\partial x} \quad \frac{\partial f}{\partial y} \quad \frac{\partial f}{\partial z}\right) \quad diag(\vec{X})\left(\frac{\partial f}{\partial x} \quad \frac{\partial f}{\partial y} \quad \frac{\partial f}{\partial z}\right) \\ diag(\vec{X})\left(\frac{\partial f}{\partial x} \quad \frac{\partial f}{\partial y} \quad \frac{\partial f}{\partial z}\right)\frac{\partial f}{\partial x} \quad \frac{\partial f}{\partial y} \quad \frac{\partial f}{\partial z} \end{array} \right)$$

其中 $\vec{X}$、$\vec{Y}$ 和 $\vec{Z}$ 分别是 g 的三个坐标所构成的三个列向量，$\frac{\partial f}{\partial x}$、$\frac{\partial f}{\partial y}$ 和 $\frac{\partial f}{\partial z}$ 分别是 f 的梯度分量所构成的 n 维列向量，$diag(\vec{X})$ 是 $\vec{X}$ 的元素所构成的对角矩阵。容易得到方程（6.4）中的未知参数的解为：$(A^T A)^{-1} A^T f$。

对于刚性变换，只有 6 个参数：坐标原点平移参数 x_0、y_0、z_0 及绕 x，y 和 z 轴旋转角 θ，ϕ 和 ψ，引进变换矩阵：

$$D = \left(\begin{array}{ccccccc} 1 & 0 & 0 & 0 & 0 & 0 & 0 \\ 0 & \frac{\partial m_{11}}{\partial x_0} & \frac{\partial m_{11}}{\partial y_0} & \frac{\partial m_{11}}{\partial z_0} & \frac{\partial m_{11}}{\partial \theta_0} & \frac{\partial m_{11}}{\partial \phi_0} & \frac{\partial m_{11}}{\partial \psi_0} \\ 0 & \frac{\partial m_{12}}{\partial x_0} & \frac{\partial m_{12}}{\partial y_0} & \frac{\partial m_{12}}{\partial z_0} & \frac{\partial m_{12}}{\partial \theta_0} & \frac{\partial m_{12}}{\partial \phi_0} & \frac{\partial m_{12}}{\partial \psi_0} \\ \vdots & \vdots & \vdots & \vdots & \vdots & \vdots & \vdots \\ 0 & \frac{\partial m_{34}}{\partial x_0} & \frac{\partial m_{34}}{\partial y_0} & \frac{\partial m_{34}}{\partial z_0} & \frac{\partial m_{34}}{\partial \theta_0} & \frac{\partial m_{34}}{\partial \phi_0} & \frac{\partial m_{34}}{\partial \psi_0} \end{array} \right)$$

容易求得标度因子 u 和参数 x_0，y_0，z_0，θ，ϕ 和 ψ 的解为：$(D^TA^TAD)^{-1}D^TA^Tf$，通过迭代，重复求参数和重切片 f 的过程，直至收敛后就完成了头动校正（Frackowiak，1997）。

值得一提的是，在图像的配准过程中，基准图像和目标图像的像素大小的影响必须考虑，同时多数情况下像素都是各向异性（anisotropic）的。为了简化处理，图像通常被转换到一个毫米为单位的，像素大小各向同性的 Euclidian 空间。以图像矩阵 $128 \times 128 \times 43$，像素大小为 $2.1\text{mm} \times 2.1\text{mm} \times 2.45\text{mm}$ 的图像为例，变换矩阵为：

$$M = \begin{pmatrix} 2.1 & 0 & 0 & -134.4 \\ 0 & 2.1 & 0 & -134.4 \\ 0 & 0 & 2.1 & -52.675 \\ 0 & 0 & 0 & 1 \end{pmatrix}$$

6.2.3　图像融合

上述头动校正的求解参数仅对同一被试的同一种成像方法（或成像模态 modality）有效，对于同一被试的不同成像方法所得图像，由于它们之间没有足够的可比性，不可以直接用头动校正的方法来求解参数，这时需要用图像融合的方法来做空间校正。

基于核磁共振图像，健康人的脑组织通常可以分成三种组织类型：灰质（GM）、白质（WM）和脑脊液（CSF）。可以根据图像的信号强度，人为选定不同的阈值来分割这三部分，但存在不客观性和需要去头皮的困难。一种称之为聚类（Clustering）的方法在许多研究中得到应用，SPM 软件就是采用其中 Hartigan 的混合模型的最大似然方法（Hartigan，1975）。这些方法开始只用在 T_1 加权核磁共振图像上，后来也用到 PET 等其他脑功能成像方法中的脑组织分割。

分割完后，同一种组织不同成像方法所得图像之间就有了足够的可比性，分别引进不同标度因子，可以建立新的方程。如果以 T1 加权核磁共振图像为基准图像 g，分割成上述三部分后分别得到 g_{GM}，g_{WM}，

g_{CSF}，可以直接采用类似于头动校正迭代方程（6.4）建立如下方程：

$$A \left(u_{GW} \quad u_{WM} \quad u_{CSF} \quad m_{11} \quad m_{21} \quad m_{31} \quad m_{12} \quad m_{22} \quad \cdots \quad m_{34} \right)^T = f$$

$$(6.5)$$

同时矩阵 A 也变为：

$$\left(g_{GM} \quad g_{WM} \quad g_{CSF} \quad \frac{\partial f}{\partial m_{11}} \quad \frac{\partial f}{\partial m_{21}} \quad \frac{\partial f}{\partial m_{31}} \quad \frac{\partial f}{\partial m_{12}} \quad \frac{\partial f}{\partial m_{22}} \quad \cdots \quad \frac{\partial f}{\partial m_{34}} \right)$$

如果目标图像 f 也能分割成三部分 f_{GM}，f_{WM}，f_{CSF}，方程（6.5）可改写成：

$$\begin{pmatrix} g_{GM} & 0 & 0 & \frac{\partial f_{GM}}{\partial m_{11}} & \frac{\partial f_{GM}}{\partial m_{21}} & \cdots \\ 0 & g_{WM} & 0 & \frac{\partial f_{WM}}{\partial m_{11}} & \frac{\partial f_{WM}}{\partial m_{21}} & \cdots \\ 0 & 0 & g_{CSF} & \frac{\partial f_{CSF}}{\partial m_{11}} & \frac{\partial f_{CSF}}{\partial m_{21}} & \cdots \end{pmatrix} \begin{pmatrix} u_{GM} \\ u_{WM} \\ u_{CSF} \\ m_{11} \\ m_{21} \\ \cdots \end{pmatrix} = \begin{pmatrix} f_{GM} \\ f_{WM} \\ f_{CSF} \end{pmatrix} \quad (6.6)$$

考虑到是同一个被试，刚性变换依然能应用，可以仿照头动校正中的算法。

6.2.4 图像标准化

对于不同被试的同一种成像方法得到的图像的空间统一，由于被试间脑结构存在差异，刚性变换不再适用，需要用带有整体形变的仿射变换和局部非线性变换将它们同一化到标准脑上。SPM 软件中采用了 Talairach 和 Tournoux（1998）所定义的脑图谱空间作为变换的基础，制作了不同成像方法（如 MRI、PET 和 CT 等）的标准脑基准图像，用户做图像标准化时，可根据具体的成像方法选择相应的基准图像。对于某个被试的 PET 图像，因为空间分辨较差，如果还有高分辨率的 MRI 图像，可以先将 PET 图像融合到 MRI 图像上，然后再根据 MRI 图像来变换到标准脑上。另外，由于 SPM 软件只带有人脑标准图像，如果做动物脑功能成像等其他研究，用户可以自己制作标准脑来完成图像标准化（Hu，2005）。

图像标准化首先进行的是带有整体形变的仿射变换，SPM 软件中具体采用的是前述方法，然后通过非线性变换来消除仍存在的局部细微差异。非线性变换时需要加约束，SPM 要求形变函数是光滑的，它选择了预先定义好的光滑的基本空间函数的线性组合，比如低空间频率的三维离散余弦函数变换（DCT）。

尽管有很多种方法来做图像标准化，但还没有一种能做到将一个被试大脑的每个沟回都精确地对准到另一个上，这一方面是因为要将不同大脑差异很大的结构变换成一样本身就是很困难的，另一方面，由于计算能力的限制，不太可能实现复杂的非线性变换以考虑细微差别。从这点上说，如果以单个被试进行实验研究将更可靠些，对于需要通过分组方法做的研究，理解结果时需要考虑到标准化方面的特点。

6.2.5　空间平滑

空间平滑就是将数据在空间上用一个光滑的函数（通常是 Gauss 函数，又称正态分布函数）卷积，这个光滑的函数被称为卷积核函数（kernel）。下式为一维的正态分布函数：

$$\Psi(x) = \frac{1}{\sqrt{2\pi}}\int_{-\infty}^{x} e^{-\frac{u^2}{2}} du$$

在 X，Y，Z 相互独立的情况下，三维的正态分布函数可以表示为：

$$p(x,y,z) = p(x)\cdot p\ (y)\cdot p\ (z)$$

即空间的平滑可以在分解为三个在 X，Y，Z 方向的一维卷积，从而简化了计算。

平滑滤波器本质上是一个低通滤波器，它主要用来使图像模糊或降低噪声。若以图像识别为目的，图像模糊可去除妨碍重要特征提取的小细节并使断线相连。对于脉冲型的高频噪声，平滑滤波可减小此噪声的效应。在脑功能成像中，信号就是由实验刺激导致的神经生理信号，而噪声则是图像灰度值的不可避免的随机变量。通常，由于刺激导致的信号强度变化大约为 0.5%—5%，而噪声水平则在 0.5%—1% 之间。具体在 SPM 脑功能图像分析中有如下作用：1 提高信噪比。脑功能成像探测到的神经生理信号来于毫米尺度内脑血流等的改变在图像重建中对应着低空间频率部分，而噪声对应着高空间频率部分，空间平滑后，噪声将得到很大抑制；2 满足随后的统计推论的需要，SPM 采用 Gauss 随机场理论确定对激活区统计推论的阈值下限（thresholding）。Gauss 随机场理论要求：a) 自相关函数是二次可微的；b) 空间相关是稳定的。空间平滑后，也即与 Gauss 函数进行卷积后，数据将大致能满足 Gauss 随机场的这两个条件。这个理论要求的最低滤波宽度为 4mm（Friston，1994b），在人脑的功能成像研究中经常能够满足这一点；3 消除不同被试脑结构细微差别。如前所述，图像标准化将不同被试的脑图统一到标准脑后仍存在结构上的细微差异，对于需要用不同被试平均结果的研究来说，这种差异可能会严重影响结果。空间平滑后，这种差异将被模糊化。

6.3 统计模型的建立及估计

一般说来，经过预处理的数据可以直接进行统计分析，但这样做会有很大的局限性，如果在此之前先将它参数化成模型，将有利于把探测到的神经生理响应分成感兴趣的部分、不感兴趣的部分以及误差项，这样一方面可以用于复杂问题的研究，另一方面使有用信息更加突出。

6.3.1 广义线性模型及估计[①]

6.3.1.1 广义线性模型简介

SPM 软件中采用了广义线性模型,它假设像素 k 上同一任务的时间序列或不同任务序列的实验数据 Y_i^k 是一些未知参数 β_j^k ($j = 1, 2, \cdots,$ m) 的线性组合:

$$Y_i^k = x_{i1} \beta_1^k + x_{i2} \beta_2^k + \cdots + x_{im} \beta_m^k + \varepsilon_i^k, \quad i = 1, 2, \cdots, n \quad (6.7)$$

式中 m 是未知参数个数,n 是实验测量次数;x_{ij} 是与任务或时间有关但与具体脑区(像素)无关的已知参数,它组成的矩阵 X 通常又称为设计矩阵;ε_i^k 为像素 k 处的误差,这里假设了它们之间相互独立,并服从平均值为 0、标准偏差均为 σ_k 的正态分布 $N(0, \sigma_k^2)$。写成矩阵形式,(6.7) 式可变为:

$$Y^k = X\beta^k + \varepsilon^k \quad (6.8)$$

Y^k 是数据 Y_i^k 组成的列向量,β^k 是未知参数 β_j 组成的列向量,ε^k 是误差项 ε_i^k 组成的列向量。经过这样的转换后,原本是对 Y^k 做统计分析,现在改为拟合出 β^k 后,得到了许多关于 β^k 的图像,然后再对它们进行统计分析,脑功能激活图实际上就是根据对参数 β^k 的统计推断而得到的,这也是统计参数图得名的由来。

功能核磁共振成像所获得的图像是时间相关的,即前一次扫描对后面的扫描具有影响,这是由 fMRI 的原理决定的。最简单的一阶自回归模型 (autoregressive model) AR (1) 通过在误差项中增加一项来自前一次扫描的误差进行拟合:

$$\varepsilon_i = \rho \varepsilon_{i-1} + \chi_{i1}$$

式中 $|\rho| < 1$,x_{i1} 为相互独立白噪声,服从均值为 0、标准偏差均为

---

① 本小节来自吴义根、李可 (2004b)。

σ_1 的正态分布，$x_{il} \sim N\,(0,\ \sigma_1^2)$ 。

据此 ε_i，ε_{i-l}的相关系数为：

$$Cor(\varepsilon_i, \varepsilon_{i-l}) = \rho^{|l|}$$

对于功能核磁共振成像的时间序列，其相关系数的取值范围主要是在大脑皮层区域，这也是笔者研究的主要区域，对于扫描间隔为 3s 的时间序列相关系数 ρ 最大可以达到 0.4 左右（图 5）（Worsley，2000）复杂的模型引入更多的变量，即 p 阶自回归模型，即 AR（p）模型，

$$\varepsilon_i = \alpha_1 \varepsilon_{i-1} + \cdots + \alpha_p \varepsilon_{i-p} + \chi_{il}$$

在 SPM 软件中最高只考虑到 AR（1）模型。此外，Purdon 等（1998）在充分考虑机器的白噪声影响后对 AR（1）模型进行了修正：

$$\eta_i = \rho \eta_{i-1} + \chi_{il}$$

$$\varepsilon_i = \eta_i + \chi_{i2}$$

式中的 x_{i2} 为扫描仪的白噪声，服从均值为 0、标准偏差均为 $\sigma 2_2 X$ 的正态分布，$x_{i2} \sim N(0,\ \sigma_2^2)$，$\eta_i$ 为生理有色噪声（coloured）的时间相关变量。这种情况下的 ε_i，ε_{i-l} 的相关系数是一个阶跃函数，即为：

$$Cor(\varepsilon_i, \varepsilon_{i-l}) = \frac{\rho^{|l|}}{1 + (1-\rho^2)\,\sigma_2^2/\sigma_1^2} \qquad l \neq 0,$$

$$Cor(\varepsilon_i, \varepsilon_{i-l}) = 1 \qquad l = 0,$$

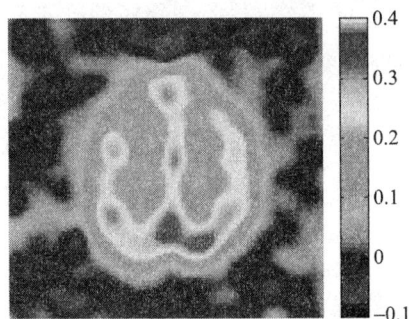

图 5　AR(1)模型的相关系数 ρ

6.3.1.2 设计矩阵图 (design matrix "images")

SPM 软件中，线性模型（8）可以用其设计矩阵 X 的灰度图（见图6）来表示，图上每一行对应一个扫描，每一列代表一个参数，矩阵元的数值在图上用灰度表示，黑色代表最小值（通常是 -1），白色代表最大值（通常是 -1），介于两者之间的用不同的灰色表示。设计矩阵图给出了设计矩阵的直观印象，通过它可以形象地观察所选用的模型是否正确。当然，精确的判断需要用设计矩阵的数值，以及相应的曲线图。

图6 设计矩阵图举例(单个被试激活模型)

6.3.1.3 线性模型的参数估计

建立方程（6.8）后，用最小二乘法拟合后容易求得参数 β^k 的估计值为：

$$\hat{\beta}^k = (X^T)^{-1} X^T Y^k \qquad (6.9)$$

而其误差矩阵为：

$$\text{Var}\{\hat{\beta}^k\} = \sigma_k^2 (X^T X)^{-1} \qquad (6.10)$$

σ_k^2 是 Y_i^k 的方差，一般不能直接通过实验测量到，此时可以将它作为

方程（6.7）中另一个待求参数，用最大似然法求出它的估计值
为（DeGroot，1975）

$$\hat{\sigma}_k^2 = \frac{x^2}{n-p} \tag{6.11}$$

式中的 x^2 是方程（6.2）最小二乘拟合后得到的残差，p 是矩阵 X
的秩。

用 SPM 软件做数据分析中，最重要的工作之一就是如何建立（或
选择）线性模型，下面分正电子发射断层扫描（PET）实验和功能核磁
实验（fMRI），介绍一下脑功能研究中常用的几种模型。

6.3.2　正电子发射断层扫描实验模型[①]

6.3.2.1　整体效应

正电子发射断层扫描实验中，由于需要对多个被试以及一个被试的
不同时间点多次的测量，整体脑血流（gCBF，PET/H_2O^{15}实验）或整体脑
葡萄糖代谢率（gCMR$_{Glc}$，PET/FDG 实验）将不相同；同时，一般由于不
做定量测量，实验数据值用局部放射性活度（rA）来代替局部脑血
流（rCBF）或者局部脑葡萄糖代谢率（rCMR$_{Glc}$），此时的整体活度（gA）
还取决于注射的放射性标记药物剂量以及它们在脑部积累的比例，这种
整体效应会影响到局部放射性活度值，数据处理中需要消除它。这里，
第 i 次扫描的整体效应定义为局部脑血流 rCBF，rCMR$_{Glc}$ 或 rA 对全脑所
有像素的平均：$g_i = \overline{Y}_i^{\bullet} = \left(\sum_{k=1}^{K} Y_i^k \right) / K$，其中 K 是像素总数。

消除整体效应的最简单方法就是将不同扫描的数据乘以一个比例因
子（scaling model，正比模型），使得所有扫描的 g_iX 都统一到某个常数，
SPM 中选择了 rCBF 的典型值 $50 ml/min/dl$，注意到这个数值可以是任意
的，对于 PET/FDG 实验等依然适用。这样 Y_i^k 将变为 $Y_i^{'k} = Y_i^k / (g_i/50)$，由

---

① 本小节来自吴义根、李可（2004ab）。

于有比例因子，如果假设 Y_i^k 的误差对 i 相同，则 Y_i^k 的误差就不一样，需要用带权重的回归方法去拟合，F 检验方法等就不能适用，从这点讲这种方法不再是简单的了。更精确的方法是协方差分析模型（ANCOVA Model），就是将整体效应作为 Y_i^k 的一个影响因素而放在线性模型中：

$$Y_i^k = \mu_i^k + \zeta^k (g_i - \overline{g}^\bullet) + \varepsilon^k \tag{6.12}$$

式中 μ_i^k 是其他因素的总和，ζ^k 是反映整体效应的参数，$\overline{g}^\bullet$ 是对所有扫描整体效应的平均，ε^k 是误差项。

选择何种方法目前还没有一个标准，它取决于具体的实验。在定量测量实验中，对于正常状态下的正常被试，gCBF 或 gCMR$_{Glc}$ 通常变化很小，并且其数值也远离零，这时协方差分析模型比正比模型能更好地反映局部与整体的关系。在非定量测量实验中，即使被试的 gCBF 或 gCMR$_{Glc}$ 非常稳定，但由于注射药物剂量、它们在脑部积累的比例以及机器的灵敏度等的不同，gA 的变化将较大。同时，当 gCBF 或 gCMR$_{Glc}$ 为常数时，局部与整体活度之间有着正比关系。而更重要的是，由于这类实验是计数（count）测量，数据服从泊松（Poisson）分布，大的 Y_i^k 其误差也大，乘上比例因子后，不同扫描 Y_i^k 的误差的差异性反而变得小了（但没有完全消除），此时正比模型中的缺点自然变为了优点，这种情况下，正比模型明显优于协方差分析模型。当然，如果注射药物剂量等因素大致相同，协方差分析模型依然是很好的方法。

上述整体效应假设了与研究任务无关，因而在线性模型中将被看成是不感兴趣的部分而不参与后面的统计分析。对于与任务有关的情况，需要考虑用其他的实验来判断它们之间的关系。

6.3.2.2　单个被试激活模型

单个被试激活模型（Activat. ion Desi. gn）是最简单的一种实验模型，它是用来研究单个被试在不同外部刺激条件的大脑活动差异，每种条件下需要多个扫描（如果可以假定不同条件下实验数据的误差相同，那么可以只在其中一种条件下做多次扫描而其他条件下只做单次扫描。但只要实验条件许可，每种条件下的多次扫描既可以提高实验精度，有可以减小模型的偏差）。如果采用 ANCOVA 模型来消除整体效应，并假设可以多于两种实验条件（如 Q 种条件），类似于方程（6.12），有下列模型：

$$Y_{qi}^{k} = \xi_{q}^{k} + \mu^{k} + \zeta^{k}(g_{qi} - \overline{g}.) + \varepsilon_{qi}^{k} \qquad (6.13)$$

Y_{qi}^{k} 代表第 k 像素在条件 q 下第 i 次扫描的数据，ξ_{q}^{k} 是第 k 像素条件 q 对 Y_{qi}^{k} 的贡献，$(g_{qi} - \overline{g}.)$ 是在条件 q 下第 i 次扫描的整体效应与其所有扫描的平均值之差，ζ^{k} 代表整体效应差异对 Y_{qi}^{k} 的贡献，μ^{k} 代表第 k 像素所有扫描 Y_{qi}^{k} 的平均值（不是直接求平均，而是作为未知参数待求）。后一项的引入一方面是为了突出 ξ_{q}^{k} 的影响，而没有任何实际意义；另一方面，它的引入导致对 ξ_{q}^{k} 加了约束条件：$\sum\limits_{q=1}^{Q} \xi_{q}^{k} = 0$，如果选取新的矩阵元，可以减少模型中的一个感兴趣参数，如对于两种条件的实验，如果对应条件一的矩阵元取 -1，对应条件二的取 1，ξ_{q}^{k} 可以只为一个 ξ^{k}，从而减少参与后面统计检验的参数。由于这项的引入，设计矩阵将不是满秩的，参数拟合时可以用降秩方法去处理。和 ζ^{k} 一样，μ^{k} 也属于不感兴趣的部分而不参于其后的统计检验，后面的模型里也会引入这样的不感兴趣项。

图 6 是该模型设计矩阵图（5 列，12 行）的一个举例，它是三种条件，每种条件各做 4 次扫描实验。12 行表示 12 个扫描，5 列中，第一、二和三列对应于条件一、二和三的矩阵元（加某种条件时相应位置上的矩阵元为 1，否则为 0），第四列对应 μ^{k} 的矩阵元（均为 1），第五列对应于 $(g_{qi} - \overline{g}..)$（每个扫描的整体效应差异值）。需要注意的是，这个图上的扫描是按照前 4 个、中间 4 个和后 4 个分别对应于条件 1、2 和 3 的顺序，实际上也可以是随机的，只要放对每个扫描的相应条件就可以了。在 SPM 软件中，该模型对应于 "single subject：conditions and covariates" 中的 covariates 个数为 0 的情况。

6.3.2.3　单个被试参数模型（Parametric Design）

和上个模型一样，它也是用来研究单个被试在不同外部刺激条件的大脑活动差异，但不同的是，上面的模型里，条件被简单分成了几类，但没有量化它们，如果实验中也能对它们做定量测量（形象化为打分，这里用 s 代表），比如手指运动研究中的运动频率，心理研究中任务的难易程度等，那么可以用此参数模型：

$$Y_i^k = \rho^k \ (s_i - \bar{s}.) + \mu^k + \zeta^k (g_i - \bar{g}.) + \varepsilon_i^k \qquad (6.14)$$

式中 ρ^k 是分数变化单位量对 Y_{qi}^k 的贡献，$(s_i - \bar{s}.)$ 是第 i 次扫描的分数与所有扫描平均分数之差。与公式（6.6）相比，与任务有关的贡献不再简单地分为有或无（对应 1 和 0），而可以根据任务的量值（分数）来连续取值，公式（6.7）可以定量地求出大脑活动对外部刺激条件的依赖关系，而不仅仅是不同条件间的活动差异。图 7 是该模型设计矩阵图（3 列，12 行）的一个举例，它是一个参数，共做 12 次扫描实验。12 行表示 12 个扫描，3 列中，第一列对应于不同扫描时任务的分数（距平差），第二列对应 μ^k 的矩阵元（均为 1），第三列对应于 $(g_i - \bar{g}.)$（每个扫描的整体效应差异值）。在 SPM 软件中，该模型对应于 "single subject：covariates only" 的情况。

图 7 单个被试参数模型设计矩阵图

公式（6.7）只对应于单因素的简单情况，对于多个因素，可以将其简单外推，类似于 ρ^k，增加相应因素的贡献。同时，如果 Y_{qi}^k 与分数 s 之间不是线性关系，比如指数关系（神经生理和心理活动中常见的规律）等，如果可以通过变换函数将其转换成参数的线性关系，如指数关系可以通过求对数：对应于 s_i，用 $\ln(s_i)$ 代替，那么公式（6.7）也可以适用。

另外，还有上述二种模型的混合，即外部刺激条件中既含有可定量的部分（简称为参数部分），又含有只简单区分有无的部分（简称为条件部分），如果二者之间没有关联，公式可以参照（6.6）和（6.7）来建立。在 SPM 软件中，该模型对应于 "single subject：conditions and covariates" 中的 covariates 个数不为 0 且 covariates 没有相互作用的情况。

6.3.2.4 单个被试协变量关联模型设计矩阵图

如果在上面提到的混合模型里，参数部分和条件部分之间有关联，并假设有 Q 种条件且每种条件下参数取值个数相同（R 个），那么 q（$q = 1, 2 \cdots, Q$）条件下，参数取第 r（r = 1, 2, $\cdots$, R）个值时的第 i 次扫描的数据为：

$$Y_{qri}^k = \xi_q^k + \rho_q^k (s_{qr} - \bar{s}_{\bullet\bullet}) + \mu^k + \zeta^k (g_{qri} - \bar{g}_{\bullet\bullet\bullet}) + \varepsilon_{qri}^k$$

$$(6.15)$$

式中 ξ_q^k 为 q 条件下的平均贡献，ρ_q^k 为 q 条件下参数的平均微分效应。图 8 是该模型设计矩阵图（6 列，12 行）的一个举例，它是有两种条件，一个参数，每种条件各做 6 次扫描（12 次扫描中参数取值不全相同）的实验。12 行表示 12 个扫描，5 列中，第一、二列对应于第一、二种条件下平均贡献的矩阵元，第三、四列对应于第一、二种条件下的参数的分数（距平差），第五列对应 μ^k 的矩阵元（均为 1），第三列对应于 $(g_i - \bar{g}_{\bullet})$（每个扫描的整体效应差异值）。在 SPM 软件中，该模型对应于 "single subject：conditions and covariates" 中的 covariates 个数不为 0 且 covariates 有相互作用的情况。

图 8 单个被试协变量相互作用模型设计矩阵图

6.3.2.5 多个被试模型

对于 PET 实验，特别是用 FDG 作示踪剂的实验，单个被试的多次测量一般不容易实现，同时，有的实验需要反映某个群体的整体特性，这些情况下需要做多个被试的研究。此时，前面提到的模型中需要添加与个体差异效应有关的项，为了节省篇幅，下面只给出几个相应的方程、设计矩阵图及如何从 SPM 软件中选用，不再给出具体的解释。

（1）多个被试激活模型（图 9）

$$Y_{jqi}^{k} = \xi_{q}^{k} + \gamma_{j}^{k} + \zeta_{j}^{k}\left(g_{jqi} - \bar{g}..\right) + \varepsilon_{jqi}^{k} \tag{6.16}$$

在 SPM 软件中，该模型对应于 "multi-subject：conditions and covariates" 中的 covariates 个数为 0 情况。

在 SPM 软件中，该模型对应于 "multi-subject：conditions and covariates" 中的 covariates 个数不为 0 且 covariates 有相互作用的情况。

（2）多个被试协变量关联模型（图 10）

$$Y_{jqri}^{k} = \xi_{q}^{k} + \rho_{q}^{k}\left(s_{jqr} - \bar{s}...\right) + \gamma_{j}^{k} + \zeta_{j}^{k}\left(g_{jqri} - \bar{g}....\right) + \varepsilon_{jqri}^{k} \tag{6.17}$$

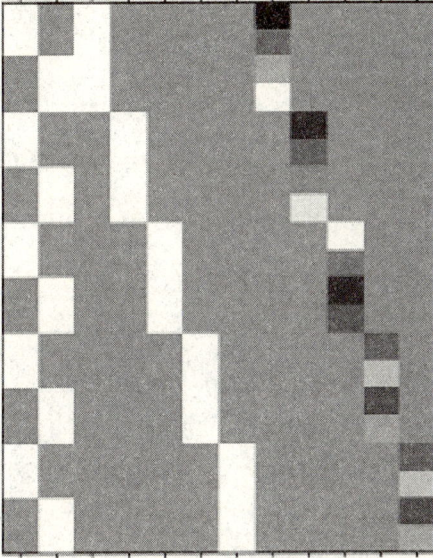

图9 多个被试激活模型设计矩阵图

注：其中整体效应是一个被试一个被试去处理的。

图10 多个被试协变量相互作用模型设计矩阵图

注：其中整体效应是以每个被试去处理的。

（3）多个被试配对 t 检验模型（图 11）

$$Y'^k_{jqi} = \xi'^k_q + \gamma'^k_j + \varepsilon'^k_{jqi} \tag{6.18}$$

它与方程（6.16）类似，只是整体效应用的是正比模型（所以将 Y^k_{jqi} 等换成了 Y'^k_{jqi}）。在 SPM 软件中，该模型对应于 "population main effect 2 cond's，1 scan/cond（paired t-test）" 的情况，这是一种比较常用的模型。

图 11　多个被试配对 t 检验模型设计矩阵图

注：其中整体效应采用了正比的方法。

（4）多个被试多组多种条件模型（图 12）

$$Y^k_{mjqri} = \xi^k_{mq} + \mu^k_j + \zeta^k_j \left(g_{mjqri} - \bar{g} \ldots . \right) + \varepsilon^k_{mjqri} \tag{6.19}$$

它也与方程（6.16）类似，只是将被试根据需要而分组（用 m 代表组）。在 SPM 软件中，该模型对应于 "multi-group：conditions and covariates" 中的 covariates 个数为 0 的情况。

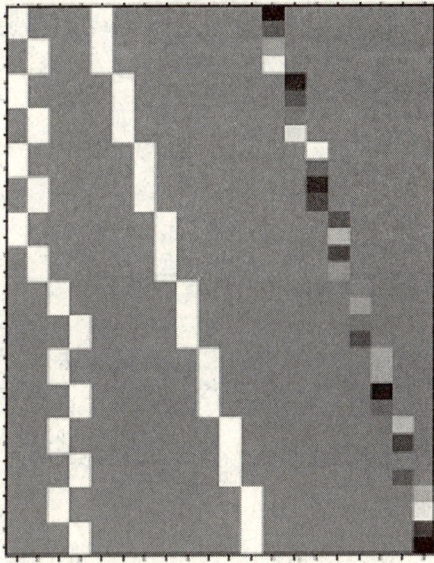

图12 多个被试两组两种条件模型设计矩阵图

6.3.3 功能核磁实验（Press，1992）

6.3.3.1 高通滤波器（High pass filter）

由于有较高的时间分辨率，周期性的生理脉动（如呼吸和心跳）对功能核磁信号的影响需要考虑，SPM 软件中采用了称为高通滤波器的方法来消除它的影响。高通滤波器是将周期性的生理脉动归为时间序列功能核磁信号中不感兴趣项 $Y_P(t_s)$，由于它具有周期性，可将它用系列余弦函数展开：$Y_P(t_s) = \sum_{r=1}^{K} \beta_r f_r(t_s)$，$s = 1, 2, \cdots, N$，其中 N 为实验总扫描次数，$f_r(t_s) = \cos\left(r\pi \dfrac{t_s - t_1}{t_N - t_1}\right)$。为了使有用信号不被过滤，通常高通滤波器中的最大频率分量的周期（临界值，cut-off）取实验周期（trial，对 block design 为 on 和 off 的时间和，对 evnet-related design 为两个静息后首次刺激的间隔）的两倍（或略多一点），这样 K 就

171

取实验周期数的两倍（或少于此值）。特殊情况下，如果实验只有一个周期，此时 K 为 1。低频生理噪声被归结为 $Y_P(t_s)$ 后，此项在统计推断中没被考虑，这样低频生理噪声将被过滤，信号被完好保留，这也是高通滤波器的由来。特别指出的是，SPM 软件中，用户只需根据实验特点给出高通的 cut-off，K 值就会自动选取。

6.3.3.2 低通滤波器 (low pass filter)

功能核磁信号时间序列反映的是脑血流等的特性，因而具有血流响应函数 (hrf) 形式。数据处理中，为了优化信号以及减少白噪声，需要将此时间序列用高斯函数或 hrf 去卷积，也就是做时间上的平滑，这样高频噪声将被滤掉。

对时间序列 Y^k 做时间平滑后，它们将不再是独立的，此时方程 (6.8) 变为：

$$KY^k = KX\beta^k + \varepsilon^k \tag{6.20}$$

式中 K 是平滑矩阵。定义 $X^* = KX$，方程 (6.20) 的解为：

$$\beta^k = (X^{*T}X^*)^{-1}X^*KY^k \tag{6.21}$$

而其误差矩阵为：

$$\mathrm{Var}\{\beta^k\} = \sigma_k^2 (X^{*T}X^*)^{-1}X^{*T}KK^T(X^{*T}X^*)^{-1} \tag{6.22}$$

6.3.3.3 固定响应模型

它是将功能核磁信号中感兴趣的部分用一个固定的响应函数来表示。对于 block design，这个响应函数可以是半正弦函数、方波形式 (box-car，1 表示激活，0 或 −1 表示基线) 以及它们与脑血流响应函数 (hemodynamic response function，HRF) 的卷积；对于 event-related design，这个响应函数可以是脑血流响应函数或者加起始时间偏移 (也是待定参数)。这类模型适用于只研究激活区而不研究响应曲线的实验，好处是待定参数少，回归计算快速，缺点是响应模式固定可能代表不了真实情况。

通常，固定的响应函数 $x(t)$ 可以表示为外部刺激形式 $s(t)$ 与脑血流动态响应函数的卷积：

$$x(t) = \int_0^\infty h(t)s(t-u)\,du$$

许多研究表明，脑血流动态响应函数在刺激后大约 6—9s 达到峰值，刺激后大约 8—20s 时，响应恢复到基线，在实际应用中可以简化为一个简单的 γ 函数 (Lange and Zeger, 1997)。

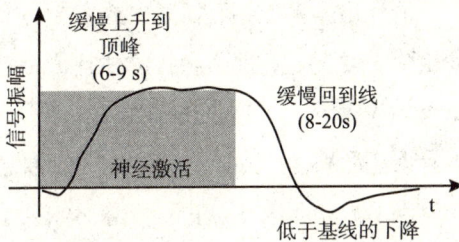

图 13 典型的与刺激相关的 T2 ∗ 成像的血流动态响应函数

由图 13 可以看出，BOLD 信号在恢复基线前有一段低于基线的下降 (undershoot)，Friston 提出用两个 γ 函数相减试图能够更真实的反映刺激条件下 BOLD 信号的这种变化 (Friston，1998a)：

$$h(t) = \left(\frac{t}{d_1}\right)^{a_1}\exp\left(\frac{-(t-d_1)}{b_1}\right) - c\left(\frac{t}{d_2}\right)^{a_2}\exp\left(\frac{-(t-d_2)}{b_2}\right)$$

式中近似的 a_1 =6，a_2 =12，b_1 =b_2 =0.9s 和 c =0.35。d_j =a_jb_j 为刺激后响应到达峰值的时间 (Glover，1999)。

6.3.3.4 无固定响应模型

它是将功能核磁信号中感兴趣的部分用一系列基准函数展开（也就是它们的线性组合，系数为待定参数），这些基准函数可以是傅里叶级数或 γ 函数。它适用于研究响应曲线和对相应特性不是很清楚的只研究激活区的实验，特点是响应特性可以是任意的（仅在理论上可以这样说，事实上由于计算能力以及数据量的有限性，基准函数不可能取太多，也就是这种

173

任意性是有限制的），因而有普适性，缺点是参数可能太多影响回归速度。

6.4 统计推断和结果（吴义根，李可，2004ab）

6.4.1 t 检验

在建立模型并估计出其参数后，需要对参数做统计推断。如果方程 (6.8) 的设计矩阵 X 是满秩，那么参数的估计值将符合多维正态分布：$\hat{\beta} \sim N(\beta, \sigma^2 (X^TX)^{-1})$，它们的线性组合也服从一维正态分布：$c^T\hat{\beta} \sim N(c^T\beta, \sigma^2 c^T (X^TX)^{-1}c)$。由于方差 σ^2 也需要通过同样的数据拟合得到（即 $\hat{\sigma}^2$，见公式 (6.10)），用 $\hat{\sigma}^2$ 代替 σ^2 后，$c^T\hat{\beta}$ 将不服从正态分布。根据 *fisher* 定律，$\hat{\beta}$ 与 $\hat{\sigma}^2$ 是独立的，参数组合量

$$\frac{c^T\hat{\beta} - d}{\sqrt{\hat{\sigma}^2 c^T (X^TX)^{-1}c}}$$

将服从 t 分布 t_{n-p}，其中 n 总的扫描次数，p 是 X 的秩，d

是 $c^T\beta$ 的真值（待检验量）。检验 $c^T\hat{\beta}$ 可以用 $\dfrac{c^T\hat{\beta} - d}{\sqrt{\hat{\sigma}^2 c^T (X^TX)^{-1}c}}$ 代替，这

是一个检验 $H: c^T\beta = d$ 的 t 检验问题。对于 X 非满秩情况，$(X^TX)^{-1}$ 无法直接求出，要用赝求逆方法（pseudoinverse）计算，但上述方法仍然适用。

6.4.2 F 检验（Draper and Smith, 1981）

假设模型中的参数 β 可以分成两部分：$\beta^T = (\beta 1 : \beta 2)$ T，同时我们希望检验 $H: \beta 1 = 0$，相应地，设计矩阵也分成两部分：$X = (X1 :$

$X2)$，那么完整模型就是：$Y = [X_1 : X_2] \begin{bmatrix} \beta_1 \\ \cdots \\ \beta_2 \end{bmatrix} + \varepsilon$，当假设 H 正确

时，此模型就简化为一个约化模型（reduced model）：$Y = X_2 \beta_2 + \varepsilon$。设完整模型和约化模型的残差分别为 S（$\beta$）和 S（$\beta 2$），那么由于缺少

β1 使得约化模型比完整模性的残差多了额外项 $S(\beta1 \mid \beta2) = S(\beta2) - S(\beta)$。在假设 H 成立的情况下, $S(\beta1 \mid \beta2) \sim \sigma^2 \chi_q^2$, 且与 $S(\beta)$ 独立, 其中自由度 q 是 X 与 $X2$ 的秩之差, 如果 H 不成立, $S(\beta1 \mid \beta2)$ 是一个偏心的 χ^2 分布, 但仍然与 $S(\beta)$ 独立。由此有:

$$F = \frac{(S(\beta_2) - S(\beta))/(p - p_2)}{S(\beta)/(n - p)} \sim F_{p - p_2, n - p}$$

式中 p, p_2 分别是 X 与 $X2$ 的秩, n 是总扫描次数。F 值越大表示 H ~ β1 =0 越不成立。

6.4.3 统计参数图

获得了统计的 T 或 Z 图后, 就需要确定相应的阈值作为脑区激活的显著性差异的阈限。最简单的阈值方法就是给定一个显著性差异的 p 值, 作为激活的最小阈限。然而, 这种方法存在着极大的问题。以功能核磁共振研究中最常见的 EPI 扫描为例, 一个全脑的矩阵为 $64 \times 64 \times 21$, 有效像素 (含脑组织) 约为 20000, 即便在没有实验刺激的情况下仍存在约 200 个伪激活像素。在这种情况下, 一些修正的方式被采用。Bonferroni 修正用显著性水平除以总的像素, 即阈限设定为 $0.01/20000 = 0.0000005$, 显然过于严厉。SPM 软件采用 Gauss 随机场理论 (Gaussian random field) 加以修正, 则通常会导致 p 值减小 2—20 倍。完成了上述统计推断后, 根据 t 或 F 值以及相应的阈值, 将小于阈值的像素的 t 或 F 值置为 0, 大于阈值的像素的数值 t 或 F 值保留, 将得到与此阈值相对应置信度下的脑功能激活图。由于它是对模型的参数做统计分析而得到的, 并且是加了阈效应的关于 t 或 F 值的图像, 所以被称为统计参数图。可根据选用的 t 或 F 值记为 spm$\{t\}$, spm$\{F\}$。同时, 由于在给出 t 或 F 值后仍需要相应的自由度才能给出置信度, SPM 还提供了与 t 或 F 值及它们相应的自由度所对应置信度的 $\{0, 1\}$ 正态分布的参数值 Z, 这样也得到关于 Z 的图像, 记为 spm$\{Z\}$。脑功能激活图可以叠加到脑结构图 (T1 加权 MRI 图或 CT 图) 上, 这个融合图像能清楚地看出哪些脑区参与了所要研究的功能。此外，根据这些激活图还可以打印出脑血流等生理信号的响应曲线以及不同状态的响应特性等。

6.5 基于血液动力学响应的生物物理模型的 fMRI 图像处理

6.5.1 血液动力学 Balloon 模型

脑组织中的血氧水平是由脑血流（cerebral blood flow；简称 CBF）、脑耗氧速率（cerebral metabolic rate of oxygen；简称 $CMRO_2$）和脑血容积（cerebral blood volume；简称 CBV）三者的共同作用来决定的。基于血氧水平依赖性（Blood Oxygen Level Dependent；简称 BOLD）成像本质上并不直接与神经活动相关，它是神经活动导致的血液动力学和新陈代谢活动等二级效应的综合体现。神经活动与 BOLD 反应之间的关系通常用血液动力学响应方程（Hemodynamic Response Functction；简称 HRF）来描述。该方程描述针对短暂神经刺激的特定血液动力学响应过程，从而标定给定脑内体素元的输入输出行为。fMRI 图像数据就是由众多这样的脑内体素元所组成。模型驱动的处理方法是通过对每一个体素元对设计实验刺激响应的 HRF 进行统计学评估，结合适当的空间约束方法，最终获得脑活动分布图。因此 HRF 方程对于 fMRI 图像的处理具有重要的意义。目前被广泛认可的 HRF 方程主要有 Poisson 方程（Friston，1994），Gaussian 方程（Rajapakse，1998），Gamma 方程（Ciuciu，2003），反转 Logit 方程（Lindquist and Wager，2005）或者它们的线性组合（Patrick，2001）（Glover，1999）。例如，被广泛使用的 fMRI 图像处理软件 SPM 用两个 Gamma 方程的差值作为 HRF 方程（Friston，1998b）。这些方程的选择更多的是一种对血液动力学响应过程描述的经验公式，缺乏对血液动力学调制的生理学基础的理解，基于这些方程的图像处理很自然地也缺乏对 BOLD 成像内在的基本生理学变化机制的描述。基于上述理由，现存的模型驱动的处理方法主要局限在对脑功能激活区域的探测。然而，这类约束与血液动力学过程本身的生理学机制无关的事实早已受到关注，这也成为阻碍模型驱动的 fMRI 图像处理进一步发展的瓶颈。我们注意到，近些年来，随着脑的解剖学和生理学特征研究的进展，人们对于 BOLD 成像机制有了一定程度的系统的认识，一些基于血液动力学调制过程的生物物理学偏微分方程模型开始出现（Buxton，1998）（Zheng，2002）。这些成果不仅为阐明由脑神经活动导致的血氧水平变化过程提供了有益的工具，同时也为模型驱动的 fMRI 图像处理的发展提供了崭新的解题思路。

1998 年，美国加州大学圣地亚哥分校（UCSD）的 Buxton 等人提出了著名的描述血液动力学调节过程的生物物理学模型——Balloon 模型（Buxton，1998）。该模型描述了功能区内脑血流、脑血容积以及去氧血红蛋白对神经元细胞活动的动力学响应关系，它由三个相互关联的子系统构成（图14）：1）功能区内神经元细胞活动的变化 $u(t)$ 引起相应区内脑血流 f 的变化；2）脑血流 f 的变化引发同一功能区内脑血容积 v 和静脉输出血流的变化；3）脑血流、脑血容积以及氧摄取比率的变化最终引发脑激活区内去氧血红蛋白浓度 q 的变化。整个过程可以通过一系列无量纲的微分方程来描述：

$$\begin{cases} \ddot{f} = \varepsilon u(t) - \dfrac{\dot{f}}{\tau_s} - \dfrac{f-1}{\tau_f} \\ \dot{v} = \dfrac{1}{\tau_0}(f - v^{1/\alpha}) \\ \dot{q} = \dfrac{1}{\tau_0}(f\dfrac{(1-E_0)^{1/f}}{E_0} - v^{1/\alpha}\dfrac{q}{v}) \end{cases}$$

Balloon 模型包含六个参数：1）神经激活效率 ε （neuronal efficacy），代表神经活动所引起的灌注信号的增加；2）信号衰减系数 τ_s （signal decay），反映毫米尺度上快速扩散的神经元信号通过小动脉肌肉组织对脑血流增加的调节作用。Friston 认为离子通道中一氧化氮（NO）浓度是主要调节因素；这个参数主要影响血液动力学反应的 undershoot 阶段；3）自动调节参数 τ_f (autoregulation)，代表反馈自动调节机制的时间参数，影响 undershoot 的深度；4）静脉房室穿越时间 τ_0 (transit time)，这是一个影响信号动力学变化的重要参数，等于有效血容积除以静态血流速度；5）刚度系数 α (stiffness parameter)，反映静脉血流与血容积之间耦合的非线性程度；6）静态氧摄取比率 E_0 (resting oxygen extraction)，这个重要的生理学参数对整个血液动力学过程都具有影响，是对 initial dip 的产生有重要影响的参数。方程中所有状态变量 (f, v, q) 都是相对于静态状态下的百分比变化。方程中 f 为时间的二阶导数，我们能够通过一个简单的处理 $s = \dot{f}$ 进行降阶，整个系统转变为一个标准的一阶四元偏微分方程描述的动力学系统。

此外在同一脑区的 fMRI 测量方程能够表示为

$$\begin{cases} y(t) = V_0 \left(k_1(1-q) + k_2 \left(1 - \dfrac{q}{v}\right) + k_3(1-v) \right) \\ k_1 = 7E_0, k_2 = 2, k_3 = 2E_0 - 0.2 \end{cases}$$

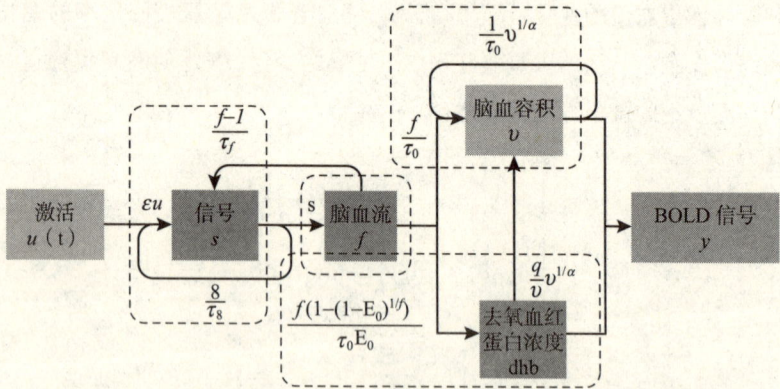

图 14 Balloon 模型的基本结构

（$u(t)$，输入的神经元细胞活动；s，降维所引入的新变量，无具体的生理学含义；f，脑血流；v，脑血容积；q，去氧血红蛋白浓度；y，测量的 BOLD 信号）（Hu, 2009）。

公式中 V_0 指示静态血容积比率，适用于 1.5 T 磁场。这两个式子联合起来组成了基于血液动力学响应的 Balloon 模型的 fMRI 图像处理基础。

Balloon 模型作为对血液动力学响应神经生理学机制合理近似后的约化模型，能够成功地模拟 BOLD 信号的一些显著的瞬态特征的发生，包括 initial dip，overshoot 和刺激后的 undershoot。2004 年，他们在原有三个生理学状态的基础上引入了脑耗氧速率、氧摄取比率变化，同时考虑黏弹性时间常数在收缩和膨胀过程中的差异等更多的生理学参数和生理学耦合机制提出了扩展的 Balloon 模型 (Buston，2004)，此外谢菲尔德大学 (University of Sheffield) 的 Zheng 等考虑了组织中氧浓度变化的调节效果，也对 Balloon 模型做了一些适当的改进 (Zheng，2002，Zheng，2005)。这些工作为理解在血液动力学响应期间与神经元细胞活动直接相关的生理学状态的变化提供了一个很好的平台与框架。Balloon 模型的发展为模型驱动的 fMRI 图像处理的发展提供了崭新的解题思路，从它的诞生之日起，医学图像处理界就对如何利用这样一个模型存在浓厚的兴趣，如研究和探讨任务条件下血液动力学有关的基本生理学状态的动态变化，作为模型约束服务与经典的统计激活探测，以及从目前的功能区血液动力学系统外推 (extrapolation) 预测到类似的系统或不同的驱动条件。

最早利用 Balloon 模型来做 BOLD 信号的脑激活区系统辨识 (identification) 的是伦敦大学学院 (University College London) K. Friston 领导的研究小组。基于 Balloon 模型，利用 Volterra 序列扩展方法，他们首先研究了大脑双侧颞上区反映大脑生理状态的各类参数的分布 (Friston，2000)，然后通过对状态方程的双线性近似 (bilinear approximation)，将这些参数分布的均值与方差作为先验信息输入到一个迭代 EM (expectation maximization) 算法的 Bayesian 估计中，探讨感兴趣区在外界刺激下的生理学参数，以及生理学状态变化的关系 (Friston，2002)。并且，将所估计的部分生理学参数直接运用到大脑有效联接 (effective connectivity) 模型——动态因果模型 (dynamic causal modelling；简称 DCM) 的建立上（Friston，2003）。Friston 等人所建立的估计模型局限性在于没有充分考虑生理学噪声的影响，随后 Riera 领导的研究小组将 Balloon 模型转化为状态空间模型，同时考虑测量噪声与生理学噪声的影响，利用迭代的局部线性滤波算法解这个非线性优化问题（Riera，2004）。在同样的计算框架下，Johnston 等（2006）在 MICCAI 上也曾给出一个粒子滤波（particle filter）的算法求解该问题（Johnston，2006）。这些工作通常是在某些选定的功能区内做系统辨识，这些区域的选定或者是实验者感兴趣的功能区域，或者是通过其他手段获得的功能激活区。然而，fMRI 图像处理的目的不仅仅要获取某些功能激活区的系统信息，而且要获得与实验刺激有关的脑激活图。直到 2006 年，Deneux 和 Faugeras 重新采用 Friston 的估计模型，基于剩余方差原理（Residual Sum-of-Squares Principle），用最大似然估计（Maximum Likelihood）法将系统辨识步骤推广到全脑，进而在获得系统信息的基础上也同时得到脑功能激活图。Hu 和 Shi（2007）在国际生物医学图像处理学术会议 MICCAI 上，进一步提出了一个基于血液动力学 Balloon 模型的 fMRI 图像处理框架（图 15），试图连接大脑生物物理学信息反演与传统的激活探测技术，构建基于血液动力学生物物理学模型的 fMRI 图像处理框架。最近，Friston 等（2008）也提出了一个变分滤波（variational filtering）算法求解 Balloon 模型和 fMRI 数据的融合问题（Friston，2008）。Hu 和 Shi 的框架包括四个彼此关联的部分：1）模型非线性动力学分析提高对系统行为的理解，同时为非线性联合估计提供初始值；2）以模型简化为目的的系统模型评估，减少模型的过参数化（overparameterized），提高系统识别的可辨识性（identifiability）；3）状态和参数的非线性联合估计，能够同时处理模型的不确定性以及测量噪声；4）统计策略的脑激活探测，利用真实刺激与赝刺激诱导的 fMRI 信号优化估计差异实现传统的激活探测目的，详见图 15。

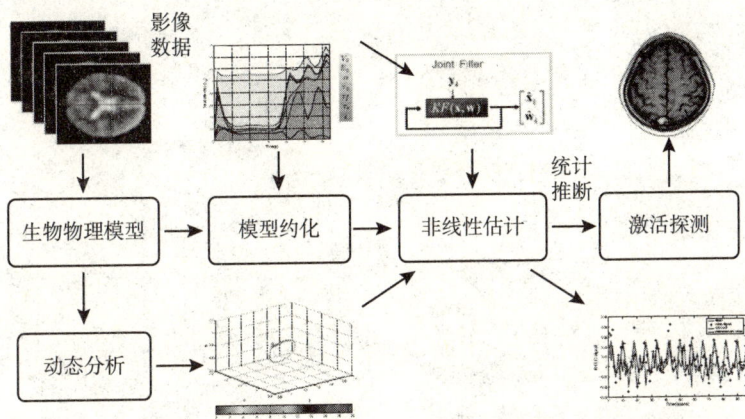

图 15 基于 Balloon 模型的 fMRI 图像处理框架(Hu and Shi,2007)

6.5.2 非线性动力学分析 (Hu and Shi, 2007;Hu, 2009)

通过设置四个偏微分方程等于 0:

$$\dot{X}\big|_{x=x_0} = f(x) = 0$$

得到系统的平衡态为

$$x_0 = \begin{bmatrix} 0 \\ \varepsilon\tau_f + 1 \\ (\varepsilon\tau_f + 1)^{\alpha} \\ \dfrac{1-(1-E_0)^{1/(\varepsilon\tau_f+1)}}{E_0}(\varepsilon\tau_f+1)^{\alpha} \end{bmatrix}^T$$

特别是对于没有神经输入的 $u_0 = 0$ 的情况,$x_0 = [0, 1, 1, 1]^T$。这个平衡态的值能够用于数据融合中加速算法的收敛过程。当初始的输入为 $u_0 = 1$ 时,系统状态将最终收敛到它的平衡态 $x_0 = [0, \varepsilon\tau_f + 1, (\varepsilon\tau_f + 1)^{\alpha}, \dfrac{1-(1-E_0)^{1/(\varepsilon\tau_f+1)}}{E_0}(\varepsilon\tau_f+1)^{\alpha}]^T$,因此初始状态应该被设作 $x(0) = [0, 2.328, 1.322, 0.635]^T$。此外,系统在平衡态附近的行为被雅各比矩阵决定:

$$J = \begin{pmatrix} -\dfrac{1}{\tau_s} & -\dfrac{1}{\tau_f} & 0 & 0 \\[2mm] 1 & 0 & 0 & 0 \\[2mm] 0 & -\dfrac{1}{\tau_0} & -\dfrac{v^{1/\alpha-1}}{\alpha^{\tau_0}} & 0 \\[2mm] 0 & \dfrac{1}{\tau_0}\left(\dfrac{1-(1-E_0)^{1/f}}{E_0}-\dfrac{(1-E_0)^{1/f}\ln(1-E_0)}{E_0 f}\right) & \dfrac{q}{\tau_0}\left(1+\dfrac{1}{\alpha}\right)v^{1/\alpha-2} & -\dfrac{v^{1/\alpha}-1}{\tau_0} \end{pmatrix}$$

它在固定点 x_0 处的本征值是

$$\left\{ -\frac{\dfrac{1}{\tau_s}+\sqrt{\dfrac{1}{\tau_s^2}-\dfrac{4}{\tau_f}}}{2},\ -\frac{\dfrac{1}{\tau_s}-\sqrt{\dfrac{1}{\tau_s^2}-\dfrac{4}{\tau_f}}}{2},\ \right.$$

$$\left. -\frac{(\varepsilon\,\tau_f u_0+1)^{+\alpha}}{\alpha\,\tau_0},\ -\frac{(\varepsilon\,\tau_f u_0+1)^{+\alpha}}{\tau_0} \right\}$$

考虑所有的生理学参数为正数，则所有的本征值都为负数，表明系统在相空间的各个方向上都是收敛的，整个系统将随时间逐步坍塌为相空间中的一个点。系统是一个决定性的系统，不存在长期的非线性混沌状态。此外，雅各比行列式的迹，即对角元的和小于 0，表明系统是耗散的。

图 16 给出了在典型的参数设置下，系统对一个 2s 的神经刺激的反应。外界刺激为简单的方波，当刺激呈现时为 1，刺激消失时为 0。外界刺激导致局部神经活动的增加（A），引起氧消耗和去氧血红蛋白的增加。作为补偿的脑血流增加导致了局部的高血容积，以及过补偿机制引起的一定程度的去氧血红蛋白浓度的下降（B），这些因素的综合效应是测量的 fMRI 信号的增加（C）。去掉的这些都很好地模拟了血液动力学响应的整个生理学过程。图 16（D）是系统在相空间的演化过程。

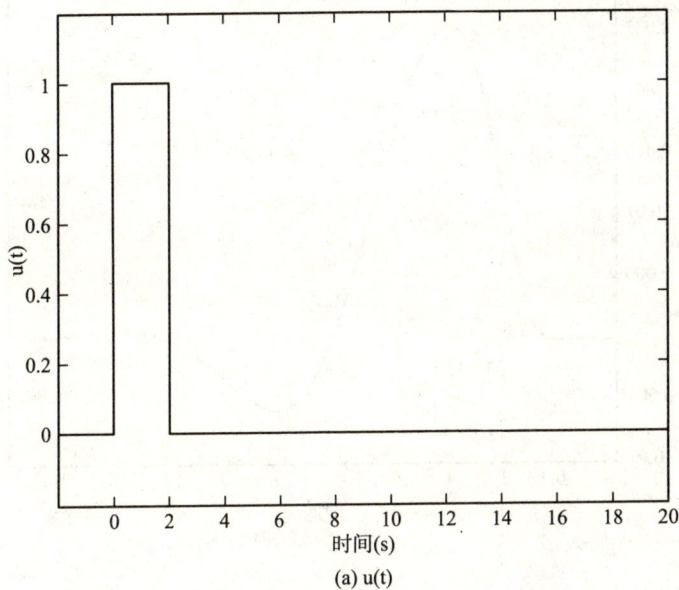

(a) u(t)

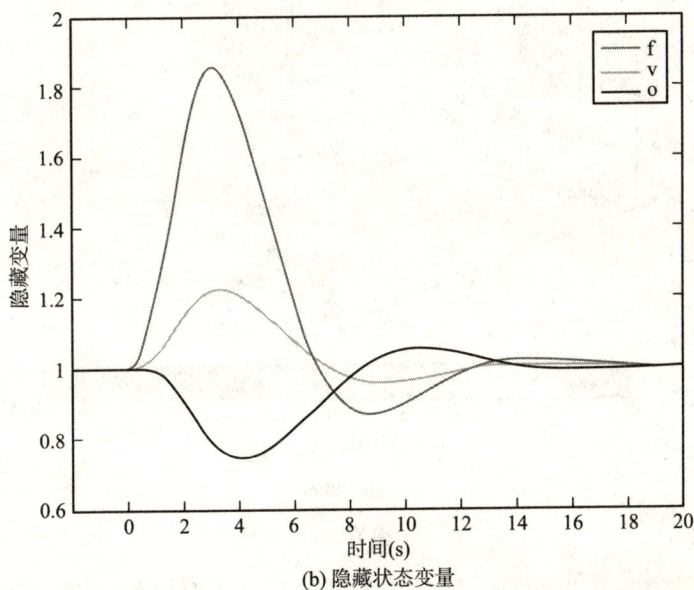

(b) 隐藏状态变量

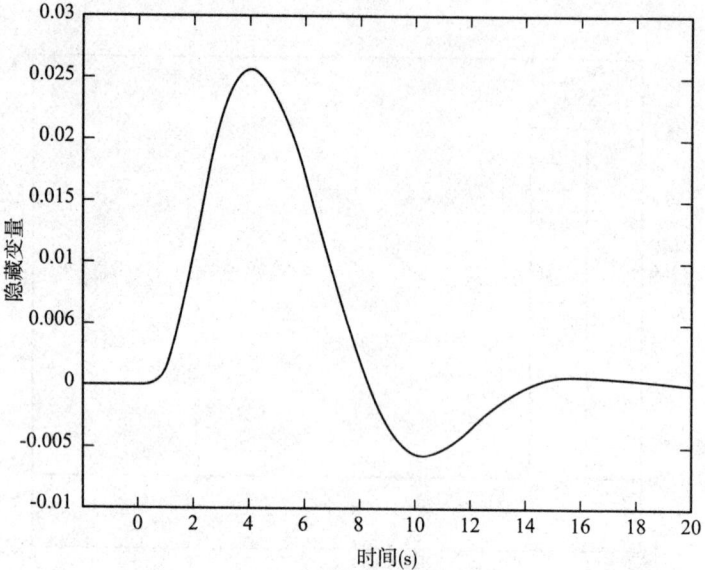

(c)隐藏状态变量

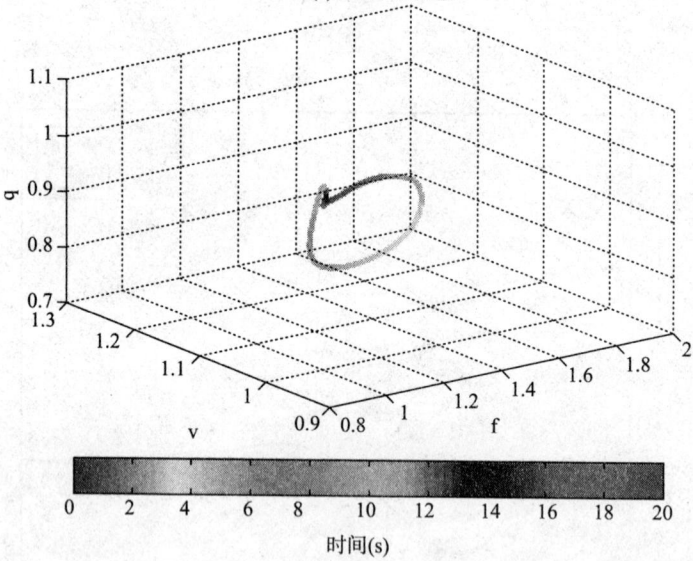

(d) 相图

图 16

　　典型的血液动力学系统对于 2s 神经刺激的反应：(A) 神经输入信号；(B) 引起的血流，血容积以及去氧血红蛋白浓度的变化；(C) 最终的 fMRI 信号的变化；(D) 系统随时间演化的相图 (Hu, 2009)。

6.5.3　模型约化 (Hu, 2010)

Balloon 模型作为对血液动力学响应神经生理学机制合理近似后的约化模型，伴随神经生理学家对于血液动力学响应过程理解的深入而复杂化，在这样的演化过程中也不可避免地会拾取不必要的因素，导致模型的过参数化，这是模型建立过程中逻辑推理所不可避免的。模型约化的目的就是利用敏感度分析理论 (sensitivity analysis)，研究模型参数变化对整个模型输出变化的贡献，结合统计学理论，给予敏感度指数定量评估，从而合理化血液动力学响应模型，提高模型可辨识性，并为进一步减少模型的不确定性研究提供方向。在这个研究中，利用基于方差的敏感度分析方法研究 Balloon 模型，其基本思想是模型输出的不确定性能够归因于各种模型输入的不确定性。

考虑一个具有 k 个独立参数的模型，其总输出方差 $V(Y)$ 根据广义方差分解原理 (general variance decomposition) 可以写作

$$V(Y) = \sum_i V_i + \sum_{i<j} V_{ij} + \sum_{i<j<k} V_{ijk} + \cdots + V_{12\cdots k}$$

其中：一阶项 $V_i = V(E(Y \mid \beta_i))$，指示独立的参数 β_i 对模型输出变化的影响，二阶项 $V_{ij} = V(E(Y \mid \beta_i, \beta_j)) - V_i - V_j$，指示参数 β_i 和 β_j 的共同作用对模型输出变化的联合贡献，三阶项 $V_{ijk} = V(E(Y \mid \beta_i, \beta_j, \beta_k)) - V_{ij} - V_{ik} - V_{jk} - V_i - V_j - V_k$，指示参数 β_i，β_j 和 β_k 共同作用对模型输出变化的贡献等等。这些偏方差 (partial variance) 项是彼此正交的。整个方程包含 k 个一阶项 V_i，$k(k-1)$ 个二阶项 $V_{ij}\cdots$，共 $2^k - 1$ 项。然后我们可以定义一阶敏感度指数，也称主效果项 (main effects terms)：

$$S_i = \frac{V_i}{V(Y)}$$

类似的，有二阶敏感度指数

$$S_{ij} = \frac{V_{ij}}{V(Y)}$$

和三阶敏感度指数

$$S_{ijk} = \frac{V_{ijk}}{V(Y)}$$

更高阶指数也能够同样定义，对于多参数模型计算所有参数的敏感度指数显然是计算量巨大，因此在实际应用中人们通常只计算参数的一阶敏感度指数和总敏感度指数（total sensitivity analysis）

$$S_{Ti} = \frac{E[V(Y\beta_{-i})]}{V(Y)}$$

β_{-i} 是除 $\beta_i X$ 以外的所有参数，这个指数描述除 $\beta_i X$ 外所有参数变化对模型输出变化的贡献。

图 17 给出了 Balloon 模型对一个 2s 神经刺激反应的敏感度分析结果。其中静脉血容积比率（$V_0 X$）是最重要的驱动整个模型输出的不确定性的参数，然而由于该问题模型估计的数学病态性，这个参数通常在系统辨识过程中假定为已知的，貌似合理的生理学数值，这样的处理极大增加地了系统辨识的不确定性。因此提出利用 MRI 的血管造影技术（MRA）（Hu，2009），和增强血容积成像技术（CBV）（Hu，2011）获取静脉血容积比率信息，然后将其整合在现有的 fMRI 数据融合（data assimilation）框架中。我们发现，一个精确的血容积比率能够极大的提高对参数和状态估计的准确性。尽管一个准确的血容积比率和假定的血容积比率都能够准确地重建 BOLD 响应过程，但是只有准确的血容积比率才能正确地估计潜在的生理学状态（f，v，q）变化和参数信息（图 4），暗示结合 MRA 或 CBV 技术，能够提高动态因果模型的有效连接估计准确性，甚至改写现有研究结果。此外刚度系数参数 α 的变化对于整个模型输出变化没有影响，因此能够在随后的系统辨识过程被处理做已知，即任意假定为生理学范围内有意义的值。

左图为一阶敏感度指数面积图，右图为总敏感度指数面积图（Hu and Shi，2010）。

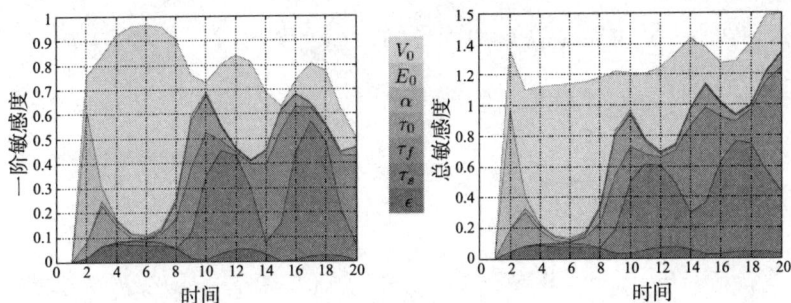

图 17　Balloon 模型对一个 2s 刺激的敏感度分析

6.5.4　非线性联合估计 (Hu，2007)

状态空间方程最常用的求解方法是 Kalman 滤波法，该方法是 1960 年 Kalman 在其著名的用递归方法解决离散数据线性滤波问题的论文中提出的。从那以后，得益于数字计算技术的进步，Kalman 滤波器已经应用于各个领域。传统的 Kalman 滤波器只处理线性系统，这里我们选用近些年发展的无味 Kalman 滤波器求解这个非线性问题 (Julier and Uhlmann，2004)。Kalman 滤波包括时间更新和状态更新两个部分。在时间更新阶段，滤波器使用上一个时刻状态的估计值来对当前状态作出估计。在状态更新阶段，滤波器利用对当前状态的测量值优化在预测阶段所获得的预测值，以获得一个更精确的新的估计值。具体过程如下：

初始化：

$$\hat{x}_0 = E[x_0] \qquad P_0 = E[(x_0 - \hat{x}_0)(x_0 - \hat{x}_0)^T];$$

对 $k \in \{1, \cdots, \infty\}$，计算 Sigma 点：

$$\chi_{k-1} = [\hat{x}_{k-1}\ \hat{x}_{k-1} + \eta\ \sqrt{P_{k-1}}\quad \hat{x}_{k-1} - \eta\ \sqrt{P_{k-1}}]$$

时间更新：

$$\chi_{kk-1} = F[\chi_{k-1}, u_{k-1}]$$

$$\hat{x}_k^- = \sum_{i=0}^{2L} W_i^{(m)} \chi_{i, kk-1}$$

$$P_k^- = \sum_{i=0}^{2L} W_i^{(c)} (\chi_i, k\,k-1 - \hat{x}_k^-)\ (\times_i,\ k\,k-1 - \hat{x}_k^-)^T + R^v$$

$$\zeta_{kk-1} = H\,[\times_{kk-1}]$$

$$\hat{y}_k^- = \sum_{i=0}^{2L} W_i^{(m)} \zeta_{i,\,kk-1}$$

测量更新：

$$P_{\hat{y}_i\hat{y}_i}^- = \sum_{i=0}^{2L} W_i^{(c)}\ (\zeta_{i,\,kk-1} - \hat{y}_k^-)\ (\zeta_{i,\,kk-1} - \hat{y}_k^-)^T + R^n$$

$$P_{x_k y_k} = \sum_{i=0}^{2L} W_i^{(c)}\ [\times_{i,\,kk-1} - \hat{x}_k^-]\ [\zeta_{i,\,kk-1} - \hat{y}_k^-]^T$$

$$K_k = P_{x_k y_k} P_{\hat{y}_i\hat{y}_i}^{-1}$$

$$\hat{x}_k = \hat{x}_k^- + K_k\,(y_k - \hat{y}_k^-)$$

$$P_k = P_k^- - K_k P_{\hat{y}_k\hat{y}_k} K_k^T$$

其中 γ 决定 Sigma 点的分布大小，通常设作 $1e-4 \leqslant \gamma \leqslant 1$，δ 是常数，对于高斯分布噪声 $\delta = 2$，L 是状态维数，$\lambda = L(\gamma^2 + 1)$ 和 $\eta = \sqrt{(L+\lambda)}$ 是标度参数。$\{W_i\}$ 是定标权重，$W_0^{(m)} = \lambda/(L+\lambda)$，$W_0^{(c)} = \lambda/(L+\lambda) + (1 - \gamma^2 + \delta)$，$W_i^{(m)} = W_i^{(c)} = 1/\{2\ (L+\lambda)\}$，$i = 1, \cdots, 2L$，$Q$ 和 R 分别代表模型误差和测量误差。在此，我们需要依据含有噪声的测量值对系统状态量和输入变量同时估计，联合估计的新的状态向量表示为：$x(0) = [x^T\quad \beta^T]^T = [0, 2.328, 1.322, 0.635, 0.54, 1.54, 2.46, 0.98, 0.354]^T$。

图 18 给出在一个模拟实验中用无味 Kalman 滤波器重建的生理学状态的动态变化过程（A）和估计的 BOLD 信号变化（B）。从图 18 能够看出，重建算法能够准确地估计真实的 BOLD 信号变化过程。图 19 是参数在估计过程中的收敛情况，所有参数均在 10 次测量中能够收敛到稳定值。

fMRI 信号存在非常丰富的漂移信号（drifts），这些信号可能来自于扫描仪的不稳定，不自主的头动和心脏周期性运动引发的生理学噪声。在众多生理学因素的作用下，这些漂移成分往往具有复杂的结构，其大小、方向难以预测，而从信号的频率来讲，也与真实的血液动力学响应

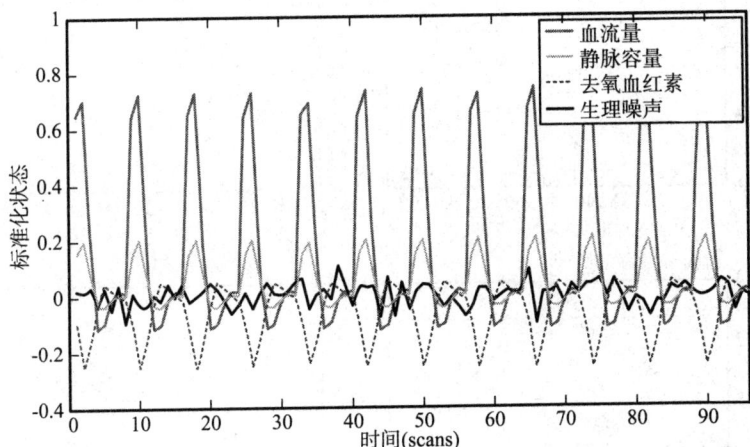

A

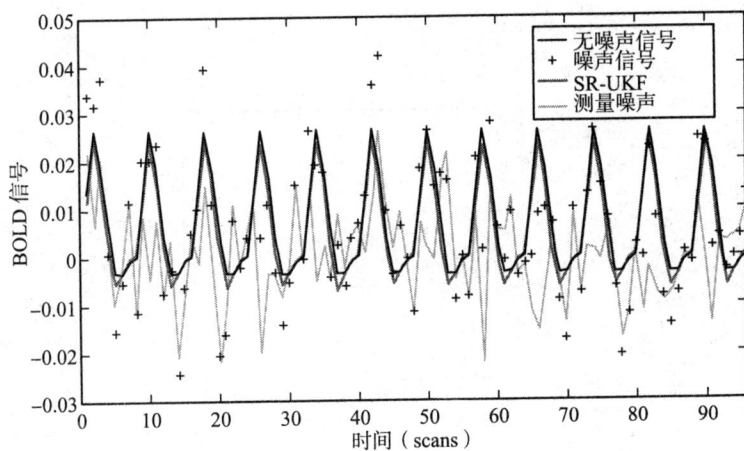

B

图 18

用无味 Kalman 滤波器估计的生理学状态和重建的 BOLD 信号与真实信号的比

较 (Hu, 2009)

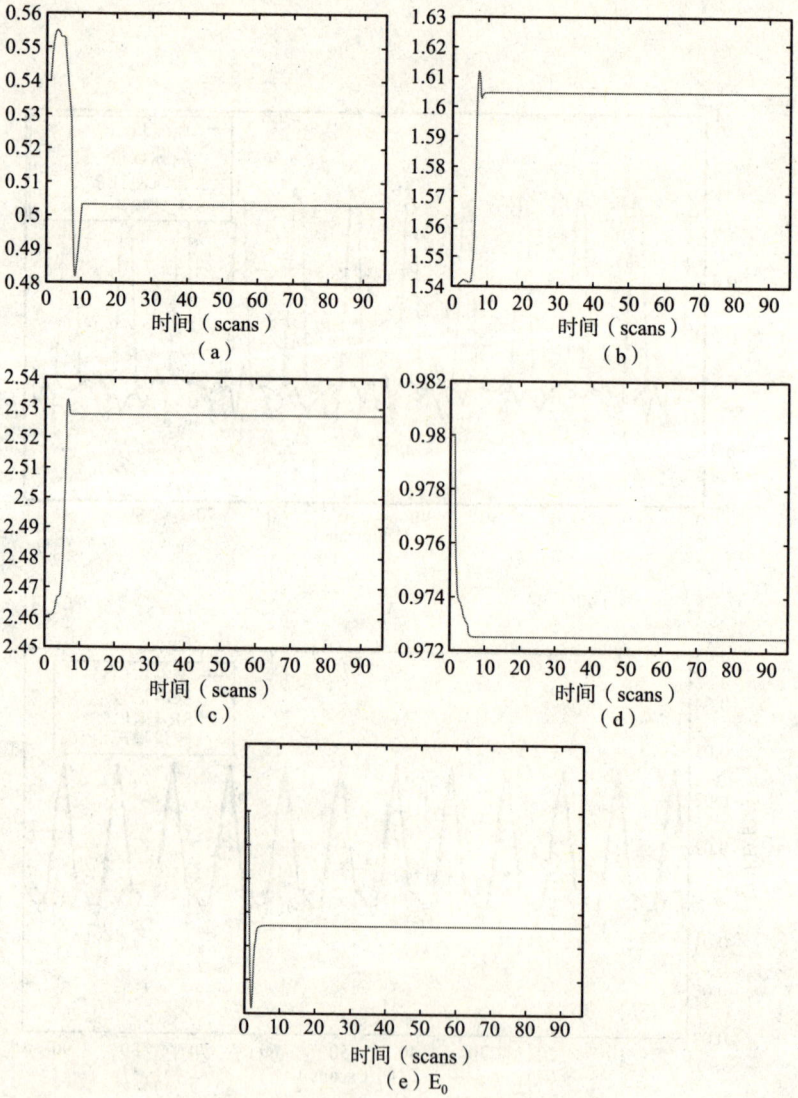

图 19　Balloon 模型参数在估计过程中能够快

速收敛到稳定的值(Hu and Shi,2010)

信号有着类似的低频成分。它们的去除（detrend）对于 fMRI 数据融合来说，又有较大的影响。目前的去漂移算法主要是基于漂移曲线和信号统计学特性的特定假设，并不符合生物学现实。例如，一个通常的关于漂移的假设是光滑的，包含血液动力学反应的全信号具有高斯分布特性。通过将漂移成分处理为缓慢的随机行走过程（random – walk process），利用发展的非线性无偏 Kalman 估计（two – stage Kalman estimator）算法，Hu 和 Shi 也进行了无去漂移（detrend – free）的 fMRI 数据融合初步尝试，它不需要漂移曲线的光滑性假设和全信号的高斯分布假设。初步结果显示，无去漂移的信息反演能够更好地捕捉真实的血液动力学响应过程，从而获得更准确的系统动力学行为。

6.5.5 激活探测（Hu and Shi，2007）

假定实验中给出一系列不同的刺激，现在要检验刺激 A 的效果，即

$$H \sim h_A = 0$$

完整模型是

$$y = h(u(t), x, \beta)$$

关键是设计约化模型，当原假设 H 为真时，完整模型应该变为约化模型，引入赝神经刺激

$$u_{-A} = \begin{cases} 0 & \text{刺激 A 呈现时} \\ u(t) & \text{无刺激 A 时} \end{cases}$$

约化模型然后定义为

$$y = h(u_{-A}(t), x, \beta)$$

统计量

$$F \equiv \frac{n - p_2 \|y - h(u_{-A}(t))\|^2}{\|y - h(u_{-B}(t))\|^2}$$

服从自由度为 $(n - p_2, n - p_1)$ 的 F – 分布。

图 20 给出了模拟数据中激活探测的结果，不考虑空间约束，在给定显著水平 $P < 0.05$，0.01 和 0.005 下，都能够全部检出激活区域，只有在一个非常严苛的显著性水平 $P < 0.001$ 下，才有部分激活区域没有被检出。图 21 给出在不同噪声水平下，不同显著性水平的激活区域探

测比率。即使在比较大的噪声情况下，无味滤波也能给出比较好的检出结果。图 22 给出基于 Balloon 模型的图像处理框架与常用 fMRI 处理软件 SPM 的处理结果比较。基于 Balloon 模型的方法和 SPM 产生非常类似的激活图，然而基于 Balloon 模型的方法在获得激活图的同时，也能够反演获得脑生理学状态以及生理学参数信息。

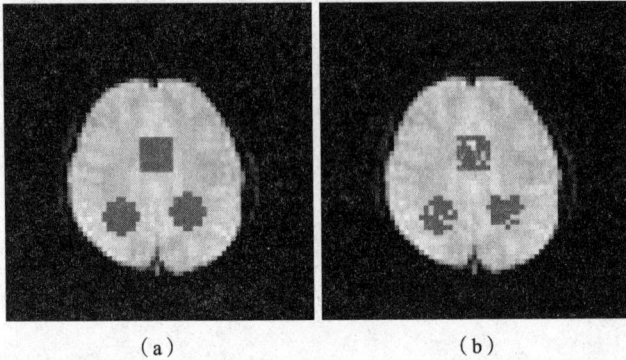

（a）   （b）

图 20

在显著水平 (a) P < 0.05, 0.01, 0.005 和 (b) 0.001 下的激活探测结果 (Hu，尚未发表)。

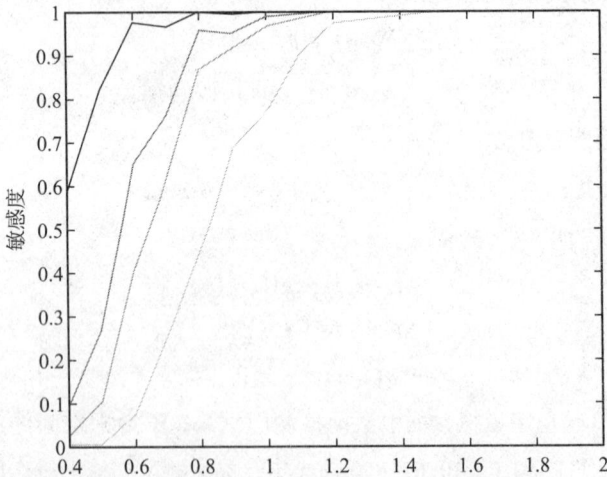

图 21 不同检验水平下对不同噪声水平的信号检测率

注：Hu，尚未发表。

SPM

Balloon 模型

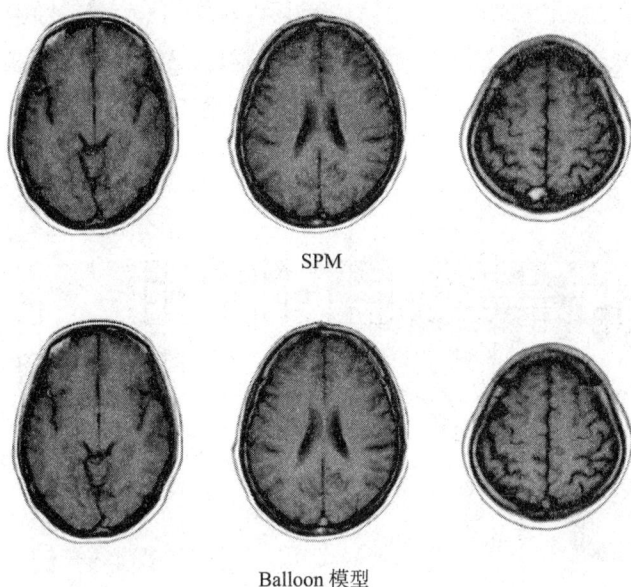

图 22 基于 Balloon 模型的方法与传统的 SPM 方法的比较

注: Hu and Shi, 2007。

6.6 脑解读

传统的 fMRI 图像处理主要是研究不同实验刺激引起的脑激活程度，以及脑激活区域的差异。理论上来说，如果两种实验刺激在大脑某个区域的激活程度存在差异，这种差异就有可能被用来脑解读，评估脑的状态。近年来，多变量（multivariate）处理结合模式识别技术通过脑活动的 fMRI 测量，解码（decoding）大脑精神状态的脑解读技术（brain reading）吸引了神经科学界的极大关注。这一研究目前主要集中在利用测量视觉皮层的 fMRI 信号重建作为输入的视觉刺激模式（Naselaris，2009）。图 23 给出了脑解读的 fMRI 数据处理基本过程（Haynes and Rees，2006）。其基本的步骤是利用传统的 fMRI 激活探测技术获得任务条件下的脑激活图,确定感兴趣区,然后感兴趣区内的像素值或者统计值组成人脑对某一类基本视觉刺激在希尔伯特空间的描述,最后用经典的多变量模式识别（multivariate pattern recognition）技术来区分不同的实验刺激。

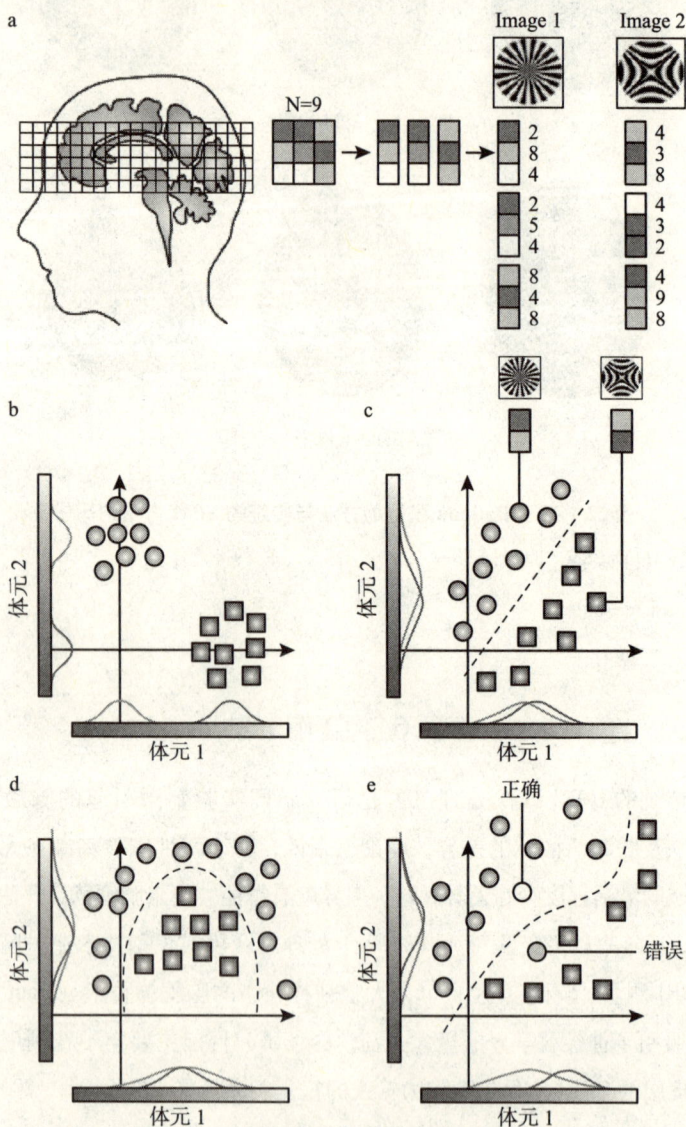

图 23　脑解读的 fMRI 数据处理基本过程

注：Haynes，2006。

参考文献

SPM 软件及使用说明, http：//www. fil. ion. ucl. ac. uk/spm.

吴义根, 李可, 2004@. SPM 软件包数据处理原理简介 I (第一部分：基本数学原理). 中国医学影像技术, 11：1768–1772.

吴义根, 李可, 2004b. SPM 软件包数据处理原理简介 II （第二部分：应用于PET 及 fMRI). 中国医学影像技术, 11：1772–1775.

B. Liu, J. Li, C. S. Yu, Y. H. Li, Y. Liu, M. Song, M. Fan, K. C. Li, TZ. Jiang, 2010. Haplotypes of catecholo-methytransferase modulate intelligence-related brain white matter integrity. *NeuroImage*, 50 (1)：243–249

Y. F. Zang, T. Z. Jiang, Y. L. Lu, Y. He and L. X. Tian, 2004. Regional honogeneity based approach to fMRI data analysis. *NeuroImage*, 22 (1)：394–400

L. Wang, C. Z. Zhu, Y. He, Y. F. Zang, Q. J. Cao, H. Zhang, Q. H. Zhong, and Y. F. Wang, 2009. Altered small-world brain functional networks in children with attention-eeficit/hyperactivity disorder. *Human Brain Mapping*, 30 (2)：638–49

J. Zhang, H. F. Chen, F. Fang, and W. Liao, 2010. Convolution power spectrum analysis for fMRI data based on prior image signal. *IEEE Transactions on Biomedical Engineering*, 57 (2)：343–352

H. F. Chen, D. Z. Yao, W. F. Chen, and L. Chen, 2005. Delay correlation subspace decomposition algorithm and its application in fmri. *IEEE Transactions on Medical Imaging*, 24 (12)：1647–1651

R. S. J. Frackowiak, K. J. Friston, C. D. Frith et. al. *Human Brain Fuction*, Academic Press. 1997：44–48.

Press, W. H. , Teukolsky, S. A. , Vetterling, W. T. , and Flannery, B. P, 1992. *Numerical recipes in C* (*second edition*) . Cambridge: Cambridge.

W. F. Eddy, M. Fitzgerald, and D. C. Noll, 1996. Improved image registration by using Fourier interpolation. *Magnetic resonance in medicine*, 36: 923-931.

J. A. Hartigan, 1975. *Clustering Algorithm*. New York: Wiley. pp113-129

J. Talairach and P. Tournoux, 1998. Coplanar Stereotaxic Atlas of the Human Brain. *Thieme Medical*, New York.

Hu ZH, Wu YG, Wang XC, Wang JZ, Chen FY & Tang XW. *A template of rat brain based on fMRI T2 ∗ imaging Prog Nat Sci.*

Friston, K. , Worsley, K. , Frackowiak, R. , Mazziotta, J. , and Evans, A, 1994b. Assessing the significance of focal activations using their spatial extent. *Human Brain Mapping*, 1: 214-220.

Worsley, K. J. , Liao, C. , Grabove, M. , Petre, V. , Ha, B. , and Evans, A. C. , 2000. Ageneral statistical analysis for fMRI data. *NeuroImage*, 11, S648.

Purdon, P. L. , Solo, V. , Brown, E. , Buckner, R. , Rotte, M. , and Weisskoff, R. M, 1998. Modeling haemodynamic response for analysis of functional MRI time-series. *Human Brain Mapping*, 6: 283-300.

M. H. DeGroot, 1975. Probability and Statitics, Addison-Wesley Inc.

Lange, N. and Zeger, S. L, 1976. Non-linear Fourier time series analysis for human brain mapping by function magnetic resonance imaging (with discussion) . *Applied Statistic*, 46: 1-29.

Friston, K. J. , Fletcher, P. , Josephs, O. , Holmes, A. P. , Rugg, M. D. , and Turner, R, 1998a. Event-related fMRI: Characterising differential responses. *NeuroImage*, 7: 30-40.

Glover, G. H. , 1999. Deconvolution of impulse reponse in event-related BOLD fMRI. *NeuroImage*, 9: 416-29.

N. R. Draper and H. Smith, 1981. *Applied Regression Analysis*, 2nd ed. New York: Wiley.

Friston, K. J. , Holmes, A. P. , Worsley, K. J. , Poline, J. B. , Williams, C.

R. , Frackowiak, R. S. J. . , 1994. Analysis of functional MRI time-series. *Human Brain Mapping*, 1﹕153–171.

Rajapakse, J. C. , Kruggel, F. , von Cramon, D. Y. , 1998. Modeling hemodynamic response for analysis of functional MRI time-series. Human Brain Mapping, 6﹕283–300.

P. Ciuciu, J. B. Polone, G. Marrelec, J. Idier, C. Pallier, H. Benali, 2003. Unsupervised Robust Nonparametric Estimation of the hemodynamic response function for any fMRI experiment. *IEEE Transactions on medical imaging*, 22﹕1235–1251.

M. Lindquist, T. Wager, 2005. Modeling the Hemodynamic Response Function using Inverse Logit Functions. *Human Brain Mapping Annual Meeting*.

Patrick L. Purdon, Victor Solo, Robert M. Weisskoff, Emery N. Brown, 2011. Locally Regularized Spatiotemporal Modeling and Model Comparison for Functional MRI. *NeuroImage*, 14﹕912–923.

Glover, G. H. , 1999. Deconvolution of impulse response in event-related BOLD fMRI. *NeuroImage*, 9﹕416–29.

Friston, K. J. , Fletcher, P. , Josephs, O. , Holmes, A. P. , Rugg, M. D. , and Turner, R. , 1998. Event-related fMRI﹕Characterising differential responses. *NeuroImage*, 7﹕30–40.

R. B. Buxton, E. C. Wong, L. R. Frank, 1998. Dynamics of blood flow and oxygenation changes during brain activation﹕the Balloon *Model. Magn Reson Med*, 39﹕855–864.

Ying Zheng, John Martindale, David Johnston, Myles Jones, Jason Berwick, and JohnMayhew, 2002. Model of the Hemodynamic Response and Oxygen Delivery to Brain. *NeuroImage*, 16﹕617–637.

Richard B. Buxton, Kâmil Uludağ. , David J. Dubowitz, and Thomas T. Liu, 2004. Modeling the hemodynamic response to brain activation. *NeuroImage*, 23﹕S220–S233.

Zheng, Y. , Johnston, D. , Berwick, J. , Chen, D. , Billings, S. , Mayhew,

J. , 2005 A three-compartment model of the hemodynamic response and oxygen delivery to brain. *NeuroImage*, 28: 925–939.

K. J. Friston, A. Mechelli, R. Turner, C. J. Price, 2000. Nonlinear Responses in fMRI: The Balloon Model, Volterra Kernels, and Other Hemodynamics. *Neuro-Image*, 12: 466–477.

K. J. Friston. Nonlinear Responses in fMRI: Bayesian Estimation of Dynamical Systems: An Application to fMRI. *NeuroImage*, 2002, 16: 513–530.

Friston K. J, Harrison L, Penny W, 2003. Dynamic causal modelling. *NeuroImage*, 19: 1273–1302.

Riera JJ, Watanabe J, Kazuki I, Naoki M, Aubert E, Ozaki T, Kawashima R, 2004. A state-space model of the hemodynamic approach: nonlinear filtering of BOLD signals. *NeuroImage*, 21: 547–567.

L. A. Johnston, E. Duff, and G. F. Egan, 2006. Partical filtering for nonlinear bold signal analysis. *MICCAI* , pp. 292–299.

T. Deneux and O. Faugeras, 2006. Using nonlinear models in fmri data analysis: model selection and activation detection. *Neuroimage*, 32: 1669–1689.

Zhenghui Hu and Pengcheng Shi, 2007. Nonlinear Analysis of BOLD Signal: Biophysical Modeling, Physiological States, and Functional Activation. *MICCAI*, pp734–741.

K. J. Friston, N. Trujillo-Barreto, and J. Daunizeaua, 2008. DEM: A variational treatment of dynamic systems. *NeuroImage*, 41: 849–885.

Z. H. Hu, X. H. Zhao, H. F. Liu, and P. C. Shi, 2009. Nonlinear analysis of the bold signal. *EURASIP Journal on Advances in Signal Processing*, pp 1–13

Z. H. Hu and P. C. Shi, 2010. *Sensitivity analysis for biomedical models, IEEE Transactions on Medical Imaging*, 29 (11): 1870–1881, 2010.

Z. H. Hu, X. Fang, X. Y. Shen, and P. C. Shi, 2009. *Exploiting mr venography segmentation for the accurate model estimation of bold signal, in 6th IEEE International Symposium on Biomedical Imaging* (*ISBI*) , Boston, MA, USA, pp 706–709.

Z. H. Hu and P. C. Shi. Cerebral-Blood-Volume Imaging Improve the Accuracy of Hemodynamic Data Assimilation, *IEEE Transactions on Medical Imaging*, submitted.

Julier, S. J. , Uhlmann, J. K. , 2004. Unscented filtering and nonlinear estimation. *Proceeding of the IEEE*, 92 (3): 401–422.

Z. H. Hu and P. C. Shi, 2011. *Detrend-Free Hemodynamic Data Assimilation of Two-stage Kalman Estimator MICCAI.*

T. Naselaris, R. J. Prenger, K. N. Kay, M. Oliver, and J. L, 2009. Gallant. Bayesian Reconstruction of Natural Images from Human Brain Activity. *Neuron*, 63: 902–915.

J. D. Haynes, and G. Rees, 2006. Decoding Mental States from Brain Activity in Humans. *Nature Reviews Neuroscience*, 7: 523–534.

Zhenghui Hu, Yigen Wu, Xiaochuan Wang, Jianzhi Wang, Feiyan Chen, Xiaomei Tang, 2005. A template of rat brain based on fMRI T $*$ 2 imaging. Progress in Natural Science, 6: 502–506.

(胡正珲)

第七章　心智解读的进展

心智解读可从行为水平和神经生理水平两个层面进行。行为水平解读的基本逻辑是从外显行为对内部心理状态进行推测；而神经生理水平解读的一个首要问题就是要了解某种心理状态对应哪些生理指标。本章主要讲述如何利用大脑活动进行心智解读。

7.1　研究方法进展

从方法上来说，对脑活动进行解码（decode）的关键是必须对脑活动进行分类。从理论上来说，如果某两种心理状态在大脑某个区域的激活有差异，则可以通过测量这一区域的激活情况来判断个体处于哪种心理状态。传统的解读方法正是以此为依据，即先重复测量大脑活动，然后单独分析完成两个或更多心理状态时每一个区域的激活差异，单变量法（univariate approaches）就是严格追求单个区域定位的代表。这种方法在理论上是可行的，但从实践的角度来说，却很难实现，因为不同条件下单个区域上的差异不足以有效解码。新的分析方法则同时考虑多个区域之间的全脑空间激活模式（full spatial pattern），敏感度得到了大幅度提高。例如，基于模式（pattern-based）的方法或多变量分析方法（multivariate）能有效地收集单个点的微弱信号，并将其结合在一起进行分析；另外，这些方法不会因空间平滑（spatial smoothing）等处理而损失有意义的空间信息；这些方法还能克服传统方法因计算平均激活水平而丢失单个时间点激活数据的弊端，对认知状态进行准在线（quasi-online）估计。

下面通过比较两种方法来进一步了解传统方法与新方法的区别。首先，传统的单一皮层激活模式（separable cortical modules）的基本逻辑是分析大脑某些区域对某些视觉信息的单独表征。比如梭状回面孔区（fusiform face area，FFA）对面孔敏感，而海马旁地点区（parahippocampal place area，PPA）对房子和风景敏感，这两个区域虽只相距几厘米，却完全可以通过探查这两个区域的活动来判断一个人知觉过的是面孔还是风景（O'Craven et al，2000）。研究发现，想象面孔时FFA的激活程度显著高于想象建筑物，想象建筑物时PPA的激活程度显著高于想象面孔。如果仅提供每个被试FFA和PPA的激活水平，对刺激分类的准确率可达到85%（图1）。因此，如果可以清楚地分离某两种心理事件的神经系统表征，就可以据此来追溯这些心理事件。另外，初级视皮层的视野图（visual field maps）或运动皮质（motor homunculi）、躯体感觉皮质（somotosensory homunculi）等，都有清楚的神经分布，完全可以根据这些区域的激活来推断行为。

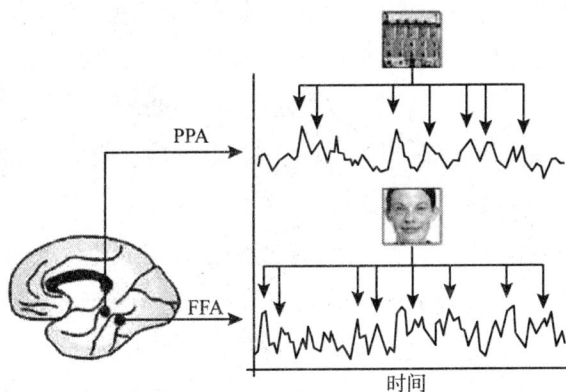

图1　关于梭状回面孔区(FFA)和海马旁地点区(PPA)的解码过程图示

新的方法都以模式（pattern）为基础，包括精细模式表征（fine-grained patterns）和分布式表征模型（distributed representation patterns）。前者可以用于区分低水平视觉特征，如边缘的朝向、运动方向、颜色等特征在基本视觉皮层的编码以微米为尺度。分布式表征模型则基于以下观点：功能专门化区域的数量颇为有限，甚至对于他们功能的特异化也仍未得出定论。如果很多不同的认知状态都会使某个区域有激活，分离心理状态就存在问题。因此，研究者认为，不同类别的心理活动会引发特定的空间激活模式，可以首先获取每一类物体的表征模式（如分类器），然后计算测试刺激引起的模式与这些模式之间的相关，与前者相关最高的模式就可作为判断测试刺激类别的根据。除了运用这种简单的相关法以外，还可运用线性区分分析（linear discriminant analyses）法和支持向量法（support vector machine）等更为复杂的数据分析技术。

7.2 研究技术进展

从研究技术来看，早期的行为技术主要涉及眼睛、表情、动作、声音、心理理论等指标；早期的生理技术主要测查包括皮肤电、心率、脉搏、血压、呼吸、语音以及一些生物化学指标、脑电等在内的生理指标。新近发展的脑成像技术正在被大量应用于心智解读，如功能磁共振成像（fMRI）、正电子发射计算机断层显像（PET）、单光子发射计算机断层显像和光学成像。其中，光学成像技术的发展为认知活动的脑机制研究提供了新的重要研究手段。光学成像技术可在不同层次揭示神经系统的结构和功能信息，从新的角度为解释认知活动提供重要实验依据。

光学成像（optical imaging）的原理是：神经元活动会引起某些有关物质（如水、离子）浓度的改变，导致其光学特性发生变化，在与外加的某些特定波长的光量子相互作用后就得到了相应的光信号。通过成像仪器系统探测到这一光信号在某一时间间隔内的空间分布，即可形成影像。光学成像具有比 fMRI 更高的空间和时间分辨率，可以用更小的体素来测量总脱氧血红蛋白、总血红蛋白和血容量的改变。光学成像包括多种类型，其中近红外谱技术（Near Infrared Spectroscopy，NIRS）和光学相干断层成像技术（Optical Coherence Tomograph, OCT）发展迅速，它们均能提供观察脑皮质功能柱的高分辨图像。NIRS 可穿过颅骨，已用于动物和儿童的无创性脑功能研究。这一方法以活体组织中氧合血红蛋白、还原血红蛋白、细胞色素氧化酶等的吸收光谱为基础，结合近红外光在组织中的传播规律，研究近红外光在组织中历经一系列吸收、散射后出射光所携带的与吸收谱相关的组织生化信息。NIRS 对现有的 fMRI 和 PET 技术是一个非常有益的补充，尽管与 fMRI 相比，其空间分辨率达不到 fMRI 的水平，但在价格、便携性、易于使用以及对被试几乎无干扰等方面则远远胜过了 fMRI。目前近红外光谱术已被广泛应用于大脑功能活动的监测上（Tian et al, 2009）。

7.3 研究领域进展

关于心智解读的研究，主要涉及三个方面。

7.3.1 视觉信息

最早的关于视觉信息的解码主要集中于视觉刺激的一些基本特征，如朝向（Haynes et al. , 2005；Kamitani & Tong, 2005）、位置（Thirion et al. , 2006）、类别（Cox, & Savoy, 2003；Haxby, et al. , 2001）等。Kay 等（2008）的研究则试图从大脑活动中解码复杂的视觉刺激或更具生态性的视觉刺激。实验中所用的刺激包括动物、建筑、食物、人、室内场景、人造物体、室外场景、以及不同纹理的照片。这些照片被处理成 500 像素 × 500 像素（20°× 20°）的灰阶图像，并以直径 500 像素的圆为掩蔽（mask），因此，每张图只显示图像圆内的部分。图像以灰色为背景，背景的亮度为照片的平均亮度。图片中央还包括作为注视点的矩形框，其大小为 4 像素×4 像素（0.2°×0.2°）。实验采用组块设计（图 2）。实验共采用两名被试，每个被试都经历 5 个 session 的扫描。每个 session 包括 5

个模型估计阶段和两个图像识别阶段。每个模型估计阶段包括 70 幅不同的图像,每幅图呈现 2 次。每个图像识别阶段,包括 12 幅不同的图像,每幅图呈现 13 次。模型估计阶段采用 70 幅图,共 1750 次,图像识别阶段采用 12 幅图,共 120 次。研究假定每个体素对刺激的反应可以用感受野(receptive field)来描述。由于前人的研究发现,视皮层的单个神经元的行为能够用 Gabor 小波来描述。因此,他们认为可以借用 Gabor 小波的模型来描述单个体素的特性,或者说,某一个体素只对处于特定位置、具有特定特征的刺激产生反应。由于图片可以以 Gabor 小波为基进行分解,从看图片时记录的磁共振信号出发,得以描述单个体素对不同的 Gabor 小波的基的反应(图 3),进一步用推测得到的单个体素对小波基的反应,预测这个体素对于一幅新图片的反应(图 4)。然后通过计算和比较预测的反应和实际测得的反应之间的相关性,来推测新的图片的类别。即在识别新的图像时,将所有的新图片反应的预测值与实际测得的反应值求相关,相关程度最高的那副图片,则被判断为是被试看到的那一幅。

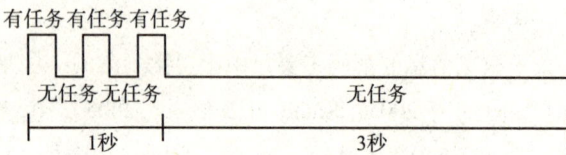

图 2　试验流程图(Key et al. ,2008)

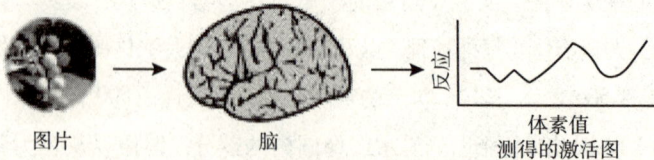

图 3　单个刺激所引起的脑激活模式示例

注:Key et al. , 2008。

被试 S1, 体素 42205, 脑区 V1

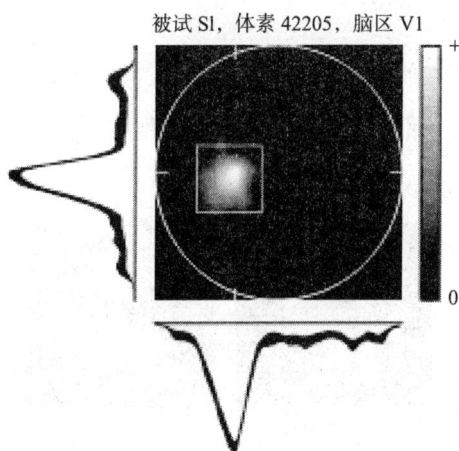

图4 针对某一个像素的感受野模型

注：Key 等，2008。

由于上述研究主要关注静态图片的解码，因此，有研究探讨了看动态图片——电影时的脑激活模式。例如，Bartles 和 Zeki（2004）让被试观看 007 电影"明日帝国"（Tomorrow Never Dies）的前 22 分钟，电影每 2.5 至 3 秒中断 30 秒，期间呈现黑屏，电影每 30 秒后变换一次颜色，从彩色变为黑白色，或从黑白色变为彩色。功能核磁成像结果显示，在观看动态的自然图像时，大脑激活模式同观看静止的图片一样，激活相似的功能区域，区别是前者所涉及的各区域是同时激活的，且这些区域的激活强度与知觉经验的强度呈线性相关。

在研究有意识知觉（conscious perception）的同时性和动态变化（Blake and Logothetis，2002）时，研究者常采用双眼竞争的范式。由于在自然视觉中，投射到两眼中央视野的刺激基本一致，所以双眼视觉信息相互融合，形成稳定一致的视知觉，但如果两眼的视觉刺激差别很大时，就会造成两眼之间的相互抑制，产生双眼竞争现象。Haynes 和 Rees（2005）让被试戴上凹凸眼镜，分别让左眼和右眼看到红、蓝两种颜色的纹理，每个阶段连续呈现 180 秒，同时采用 fMRI 记录初级视皮层的 BOLD 信号。结果发现，V1 区的激活可以预测同时呈现的刺激的

80%，而 V1，V2 和 V3 区的共同激活模式可将分类器的识别准确率提高到 85%。由于双眼竞争呈现两个刺激所获取的感觉信号可用于反映知觉觉察，因此，这一研究结果提示可以通过脑活动来动态估计个体主观体验随时间而发生的变化（图 5）。

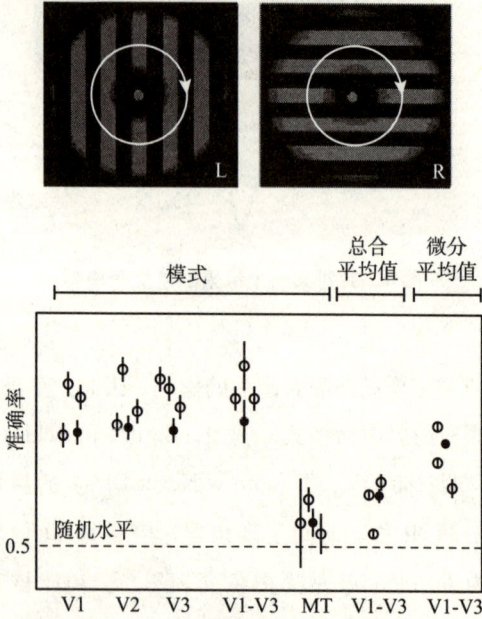

图 5

Haynes & Rees（2005）研究中所用刺激举例及分类器在视觉 V1、V2、V3 区识别的准确率（L 代表左眼，R 代表右眼）。

7.3.2 听觉信息

对听觉信息的解码首先包括对基本听觉刺激的分类。Meyer 等（2010）的研究试图探讨想象的声音能否激活基本听觉皮层，并通过利用听觉皮层的激活模式来预测静止图像的声音。该研究采用多变量模式分析（multivariate pattern analysis）的方法，研究被试为 8 人。研究采用三类刺激：动物（共三种，分别为一只咆哮的狗，一只哞哞叫的奶牛，一只打鸣的公鸡）、乐器（共三种，分别为一把正在被弹奏的小提琴、一把正在被弹奏的贝司、一架正在被敲击的钢琴）、物体（共三种，分别为一把正在锯木头的锯子、一只掉落地面的玻璃瓶、一把掉落地面的硬币）。全部刺激都用视频呈现，在呈现刺激时被试均能想象相关的声音，如动物发出的叫声、弹奏乐器时的声音、物体做物理运动时发出的声音。被试观看结束时要求对所想象的声音进行评分。在整个实验过程中，每个视频短片呈现 3 次，每个被试做 8 个试次，共呈现刺激162 次 (8×3×9)。对于每个被试来说，第一个试次作为测试用，其余 7 个试次做训练，并做交叉验证 (cross-validation)。对于每一类刺激来说，其中 2 个用于训练，第 3 个相当于新刺激用于测试。整个实验的流程图及功能核磁共振成像数据采集时间见图 6。研究发现，除基本视觉区域存在显著激活外，初级听觉皮层也存在显著激活。且在看无声视频时，听觉皮层的激活模式可以区分不同类的声音。或者说想象的声音可引起早期听觉皮层的特定激活模式，且初级听觉皮层的激活对声音的表征存在类别界限。提示初级感觉皮层的活动不仅可反映感觉刺激，也可反映知觉经验（图 7）。

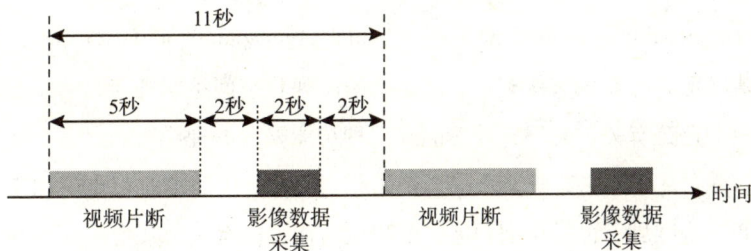

图 6　实验流程示意图

Staeren 等 (2009) 的研究进一步将声音刺激分为猫叫声、歌唱声、吉它弹奏声、纯音四类，控制这四类声音的时频属性 (time-varying spectral characteristics)，把每一类声音都分为三种音调 (pitch)。发现这四类声音可以在颞上皮层激发出四种不同的空间分布模式，而不同的音调则会在初级听觉皮层激发出不同的模式。这些发现表明，听觉皮层的

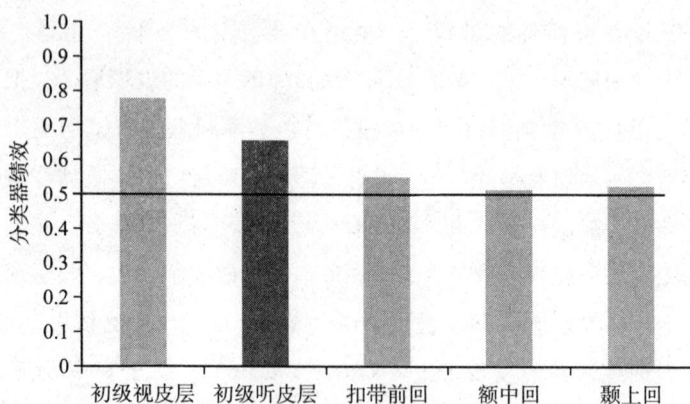

图7

分类器在不同区域中的绩效，图中除初级听觉皮层外的其他区域均为控制区域（Meyer et al. , 2010）。

分布式神经元群，包括较低级的听觉加工，都参与声音刺激的类别表征。

另外，在听觉信息的解码研究中，对音乐刺激的进一步解码也是一个很诱人的领域。Zatorre 等（2007）综述了相关的内容。由于在演奏音乐时，至少涉及三种基本运动控制功能：精确定时（timing）、运动序列（sequencing）、空间运动组织（spatial organization of movement）。其中精确定时与音乐节律有关，而运动的序列和空间组织则与弹奏乐器的每一个音符有关，关于三种功能及三种功能整合的神经机制已有一些进展。首先，功能成像研究和脑损伤的研究表明，运动定时与皮层和皮层下的一些区域，包括小脑、基底节和运动辅助区有关，其中基底节和运动辅助区与较长时间（1 秒或更长）的计时有关，而小脑则主要控制较短时间（毫秒）的计时。 其次，关于运动序列的神经机制表明，基底节、运动辅助区和前运动辅助区、小脑、前运动皮层和前额皮层都参与了运动序列的产生和学习。 动物神经生理研究也发现，在学习运动序列时，前额叶和基底节有相互作用。具体来说，基底节负责良好学习的序列（Doyon et al. , 2003），小脑负责序列学习及将单一运动整合成统一序列（Doyon et al. , 2003；Penhune et al. , 2005；Hikosaka et al. ,

2002；Thach，1998；Garraux et al.，2005；Sakai et al.，2004；Kenner-
ley et al.，2004）；运动辅助区和前运动辅助区负责更复杂的运动序列
的组织或组块（Sakai et al.，2004；Kennerley et al.，2004）；前运动区
则负责相对复杂的序列的产生。而关于空间运动组织的研究则发现，如
果需要整合空间、感觉和运动信息时，顶叶、感觉运动皮层和初级运动
皮层就会参与运动控制（Johnson et al.，1996；Rizzolatti et al.，1998）。
Bengtsson 等人（2004）的研究表明背侧前运动皮层在学习空间轨迹时
发挥了一定的作用。

　　研究还探讨了音乐感知的神经机制。目前，大家认为从初级听觉皮
层发出几条通路，分别指向不同的目标（Binder et al.，2000；Kaas et
al.，1999）。至少有一条信息流从 A1 腹侧出发，指向颞叶新皮层；另一
条信息流则从前侧沿着顶叶沟；还有一条信息流更靠后，到达顶叶，但
这些信息流的功能并不清楚。有一种观点认为，腹侧和背侧信息流可能
与视觉系统并行，分别负责客体和空间信息的加工，背侧信息流同时还
负责听觉－运动信息的转换，其功能可能和背侧视觉信息流的功能类
似，负责空间加工，并跟踪事件的时间变化。

　　对音调的加工也有一些发现。A1 区旁边的神经元对单调的基本频
率比较敏感，提示这可能是音调恒常性（pitch constancy）的神经机制。
研究提示音调加工存在一个层级系统，在信息加工流中，刺激的一些抽
象特点可能被编码成一个继续前进的信号。另外，随着时间发展而展
开的音调模式涉及听觉通道前侧和背侧的神经元，表明一个曲调的不
同物理参数（如整体轮廓，某一小段的长度）可能在不同的信息流中
加工（Patterson et al.，2002）。

　　另外，研究发现，基底节、小脑、背侧前运动皮层和运动辅助区与音乐节
奏有关（Grahn et al.，2007；Chen et al.，2008；Sakai et al.，1999）。在
音乐演奏方面，Scott 和 Johnsrude（2003）称顶—颞边界的背侧听觉区
域对于听觉和运动信息的整合具有重要作用。还有研究提示，镜像神经
系统对于感觉—运动的整合有重要作用。一些镜像神经元不仅在观看

目标动作时激活，听到伴随动作发出的声音时也会被激活，这些都提示听觉模式与运动系统可以相通 (Kohler et al.，2002；Keysers et al.，2003)。一项研究发现，非音乐家经过训练在一个键盘上演奏一个曲调时，主要激活腹侧前运动皮层，Broca 区和顶叶。

7.3.3 内隐心理状态

关于内隐心理状态的研究，一个主要领域就是测谎。由于这类研究有明确的实践意义，因此，相对来说，研究较为集中。其他领域包括对不可见物体的知觉表征、对无意识运动准备的监测、对主观倾向包括种族态度的测查。

对不可见物体的知觉表征，也有了一些进展。例如 Haynes 等 (2005) 在实验中呈现一个有一定朝向的靶刺激 17 毫秒，再呈现掩蔽刺激 167 毫秒 (图 8，图 9)。要求被试判断靶刺激的朝向。对功能磁共振数据进行多变量模式分类 (pattern classification) 发现，即使使用传统大小的分辨率，仍可根据初级视皮层 V1 区的激活模式来分辨不可见刺激 (前述的靶刺激) (图 10)。

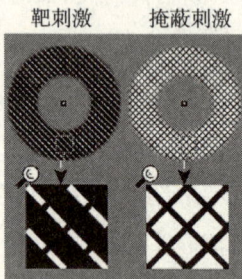

图 8 实验刺激示例

注：Haynes et al.，2005。

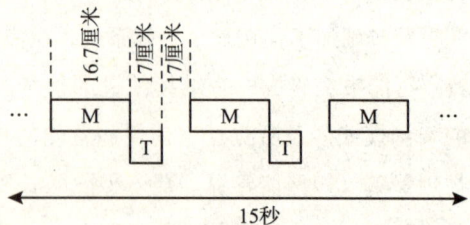

图 9 实验程序示例

注：Haynes 等，2005。(M 代表掩蔽刺激，T 为靶刺激)

对无意识运动准备的研究则主要利用电生理技术。Libet 等 (1983) 认为，在肌肉运动发生前 (EMG onset) 196 毫秒，可检测到个体主观上有运动意愿 (will judgement)，在肌肉运动发生前 (EMG onset) 86 毫秒，可

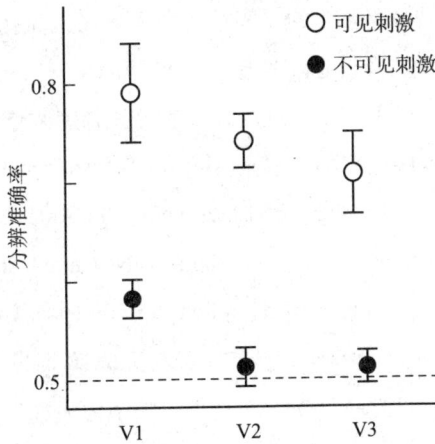

图10　分类器在 V1,V2,V3 区的绩效

注：Haynes et al. , 2005。

检测到个体有动作执行的准备（Move judgement），肌肉运动发生前的700 毫秒处运动皮层检测到的持续性负电位即准备电位（readiness potential，RP）。Eimer（1998）则详细介绍了单侧化准备电位（lateralized readiness potential，LRP），LRP 是指在随意运动中，反应效应器方位对侧大脑皮层出现的准备电位。LRP 可以揭示刺激—反应不同阶段的认知加工时间特性。可以从反应准备的抽象性或具体性以及大脑控制运动输出的"中枢"机制或"外周"机制这两个思路去验证 LRP。LRP 在阈下知觉和内隐学习、运动准备和反应执行、西蒙效应等方面的认知心理学研究和新兴的脑—机界面工程心理学研究中得到了广泛的应用。Haggard 和 Eimer（1999）认为，与 RP 相比，LRP 更能反映个体对运动启动的主观觉知。

　　研究者运用近红外仪测查个体的主观倾向。例如，Luu 和 Chau（2009）要求9 位被试观看屏幕上先后呈现的两种饮料，并判断自己倾向哪一种。要求被试不运用任何策略，仅作简单判断。研究发现，通过利用特征信号的平均波幅和线性区分分析，对单个信号的解码准确率可达80%。

　　种族态度也被认为是一种内隐状态。Phelps 等（2000）的研究中，要求白人被试看一些不熟悉的无表情的白人或黑人面孔照片，并判断当前呈现的一张照片是否与之前呈现的那张相同。同时进行 fMRI 扫描。扫描后，进行三类行为测试，包括直接的种族态度测量和间接的种族态度测量。直接的种族态度测量采用 Modern Racism scale，测题包括："It is easy to understand the anger of Black people in America"，"Discrimination against Blacks is no longer a problem in the United States"。间接的种族态度测量包括内隐联想测验（implicit attitude test，IAT）和眨眼惊讶反应（eyeblink startle response）。其中，IAT 测验来自 www. yale. edu/implicit，具体任务是判断呈现的面孔来自哪个白人或黑人，并对同时呈现的单词进行"好"（如 joy，love，peace）、"坏"（如 cancer，bomb，devil）判断，主要关注被试在判断黑人 + 好/白人 + 坏时与判断黑人 + 坏/白人 + 好时的反应时差异。一周后再进行眨眼惊讶反应测试，这一任务给被试呈现 6 张白人和 6 张黑人照片，每张照片呈现时间为 6 秒，记录第 2 至第 4 秒时左眼的眼轮匝肌（orbicularis oculi muscle）肌电。研究主要关注杏仁核的激活水平分别与 IAT 测验的反应时、眼部肌肉电位的波幅、直接种族态度的相关程度。结果发现，在被试观看黑人 + 好词对/白人 + 坏词时反应时显著短于观看黑人 + 坏词对/白人 + 好词时的反应时，在看黑人面孔时，肌电显著大于白人面孔。但直接种族态度的结果未见这种明显的抵触黑人（anti – Black）的态度。大多数被试在观看黑人面孔时杏仁核均有显著增强的激活，如果采用熟悉的黑人和白人面孔作为刺激，未能发现上述现象。

参考文献

Bartels A. and Zeki S. , 2004. Functional brain mapping during free viewing of natural scenes. *Human Brain Mapping*, 21: 75–85.

Bengtsson S. L. , Ehrsson H. H. , Forssberg H. and Ullé n F. , 2004. Dissociating brain regions controlling the temporal and ordinal structure of learned movement sequences. *European Journal of Neuroscience*, 19: 2591–2602.

Binder J. R. , Frost J. A. , Hammeke T. A. , Bellgowan P. S. F. , Springer J. A. , Kaufman J. N. and Possing E. T. , 2000. Human temporal lobe activation by speech and nonspeech sounds. *Cerebral Cortex*, 10: 512–528.

Blake R. , and Logothetis N. K. , 2002. Visual competition. *Nature Reviews Neuroscience*, 3: 13 –23–21.

Chen J. L. , Penhune V. B. and Zatorre R. J. , 2008. Listening to musical rhythms recruits motor regions of the brain. *Cerebral Cortex*, 18: 2844 –2854

Cox D. D. and Savoy R. L. Functional magnetic resonance imaging (fMRI) 'brain reading': detecting and classifying distributed patterns of fMRI activity in human visual cortex. *Neuroimage*, 19: 261–270.

Doyon J. , Penhune V. B. and Ungerleider L. G. , 2003. Distinct contribution of the cortico-striatal and cortico-cerebellar systems to motor skill learning. *Neuropsychologia*, 41: 252–262.

Eimer, M. , 1998. The lateralized readiness potential as an on-line measure of selective response activation. *Behavior Research Methods Instruments Computers*, 30: 146–156.

213

Garraux G. , McKinney C. , Wu T. , Kansaku K. , Nolte G. and Hallett M. , 2005. Shared brain areas but not functional connections in controlling movement timing and order. *Journal of Neuroscience*, 25: 5290–5297.

Grahn J. A. and Brett M. , 2007. Rhythm and beat perception in motor areas of the brain. *Journal of Cognitive Neuroscience*, 19: 893–906.

Haggard P. , and Eimer M. , 1999. On the relation between brain potentials and the awareness of voluntary movements. *Experimental Brain Research*, 126: 128–133.

Haxby J. V. , Gobbini M. I. , Furey M. L. , Ishai A. , Schouten J. L. , and Pietrini P. , 2001. Distributed and overlapping representations of faces and objects in ventral temporal cortex. *Science*, 293: 2425–2430.

Haynes J. D. , Deichmann R. and Rees G. , 2005. Eye–specific effects of binocular rivalry in the human lateral geniculate nucleus. *Nature*, 438: 496–499.

Haynes J. D. and Rees G. , 2006. Decoding mental states from brain activity in humans. *Nature Reviews Neuroscience*, 7: 523–534.

Hikosaka O. , Nakamura K. , Sakai K. , Nakahara H. , 2002. Central mechanisms of motor skill learning. *Current Opinion in Neurobiology*, 12: 217–222.

Johnson P. B. , Ferraina S. , Bianchi L. , Caminiti R. , 1996. Cortical networks for visual reaching: physiological and anatomical organization of frontal and parietal lobe arm regions. *Cerebral Cortex*, 6: 102–119.

Kaas J. H. , Hackett T. A. and Tramo M. J. , 1999. Auditory processing in primate cerebral cortex. *Current Opinion in Neurobiology*, 9: 164–170.

Kamitani, Y. and Tong, F. , 2005. Decoding the visual and subjective contents of the human brain. *Nature Neuroscience*, 8: 679–685.

Kay K. N. , Naselaris T. , Prenger R. J. and Gallant J. L. , 2008. Identifying natural images from human brain activity. *Nature*, 452: 352–u7.

Kennerley S. W. , Sakai K. and Rushworth M. F. , 2004. Organization of action sequences and the role of the pre–SMA. *Journal of Neurophysiology*, 91: 978–993.

Keysers, C. , Kohler E. , Umilta M. A. , Nanetii L. , Fogassi L. , et al. , 2003. Audiovisual mirror neurons and action recognition. *Experimental Brain Research*, 153: 628–636.

Kohler E. , Keysers C. , Umilta M. A. , Fogassi L. , Gallese V. , and Rizzolatti G. , 2002. Hearing sounds, understanding actions: action representation in mirror neurons. *Science*, 297: 846–848.

Libet B. , Gleason C. A. , Wright E. W. and Pearl D. K. , 1983. Time of conscious intention to act in relation to onset of cerebral activity (readiness-potential): The unconscious initiation of a freely voluntary act. *Brain*, 106: 623–642.

Luu S. , and Chau T. , 2009. Decoding subjective preference from single-trial near-infrared spectroscopy signals. *Journal of Neural Engineering*, 6: 1–8.

Meyer K. , Kaplan J. T. , Essex R. , Webber C. , Damasio H. and Damasio A. , 2010. Predicting visual stimuli on the basis of activity in auditory cortices. *Nature Neuroscience*, 13 (6): 667–668.

O'Craven K. M. and Kanwisher N. , 2000. Mental imagery of faces and places activates corresponding stimulus-specific brain regions. *Journal of Cognitive Neuroscience*, 12: 1013–1023.

Patterson R. D. , Uppenkamp S. , Johnsrude I. S. and Griffiths T. D. , 2002. The processing of temporal pitch and melody information in auditory cortex. *Neuron*, 36: 767–776.

Penhune V. B. and Doyon J. , 2005. Cerebellum and M1 interaction during early learning of timed motor sequences. *NeuroImage*, 26: 801–812.

Phelps E. A. , O'Connor K. J. , Cunningham, W. A. , Funayama, E. S. , Gatenby, J. C. , et al. , 2000. *Performance on Indirect Measures of Race Evaluation Predicts Amygdala Activation*, Journal of Cognitive Neuroscience, 12 (5): 729–738.

Rizzolatti G. , Luppino G. and Matelli M. , 1998. The organization of the cortical motor system: new concepts. *Electroencephalography Clinical Neurophysiology*, 106: 283–296.

Sakai K. , Hikosaka O. , Miyauchi S. , Takino R. , Tamada T. , Iwata N. K. et al. , 1999. Neural representation of a rhythm depends on its interval ratio. *Journal of Neuroscience*, 19: 10074–10081.

Sakai K. , Hikosaka O. and Nakamura H. , 2004. Emergence of rhythm during motor learning. *Trends in Cognitive Sciences*, 8: 547–553.

Scott S. K. and Johnsrude I. S. , 2003. The neuroanatomical and functional organization of speech perception. *Trends in Neurosciences*, 26: 100–107.

Staeren N. , Renvall H. , Martino F. D. , Goebel R. and Formisano E. , 2009. Sound categories are represented as distributed patterns in the human auditory cortex. *Current Biology*, 19: 498–502.

Thach W. T. , 1998. A role for the cerebellum in learning movement coordination. *Neurobiology of Learning and Memory*, 70: 177–188.

Thirion B. , Flandin G. , Pinel P. , Roche A. , Ciuciu P. and Poline J – B. , 2006. Dealing with the shortcomings of spatial normalization: Multi-subject parcellation of fMRI datasets. *Human Brain Mapping*, 27: 678–693.

Tian F. , Sharma V. , Kozel F. A. and Liu H. , 2009. Functional near-infrared spectroscopy to investigate hemodynamic responses to deception in the prefrontal cortex. *Brain Research*, 1303: 120–130.

Zatorre R. J. , Chen J. L. and Penhune V. B. , 2007. When the brain plays music: auditory-motor interactions in music perception and production. *Nature Reviews Neuroscience*, 8: 547–558.

（张　琼）

第四篇　心智解读的应用

第八章　心智解读与隐喻理解

隐喻（metaphor）是极其普遍的也是极为重要的语言现象。脑与语言紧紧相连，通过对大脑的研究可探索语言复杂的处理机制，反之对语言的研究可进一步了解人类大脑的功能构造（王曼等，2010）。要了解隐喻的理解过程，我们不仅要从语言层面认识其加工模型，而且还需从人的大脑神经机制去探究隐喻的心智解读，因为隐喻理解过程是人脑统一认知框架下的一种心智解读过程。现摘取《汉语隐喻认知与 ERP 神经成像》（王小潞，2009）一书中有关大脑解读隐喻的有关章节来说明隐喻理解与心智解读之间的关系。本章首先讨论学界提出的具有代表性的隐喻认知加工模型，接着对当今隐喻认知神经机制的研究现状做综述，在此基础上介绍用 ERP 进行的汉语隐喻认知神经机制的研究，试图以脑电数据显示汉语隐喻的心理解读过程和模式。

8.1　隐喻认知加工模型

目前，学界已经在语言层面对隐喻基本达成共识，认为隐喻是两个域之间的映射关系，其理解过程是一个语义域到另一个语义域的投射。然而，在隐喻加工研究中，学界还存在着分歧，其主要分歧在于对隐喻的理解过程到底是分两步走还是直接一步到位。以语言哲学家 Searle 为代表的学者坚持隐喻的"两步加工模型"假设，他们认为，隐喻加工要分两步走，只有在加工字面意义的基础上才可加工隐喻意义；而以认知语义学家 Lakoff 为代表的学者反对这一看法，他们认为，隐喻加工与本义加工一样可以一步到位，他们坚持大多数隐喻的"一步加工模型"的观点。笔者认为，隐喻认知方式和脑的运作方式密切相关，因此不管是哪一种模型都应该经得起大脑神经网络信息加工的验证。

众所周知，语言认知（当然也包括隐喻认知）的物质基础是大脑。这种认知过程投射在脑神经层面到底是怎样进行的？由于缺乏大量可靠数据的支撑，学界仍然存在着较大分歧。大脑的信息加工有串行加工和并行加工方式。脑内信息的串行加工方式是指信息在脑内一个接一个的线性加工。脑内信息的并行加工方式是对信息并行地进行加工，在同一时刻，脑内有多个项目通过多条并行的通路同时传递和加工（Haberlandt，1977；唐孝威，2005）。总体而言，大脑对于隐喻的加工过程较之本义语言要复杂，因为隐喻至少包含两个以上意义。隐喻在脑内究竟是串行加工或并行加工到现在为止还没有十分确凿的证据。根据神经网络理论和连通主义理论，以及脑电实验和经验，并行加工过程理论似乎更符合隐喻大脑加工过程。

"一步加工模型"和"两步加工模型"都有其正确的一面，但也有其片面的一面，因为从历时的角度看，隐喻认知是一个从两步加工到一步加工的过渡，即从两步加工开始，逐渐逼近一步加工的发展过程。在隐喻认知的不同阶段，隐喻的加工模型不同。在隐喻认知的初始阶段，即某一新隐喻刚出现时，或认知主体首次碰到该隐喻表达时，隐喻理解可以用"两步加工模型"解释；而在隐喻认知的成熟阶段，或认知主体已经非常熟悉某隐喻表达时，"一步加工模型"也许更接近于大脑加工模式。这两种加工模型实际上是在不同的隐喻认知条件下运行的，事实上隐喻认知是一个动态过渡过程。因此，笔者在介绍前两种隐喻加工模型的基础上提出隐喻加工的"动态过渡模型"。

8.1.1 两步加工模型

按纯匹配说的特征比较论，隐喻理解应该分两步加工：1）先按字面意义理解隐喻；2）字面意义讲不通时再按隐喻关系来解释。这一观点与大多数哲学家的看法一致，他们认为，修辞语言是对常规语言的戏弄，是由字面意义引出的把戏。他们认为，理解隐喻与理解其他修辞一样，是常规语言第二层次（深层次）的加工。语言哲学家 Searle（1979，1993）指出，隐喻只是以迂回的方式来表达字面意义。根据 Searle 对隐喻的认知模型，所有的话语都先进入字面意义加工，只有当大脑在语言信息加工时无法在语言表达式上获取字面意义时，话语的理解才进入特殊的非字面意义加工阶段，进行语义的转义解码。从 Searle 的观点推衍出来的隐喻加工方式表明，隐喻表达最终被解构成对字面意义的解释，隐喻意义理解首先要经过本义理解这一关，这意味着隐喻句的理解应慢于本义句的理解。图 1 是 Rohrer（2001）对 Searle 的隐喻理解模型的描绘。

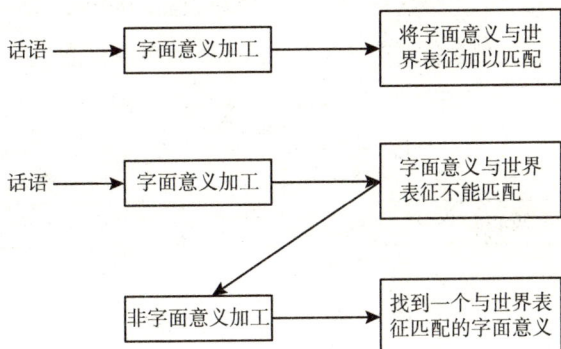

图 1　Searle(1979)的隐喻理解流程模型图[①]

该模型是根据 Grice（1975）和 Searle（1979）的言语行为理论发展

---

① Rohrer, T., 2001. The cognitive science of metaphor from philosophy to Neuroscience. *Theoria et Historia Scientiarum*, (1): 27-42.

而来的，常被称为隐喻理解的标准理论。其基本精神是听话人/受喻者在接触隐喻时，首先注意到的是说话人/施喻者有意违背 Grice 的质量准则、讲的话有悖于字面意义这一点，听话人/受喻者一经发现隐喻意义与常规意义不符时，他便会推导其非本义解释。这样操作的结果是：人们理解隐喻较本义费时，其间听话人需要时间寻找性质上与本义不一致的隐喻匹配意义。表面上看，这一模型符合人类自然语言加工过程，因为它符合我们对语言理解的常规看法。然而，只注意字面意义和修辞意义的区别会从根本上混淆语言在大脑加工时注意加工和自动加工过程的区别。按照这一认知模型，字面意义加工是一种自动加工过程，而隐喻意义的理解则需要专门的注意加工，因为隐喻理解与一般的范畴归属判断在神经网络的活动上会有所不同。例如，以下两句话尽管属于同一句式，但加工模式是不同的。

（1）牛是哺乳动物。（本义句）

（2）律师是狐狸。（隐喻句）

在例（1）"牛是哺乳动物"这个范畴归属判断中，"哺乳动物"的概念网络可以全部激活，因此从字面意义上就可以直接理解，见图2。

图2 字面意义加工模型图

然而，在例（2）"律师是狐狸"这样一个隐喻加工中，人们不能直接从喻体"狐狸"的字面意义上获得施喻者所要表达的意义，受喻者只能从"狐狸"的字面意义出发，在"律师"和"狐狸"之间寻求相似性，因此，狐狸的概念网络只是局部选择性地被激活，其他部分被抑制。具体而言，"狡猾"的特性被突现，而其他的特性被掩盖，加工步骤见图3。

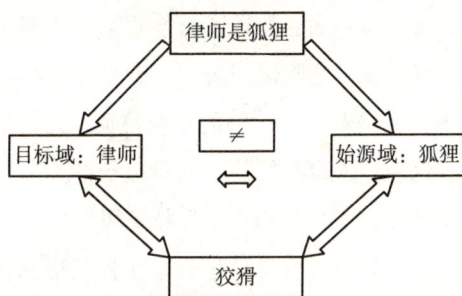

图3 隐喻意义加工模型图

具体衍推过程可用图4表示。

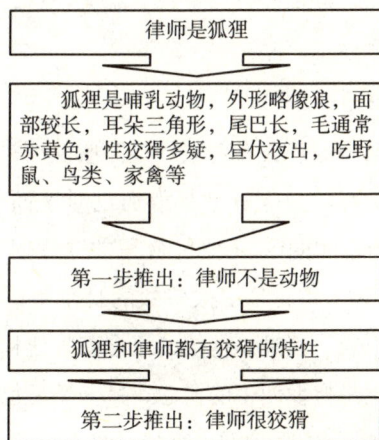

图4 "律师是狐狸"的加工过程图

"狐狸"一词的词典定义是"哺乳动物,外形略像狼,面部较长,耳朵三角形,尾巴长,毛通常赤黄色。性狡猾多疑,昼伏夜出,吃野鼠、鸟类、家禽等"[①]。而在"律师是狐狸"这一隐喻中,喻体"狐狸"所拥有的这么多特性中,那些明显的动物特征,如"外形略像狼,耳朵

———————————
① 《现代汉语词典》,2006.北京:商务印书馆,574.

三角形，尾巴长，毛通常赤黄色"等不可能投射到人身上；有些特征，如"面部较长，昼伏夜出，吃野鼠、鸟类、家禽"等尽管也可以投射到作为人的律师身上，但这些不是律师的普遍特征，充其量只能投射到某一个体身上，而"性狡猾多疑"的特征既是狐狸的突显特征，也是律师的突显特征，因此狐狸的"性狡猾多疑"特征可以作为普遍的典型特征投射到"律师"身上，只有"狡猾"这一特性被映射到了本体"律师"身上，即只有跟"狡猾"意义有关的神经元的激活水平达到了阈值，并连接到"律师"概念域中，生成一个新的有关律师的特性，使认知主体对该隐喻作出了"律师像狐狸那样狡猾"的解释。因此，理解"律师是狐狸"这样一个隐喻，必须经历对字面意义的理解这一步，在发现字面意义与本体不能匹配时再转入第二步隐喻意义理解。

8.1.2　一步加工模型

尽管隐喻意义和字面意义有着某种共同属性，并且这种共同属性相互联系，然而并非所有的隐喻意义都得通过对字面意义的理解才可获得。Lakoff 和 Johnson（1980）在他们合写的《我们赖以生存的隐喻》（*Metaphors We Live By*）中论证了大多数的日常用语，包括大多数我们通常称之为规范的语言，都是以传统的概念隐喻建构的。他们把我们的概念分作两类，一类是自发萌生的概念，另一类是包含隐喻的概念。像上下、物体这样的概念是原始的、直接从经验萌生的概念，辩论、理论、时间这些概念则是包含隐喻的概念。他们认为，大多数概念都是包含隐喻的概念。隐喻对大多数概念具有建构作用，自然而然，我们的整个概念体系本身在很大程度上就是隐喻式的。隐喻表达的实现不仅仅是创造性表达实现的孤立行为，而是从一个知识域投射到另一个知识域的系统行为。换言之，Lakoff 和 Johnson 向我们展示了大多数的隐喻加工是自动的，即一步可以完成，只有少部分隐喻需要注意加工，即两步或多步。

根据他们的观点，笔者将常见隐喻加工模型描绘如图 5。

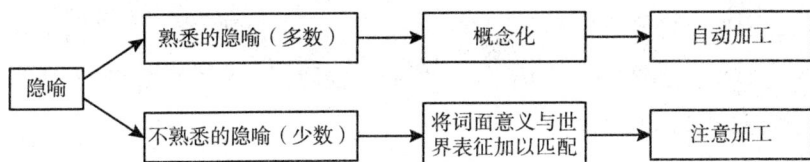

图 5　Lakoff 和 Johnson 的隐喻理解流程模型图

Lakoff 和 Johnson（1991）指出："人们在使用传统的概念隐喻系统时无须花多大力气，绝大多数是无意识的、自动的、随手可得的。"例如，对"山脚"、"网眼"、"河口"、"电脑"、"视窗"、"桌面"等常用词组，人们已经觉得用其他词再作解释已经是多此一举。又如，"马后炮"、"三只手"、"借东风"、"爬格子"、"牛刀小试"、"火上浇油"、"浑水摸鱼"、"乱点鸳鸯谱"、"有眼不识泰山"、"宰相肚里能撑船"、"天上不会掉馅饼"、"捡了芝麻丢了西瓜"、"会哭的孩子有奶吃"、"皇帝的女儿不愁嫁"等习语、熟语等众多的死隐喻，人们无须特别关注它们的字面意义而基本上直接就可以解读其隐喻意义，有时解释甚至是多余的，因为一般人对它们的隐喻意义已经作为第一意义在日常生活中使用。

（3）马后炮，比喻不及时的举动；

（4）三只手，比喻小偷；

（5）借东风，比喻借助有利的条件或形势来开展工作或推动某项事业；

（6）爬格子，比喻辛勤地写作；

（7）牛刀小试，比喻有很大的本领，先在小事情上施展一下；

（8）火上浇油，比喻使人更加愤怒或使事态更加严重；

（9）浑水摸鱼，比喻乘混乱的时机捞取利益；

（10）乱点鸳鸯谱，比喻瞎指挥，胡乱凑合；

（11）有眼不识泰山，比喻浅陋无知，认不出有地位有能耐的人；

（12）宰相肚里能撑船，比喻某人有度量，能容忍、原谅别人；

（13）天上不会掉馅饼，比喻白占便宜的事是不会有的；

（14）捡了芝麻丢了西瓜，比喻抓住了次要的东西而放弃了主要的东西；

（15）会哭的孩子有奶吃，比喻态度强硬、要求强烈的单位或下属能得到更多的照顾；

（16）皇帝的女儿不愁嫁，比喻自恃某一外部条件优越而不思主观努力。

Lakoff 和 Johnson 的概念隐喻的理论表明，人类大多数的语言表达尽管是通过隐喻的方式形成的，但是现时它们已沉淀为概念隐喻，我们对这些隐喻的理解无须一个注意加工的映射过程，它们与"那些原始的、直接从经验萌生的概念"一样是无意识加工的，这是一个认知无意识（cognitive unconscious）的过程。Lakoff 和 Johnson 的观点与哲学家黑格尔（1981）的观点相似："每种语言本身就已包含无数的隐喻。它们的本义是涉及感性事物的，后来引申到精神事物上去。……但是这种词用久了，就逐渐失去隐喻的性质，用成习惯，引申义就变成了本义，意义与意象在娴熟运用之中就不再划分开来，意象就不再使人想起一个具体的感性观照对象，而直接想到它的抽象意义。"因此，常用的概念化了的隐喻表达基本上可以和其他一般本义表达一样，无须迂回步骤便可直接进入加工，特别是在特定语境中，隐喻的字面意义常常被忽略，而隐喻意义直接得到加工，如例句（3）—（16）。

伴随他们的观察可以看到这样一个事实：尽管大多数的规范语言形式，如日常社会交际、看报等的大脑信息加工，有许多是自动加工，但是，有些通常被我们认定为规范的语言，如科技文献中的专业词汇和术语等也需要注意加工，见图6。

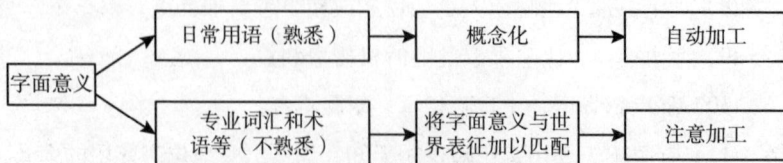

图6 字面意义理解流程模型图

因此，自动加工和注意加工并非是本义句或隐喻句加工的分界线，而是认知主体根据自身对言辞（无论是隐喻或非隐喻表达）的熟悉程度所采用的不同加工方式。

8.1.3 动态过渡模型

尽管从共时的角度来看，以上两种观点都有其可取之处，而且在隐喻发展和认知的某一个阶段可以用其中某一种模型解释，即隐喻的创始阶段（新隐喻）可用 Searle 的"两步加工模型"来解释，而隐喻的成熟阶段（死隐喻）可用 Lakoff 的"一步加工模型"来阐释。然而，笔者认为，隐喻本身从创始到概念化就是一个从新隐喻向死隐喻的演化过程，这一演化过程包括大众对某一隐喻的接受程度或认可程度和认知主体对该隐喻的熟悉程度或认知程度。相应地，隐喻认知是一个从两步加工过渡到一步加工的发展过程。研究隐喻加工不仅要从共时的角度观察，而且还应该从历时的角度探索，从具体隐喻的发展以及它被社会认可和认知主体接受的程度探究。

从历时角度来看，隐喻的使用是一个由生到熟的过程，是一个习惯成自然的过程。在隐喻认知的初始阶段，即在某个隐喻刚刚创建之初，或某人刚刚接触到这一新隐喻时，他/她在理解该隐喻时对字面意义的依赖会非常强，会尽量在本义与隐喻之间建立联想，寻求相似性（图7）。随着时间的推移，随着认知主体对特定隐喻的熟悉度的增强，他/她会逐渐减少对字面意义的依赖；最后到隐喻认知的成熟阶段（隐喻固化或概念化阶段）时，认知主体甚至能够脱离字面意义，直接将喻体投射到本体之上（图8）。

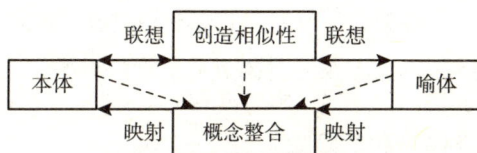

图7 隐喻认知的初始阶段认知模型

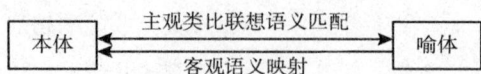

图8　隐喻认知的成熟阶段认知模型

以上隐喻认知的初始阶段认知模型，即对新隐喻的认知模型，与 Fauconnier 和 Turner（1998，2006）提出的概念整合理论（Blending Theory）有相似之处：概念整合理论强调，整合是一个现时处理过程，既可以将隐喻作为约定俗成的概念处理，也可以生成即时的、新的概念作为补充（谢之君，2007）。它们的主要区别在于：概念整合理论没有提到语义连接手段，而且连接也没有方向。而我们认为，喻体到本体是由联想建立的相似性，联想将相似性在本体和喻体之间进行双向连接匹配，并在整合空间整合概念得到语义，最后将选定的语义映射到本体上，因此，联想是双向的，而映射是单向的。然而，随着认知主体应用该隐喻的频率增多，熟悉度增强，认知主体对该隐喻的理解过程便可以大大简化，他/她几乎不需要专门在本体和喻体间寻求相似性便可以在两者之间建立联想，甚至直接将喻体概念投射到本体上。这样的理解方式与本义理解非常接近，介于初始模型和成熟模型之间的某一点上。

8.1.4　从初始模型过渡到成熟模型的界定

现时的死隐喻和新隐喻的界定实际上根据的是某一隐喻的社会认可度，即公众对该隐喻的接受程度。某个隐喻的社会认可度越强，它就越趋向隐喻意义的死亡，即成为我们称之为的死隐喻；从另一方面看，隐喻认知主体对某个隐喻的熟悉度越高，该隐喻理解过程就越接近于本义理解过程。因此，隐喻加工从隐喻初始模型过渡到成熟模型直接受到具体隐喻的社会认可度和认知主体对其熟悉度的影响。

8.1.4.1　死隐喻和新隐喻

以往大多数研究者界定死隐喻和新隐喻往往是从社会对某个具体

隐喻的接受度来划定，即看它是否被词典收入而定。如束定芳（2000）在他的《隐喻学研究》中就是这样划分的，"新鲜隐喻指第一次使用或刚刚开始使用的隐喻。一般隐喻指一般大众已普遍接受的隐喻，已经成为词义的一部分，收录在词典里。……死喻指隐喻义已成为词的基本义的一部分，或者说被词汇化了（lexicalized），通常情况下以看不出隐喻义，词典常常在词条后加上"死喻"的标签或者在某个义项后标明［喻］。"笔者为此还专门请教过著名语言学家徐盛桓先生，他的意见跟束定芳的看法基本一致，他也认为，死隐喻是指已收入词典的词汇，其比喻意义已经在词典上明确标示。另外，Rapp 等（2004）用功能核磁共振做隐喻加工的神经机制相关实验时采用的新隐喻语料也是根据德语惯用法词典收入情况来界定的，即未被该词典收入的定为新隐喻。这是一个共时的界定方法。

但是，这一界定标准并不能用来解释隐喻认知主体对隐喻理解的大脑加工过程。从认知角度看，隐喻认知是具体认知主体对特定隐喻的加工过程，这就涉及该认知主体对具体隐喻的认识程度和使用程度，即认知主体对它的熟悉程度。隐喻认知是个体行为，要区分新隐喻和死隐喻，只考虑社会认可度还是有很大的弊端，因为这一划界标准没有将每一具体认知主体因素考虑在内。对于特定认知个体而言，他/她所熟悉的隐喻便是死隐喻，而他/她不熟悉的隐喻便是新隐喻。例如：对于《现代汉语词典》中所列的比喻"岳母"的死隐喻"泰水"①，现代人似乎很少有人知晓，而对于现代青年几乎人人皆知的"玉米（李宇春迷）"、"盒饭（何洁迷）"等在词典中均无列出。因此，对于现代大学生而言，"玉米"、"盒饭"应归入死隐喻，而"泰水"则应归入新隐喻。然而，新隐喻和死隐喻很难划界，因为所谓"新"或"死"是因认知个体而异的，具体联系到每一位隐喻认知主体在程度上有很大的差异，甚至有时是截然不同的。从初始模型过渡到成熟模型的界定在很大程度上涉及认知主体对特定隐喻的熟悉度。

---

① 见《现代汉语词典》，2006，北京：商务印书馆，1320。

8.1.4.2　认知主体对隐喻的熟悉度

认知主体对隐喻的熟悉度是具体认知主体对特定隐喻的认识程度和使用程度。认知主体对某件事物的熟悉度跟他/她对此物的长期记忆有关，与大脑神经机制有关。长期记忆是一个记忆的时间积累过程。因此，从认知主体历时角度来看，隐喻的使用是一个由生到熟的过程，是一个理解上习惯成自然的过程。

神经心理学和神经成像的研究结果表明人类的再认记忆反映了两种不同的记忆类型：回想和熟悉性。对过去事件的记忆可以是基于回想（recollection），也可以是基于对事件熟悉性（similarity）的评估（樊晓燕、郭春彦，2005）。以往的研究资料从四个方面阐明了至少存在这两种类型的记忆过程：1）加工速度的研究表明熟悉性反应比回想快；2）不同的加工过程影响两种测验类型的成绩；3）回想和熟悉性显示了不同的电生理学相关；4）某些脑损伤对回想的影响比对熟悉性的影响大，说明这两个加工过程依赖于不同的脑区（Yonelinas，2002）。Rhodes 和 Donaldson（2007）在联想识别任务中用熟悉性来帮助提取信息。北京师范大学彭聃龄等的脑成像研究也发现，语言脑区的激活受汉字呈现时间与字频（熟悉性）的影响，表明这些脑区的激活受到经验的调制（Peng 等，2003）。在 Curran（2000）所做的一个再认记忆任务中，要求被试区分三种单词：以前学过的单词，在学习和测验间改变了形式的相似的单词和新单词。结果发现，FN400（300—500 ms）成分随着单词的熟悉性而改变（新的＞学习过的＝相似的），而顶成分（400—800 ms）与改变形式的单词的回想相联系（学过的＞相似的＝新的）。从中我们可以得出：熟悉的东西比不熟悉的东西更容易加工，大脑在处理不熟悉的东西时更费力、更耗时。继而我们可以进一步推出：死隐喻加工易于新隐喻加工。

由此看来，单纯地从共时的角度来谈论隐喻认知会有失偏颇。隐喻的创造形成到人们的普遍接受是一个历时演变过程，类似于新词从创造

到接受的过程，一开始创造出来的隐喻被认为是新隐喻，对新隐喻而言
应该是两步加工过程，即从字面意义开始到隐含意义的理解过程。随着
隐喻意义的固化或概念化，新隐喻逐渐死亡而变成死隐喻，死隐喻的喻
体可以直接与本体对应，因而更趋于一步加工过程。那究竟是什么时候
隐喻认知从初始阶段的新隐喻的认知模型向成熟阶段的死隐喻的认知
模型过渡的？这是一个比较复杂的问题，它不仅仅取决于社会对某一隐
喻的认可程度，如收入词典等，它还取决于认知主体对它的熟悉度，即
这一隐喻在认知主体认知神经网络中固化或概念化的程度。

8.2 隐喻认知神经机制的研究现状

隐喻认知的神经机制研究的一个重要工作就是从神经活动的过程
来检验业已提出的隐喻认知理论。对于一个隐喻表达而言，其隐喻意义
不同于字面意义，那么隐喻表达和非隐喻表达的心理加工究竟存在什么
差别？在隐喻理解过程的神经机制研究中，学者们根据自己的实验目标
和实验结果提出了不同的隐喻理解过程的神经加工理论。

8.2.1 隐喻加工模式的神经机制研究

根据 Gineste 和 Scart – Lhomme（1999）的观点，对于隐喻大脑加工模
式主要有两种理论："属性匹配法（Attribute Matching Approach）"和"概念
隐喻观（Conceptual Metaphors View）"。

8.2.1.1 属性匹配法

属性匹配法由 Hubbell 和 O'Boyle（1995）提出，该理论关注的是记
忆中词与词属性之间的联系。在他们看来，隐喻的主体和喻体由各自不
同的属性组成。Glucksberg 和 Keysar（1990）认为，隐喻主体和喻体的
属性分属不同的语义范畴。这些属性在不同的维度有不同的突显，在同一

纬度内分等级排列。当主体和喻体的属性部分重叠时，更准确地说，当喻体的突显属性重叠于主体隐晦的属性时，隐喻意义得到理解。例如：理解"钢铁意志"就是在"钢铁"和"意志"两词间找到共同属性"力量"，此处"力量"在喻体"钢铁"的属性中较为突显，而在主体"意志"的属性中较为隐晦（Bonnaud 等，2002）。

　　Hubbell 和 O'Boyle 用反应时（response time／RT）作的词汇决定任务实验显示，与随意配对的词组相比，主体/喻体词组没有显示出对意义反应时的优势；而已知的意义关联的配对词组与随意配对的词组相比时，前者却显示出了对意义反应时的优势。他们认为，在动态加工中，隐喻理解涉及主体和喻体之间一种新的联系形式。Gil 等人在 1980 年用基于隐喻意义联接的熟语作了一个语义连接任务的实验后发现，有隐喻意义连接的熟语的连接难于其他语义的连接。他们认为，没有特别关注就不能进入隐喻理解。Bonnaud 等（2002）用 ERP 实验比较了年轻人和老年人隐喻理解的情况后发现：年轻人和老年人的比较表明，当判别隐喻关系时，老年被试比年青被试所犯的错误更少；他们的实验结果与 Gil 等人的实验结果吻合，与"属性匹配法"观点一致，即辨别隐喻意义的表达比辨别没有隐喻意义的表达更耗时，这说明理解隐喻意义需要词汇控制过程，说明隐喻在语义储存中有着特殊的地位。

8.2.1.2　概念隐喻观

　　概念隐喻观以 Lakoff 和 Johnson（1980，1993，1999）和 Gibbs（1992，1994，1996，1997，2000，2001 a，b，2002，2003，2004）为代表，他们认为，隐喻是概念的，人类绝大部分的概念都是隐喻的，隐喻理解是联接主义的直接映射。理解隐喻只需要解喻者在两个不同的范畴间做一般对应。他们认为，隐喻理解牵涉到的是人脑的运动－感觉系统。人们用具体的、经验的概念去理解抽象的、陌生的概念，然而两者的推理过程相同，它们是通过隐喻映射得到同样的推断结构。根据 Lakoff 的观点，隐喻中有三个可辨成分：主体、喻体和依据。例如，"钢铁意志"

这一隐喻表达中，"意志"是主体，"钢铁"是喻体，连接主体和喻体的概念关联是依据。理解隐喻可以看成是隐喻依据获得的过程，像"意志"和"钢铁"这两个概念之间的联接完全不同于"意志"和"运动"之间的语义连接。日常的许多传统隐喻，本身就已经固化在人们的长期记忆里。他们认为，隐喻思维并非是反常思维，而是正常思维。例如："爱"这一概念就不能独立于隐喻之外，没有传统的概念隐喻，没有吸引力、放电、磁场、结合、发疯、魅力等等隐喻对爱情的描述，这一具有丰富内涵的概念留给我们只能是一付骨骼（Lakoff 和 Johnson，1999）。又由于熟悉度的影响，人们对于死隐喻（熟悉的隐喻）和新隐喻（不熟悉的隐喻）理解的方式也不尽相同，死隐喻已经完全概念化，基本上可以跟本义句一样理解，相对而言，新隐喻则不能。

概念隐喻的观点向我们展示了心智对大多数的固化隐喻的解读是自动的，是不需要特别关注的，只有少量的新隐喻需要心智的注意加工。因为，他们认为，隐喻意义在任何语境中均可直接进入，均可自然理解，不需要专门关注。因此，他们的理论预示，在 ERP 实验中，隐喻句连接所产生的 N400 不应该与本义句连接所产生的 N400 存在差异，即隐喻句连接所产生的 N400 应该与本义句连接所产生的 N400 相同，而假句连接所产生的 N400 应该大于本义句连接所产生的 N400。

8.2.2　隐喻加工顺序的神经机制研究

如果说隐喻理解的加工模式理论是立体地看待隐喻加工，那么隐喻理解的加工顺序理论则侧重于隐喻的线性加工。在隐喻理解的加工顺序上存在着三种不同的理论：层次假说（hierarchical hypothesis 或 hierarchical approach）、平行假说（parallel hypothesis）和语境依赖假说（context-dependent hypothesis）。

8.2.2.1　层次假说

"层次假说"，又称为三阶段方法，由 Clark 和 Lucy 在 1975 年提出。这种理论认为，隐喻的字面意义先进入加工，意指的隐喻意义要等到大脑处理了字面意义，觉得与语境不适宜或不一致之后才可以通达，即大脑加工隐喻时先系统进入隐喻的字面意义加工层面，然后进入隐喻意义加工层面（Pynte 等，1996）。这一假设的基本论点是：原先的表述被转换成了一种隐含的比喻。很明显，这种转换只有当获得字面意义之后才可进行，而且，这种转换使得字面意义和隐喻意义在真值上互相排斥。例如："小明是猴子（字面意义）"为真时，"小明像猴子"必定为假。根据这一观点，受喻者必须摒弃字面意义之后才可进入隐喻意义理解。这一观点由于 Grice（1975）和 Searle（1979）的语用学理论而更加得到强化，他们认为，隐喻意义是在不能找到恰当的话语字面意义所产生的结果。很明显，要得到这种语义转换必须先得到字面意义。

有一些相关的实验证明了以上观点。例如：Gil 等（1980）在语义判断任务的 ERP 实验中，用搭配好的词来诊察失语症病人特有的语义域时发现，病人在需转换意义（隐喻意义连接）的条件下理解语句时比直接理解本义句（没有隐喻连接）时犯的错误更多，甚至隐喻表达是熟语的情况下，主体和喻体概念之间仍然保持着距离。Kutas 和 Hillyard（1980）在ERP 实验中显示，与前面句子或单词语义是相关的词相比，无关的词或不恰当的词导致更大的 N400 成分。之后，其他学者（Fischler 等，1983；Holcomb，1988；Deacon 等，1998）的实验也呈现类似结果，说明隐喻意义理解难于字面意义理解。然而，在可比条件下，也有许多实验证明隐喻加工时程与一般字面意义加工时程并未显示出重大差别。当然，时程差异并不一定意味着两者加工共属同一加工机制，因为不同加工机制可在同一时间内完成不同加工；同理，时程差异也不一定意味着两者加工一定分属不同加工机制。

8.2.2.2 平行假说

"平行假说"由 Glucksberg 和 Gildea（1982）提出。不同于三阶段模式，该假设认为，隐喻意义和字面意义可以平行进入加工，即隐喻意义和字面意义可以同时进入加工，因为隐喻句和本义句运用相同的"认知机制（cognitive machinery）"加工，即隐喻理解不需要分两步走，在理解隐喻意义时不一定要先排斥字面意义，即两种意义可以同时直接进入加工。这一理论与 Glucksberg 和 Keysar（1990）构建的模型一致。他们认为，在隐喻加工中，原先的表述不会被转换。他们对"字面意义和隐喻意义在真值上互相排斥"的观点也提出质疑。在某些语境下，同一话语表述既可得出其字面意义，又可得出其隐喻意义，即两种意义均为真值。例如：

（17）*John is a magician.*

例（17）既可意为"约翰的职业是魔术师"（字面意义），同时又可意为"约翰擅长于管理钱财"（隐喻意义）。

Keysar（1989）在用上述类型语料的实验中发现，当两种意义都符合语境时，理解时程比只有一种意义适合语境的时程短。由此可以得出，在隐喻理解过程中，排斥字面意义并不是必要步骤。显然，在该实验中，隐喻意义理解得益于相容的字面意义的存在。隐喻意义源于字面意义，或者可能源于可共用于诠释字面意义和隐喻意义的核心意义（Barsalou, 1982）。两种意义都能接受时，平行假说理论似乎能给予合理的解释。然而，如果字面意义与语境不符时又该如何解释？这时两种意义互惠共存的理论就很难站得住脚了。

8.2.2.3　语境依赖假说

语境依赖假说认为，大脑在接受不匹配的字面意义之前，语境可以帮助发现隐喻意义。当语境相关时，只有隐喻意义进入加工，即在适当语境中，隐喻意义是唯一进入加工的语义。隐喻与其字面意义不同，它们只有在相关的上下文中才能被充分理解。如果有恰当的上下文，大脑可以忽略字面意义，直接加工隐喻意义；如果上下文不当，也可阻碍隐喻意义的解读。

Gildea 和 Glucksberg（1983）所作的实验结果强有力地支持了这一假说。在实验中，被试的任务是在隐喻句的字面意义、本义句和不含隐喻的假句之间作正误判断。当隐喻句呈现时，其字面意义总是不相宜的，因此所期待的回答应该为"错"，因为作答只须考虑字面意义而无视隐喻意义。例如：

(18) *All marriages are iceboxes.* （所有的婚姻是冰箱）

对于例（18）的字面意义回答应该为"错"，尽管其隐喻意义还是可以接受的。在判断这类句子时，被试与判断对照句一样，很快就将它们判断为字面意义错误。然而，在实验中，这类刺激句之前如加上简短支持语境，如在上一例句之前加上"*People are cold*（人是冷淡的）"时，被试对隐喻句的决策时间却长于对照句。干涉效应（interference effect）表明：语境很可能已经引发了对隐喻意义的搜索，所以字面意义才会受到排斥，在此，隐喻意义显然抵制了字面意义，干涉了判断字面意义的加工，即在字面意义加工过程完成之前，隐喻意义肯定已经被接受。

Pynte 等（1996）用 ERP 做了实验，试图验证以上三种假说。他们的 4 个不同实验结果显示：隐喻表达比本义表达引发更大的 N400 波幅。这一结果说明隐喻的不恰当的字面意义在隐喻理解中确实难于一般的本义加工。所有的实验结果对照后显示，语境对隐喻理解有很大的影响，总的结果支持"语境依赖假说"，也支持"层次假说"。

8.2.3　隐喻加工脑区的神经机制研究

神经生理学家 Gardner（1993，1999）认为，解读隐喻的能力关系到个体的智能，这与大脑的某一区域有关，如该区受到伤害，智能发育会受到影响，隐喻智能也符合这个情况（胡壮麟，2004）。对于隐喻信息的大脑加工定位，各方面专家众说纷纭，但根据 ERP，fMRI 等脑成像实验和对大脑损伤病人或正常人对隐喻理解的研究情况看，研究者对于隐喻认知的大脑神经机制在脑区分布上主要存在着"右脑说"、"左脑说"和"全脑说"。

8.2.3.1 右脑说

学界一般认为，隐喻不同于普通语言，它涉及到不同的神经机制，这一点已由大脑右半球的活动得到证明。右利手者的其他语言能力主要依赖于大脑左半球，但是隐喻，还有对幽默的理解能力，关键依赖于大脑右半球。"右脑说"认为，隐喻理解的大脑加工神经机制在右脑。目前大量研究者的 PET 测试、脑损伤实验、神经心理实验、fMRI 实验和ERP 实验结果都与右脑加工隐喻的理论吻合。另有大量证据表明右脑受损病人的隐喻解读能力极差。

Bottini 等（1994）报告，他们已找到大脑处理隐喻时被激活的部位。他和合作者们让被试看若干个隐喻句，让他们确定是否有意义。之后，也让他们看若干个本义句，并作答。他们发现右脑损伤的病人对隐喻解读能力很差，只能照句子的本义作答。例如：

(19) *Can you lend me a hand*? （字面意义："你能否借给我一只手?"隐喻意义："你能否能帮我一把?"）

他们会把以上隐喻句理解成说话者要求听话者拿出大盘上放着的一只手。另外，在布置被试作决策任务时，Bottini 等人给他们做了PET 扫描。他们发现，被试解读隐喻时，大脑的某些部位被激活了，而被试对本义句作答时则没有这种情况。被激活的部分位于右脑额叶和右脑楔前叶。实际上，正常人在理解隐喻时，用 PET 测试，右脑也是特别活跃（Bottini 等，1994）。

现已有相当多的证据表明右脑受损者的隐喻解读能力极差（Littlemore 2002）。Winner 和 Gardner（1977）做的脑损伤实验、Bottini 和Frith 等（1994）做的 PET 实验、Faust 和 Weisper（2000）做的神经心理实验、Rapp 等（2001）、Kircher 等（2001）做的 fMRI 实验、以及 Sotillo等（2005）做的 ERP 实验结果都与右脑加工隐喻的理论相吻合。Rapp 等（2001）用 fMRI 实验比较阅读本义句和隐喻句时的脑电激活表明：隐喻加工时右脑颞上回（Tal x 44，Tal y -9，Tal z -5，BA 22）被激活；Kircher 等（2001）做的 fMRI 实验结果显示：句子中隐喻部分的加工导致了右脑几处 BOLD（blood oxygenation level dependent，血氧水平依赖）信号的变化，包括右脑颞中回和右脑额叶。王小潞（2009）用汉语作的 ERP 实验也证明，以汉语为母语的认知主体在理解汉语隐喻时会涉及更多右脑加工，特别是在右脑前额 F8 位置比左脑相应位置显示出的 N400 负波有显著性差异。

此外，还有大量证据表明右脑受损者的隐喻解读能力极差（Littlemore，2002）。Sotillo 等（2005）通过 ERP 实验，试图探索隐喻理解的关键阶段是否呈现出右脑优势，实验结果也支持右脑加工隐喻的观点，他们指出，在隐喻加工过程中至少在某一阶段右脑作出了重要贡献，并且特别强调了右脑颞叶对这一贡献所起的作用。

8.2.3.2 左脑说

"左脑说"认为隐喻理解的大脑加工神经机制在左脑。还是 Rapp 等人，但是他们在 2004 年做出的实验结果却与他们先前的实验结果相悖。他们用新隐喻句（未被德语惯用法词典收入的隐喻表达）和本义句让被试躺在核磁共振仪中理解。例如：

（20）*Die Worte des Liebhabers sind Harfenklänge.*（隐喻句：情人的话是竖琴的声音）

（21）*Die Worte des Liebhabers sind Lü gen.*（本义句：情人的话是谎言）

fMRI 作出来的实验结果证明：与阅读本义句相对，阅读隐喻句时展示出来的是左侧额下回（BA 45/47）、左脑颞下回和颞中下回后部（BA 20 和 BA 37 脑回）的 BOLD 信号变化。他们认为，左脑额下回的激活可能反映了隐喻理解时的语义推断过程，这一结果与其他功能成像研究显示的左脑额下回参与单词与句子意义合并过程的结果一致。然而，他们的实验结果与"右脑说"完全相反，他们根据实验数据提出了重新评估右脑加工隐喻理解的理论。

另外，加州大学洛杉矶分校的 Ramachandran 及其同事也提出了左脑加工隐喻的假说。他们测试了四位左脑角回曾受损伤的病人后声称："尽管我们还不能最终得出结论：左脑角回是人类大脑的'隐喻中心'，然而我们提出显性角回的进化对许多人类精萃能力（包括隐喻和其他抽象思维）的发展有着极大的帮助"（Ramachandran 等，2005）。因为人类角回位于大脑触觉、听觉和视觉等信息加工的脑区汇合处，比其他灵长类动物更为发达。他们的测试过程如下：他们挑选了四位有左脑角回受损史的病人，并让他们解释语句的隐喻义。这些志愿受试者英语都非常流利，脑部受伤之前也相当聪明。他们思维清晰，能够进行一般正常对话。但是当研究人员向他们呈现下列类型隐喻句时，被试几乎总是按照字面意义理解。

（22）*The grass is always greener on the other side.*（字面意义：草地总是那边绿，类似于汉语"那山总比这山高"。隐喻意义：总是看人家比你好）

（23）*Reaching for the stars.*（字面意义：上天摘星星，隐喻意义：想要获取得不到的东西）

当研究人员进一步要求他们提供深层意义时，这些病人经常详细解说，甚至想出一些别出心裁的解释，但是这些解释完全跟原隐喻意义风马牛不相及。例如：

（24）*All that glitters is not gold.*（字面意义：闪闪发光者，未必尽黄金。隐喻意义：不是表面漂亮的都是好东西）

病人 SJ 把例 24 解释为"买珠宝时要小心，因为商家会抢走你的钱"。

8.2.3.3　全脑说

"全脑说"认为，不同的隐喻理解在不同的大脑区域加工，因为对于语言理解的完整的神经语言学模型，必须包括大脑左右半球表征和加工因子。Burgess 和 Chiarello（1996）指出，对于修辞语，特别是对于隐喻的理解，是基于输入词信息的自下而上的语义激活和理解者对会话语用学理解所受的自上而下的限制之间动态的相互作用。他们认为，相关的语言现象（间接语言行为、推断、格言、幽默和一些诗体暗示）依赖于我们理解字面意义相同的机制。例如：Tartter 等（2002）的 ERP 实验在 N400 处得到证据：新隐喻加工至少瞬间显示反常现象；隐喻意义加工在早期句法结构任务阶段不同于字面意义加工，在 N400 时段又不同于反常意义加工；在加工时程上，隐喻意义的加工晚于字面意义加工，先于反常意义加工。

Ahrens 等（2007）用汉语进行了 fMRI 实验。他们用三种句子（传统隐喻句、反常隐喻句和本义句）作刺激材料让八位操汉语的本族学生理解。例如：

传统隐喻句（死隐喻句）：

（25）这个理论架构非常松散。（IDEA IS A BUILDING. 在概念隐喻"理念是大楼"框架之下）

反常隐喻句（新隐喻句）：

（26）他们的资本非常有节奏感。（BUSINESS IS A SONG. 在概念隐喻"商业是首歌"框架之下）

本义句：

（27）他整天在图书馆里看书。

他们对比传统隐喻句、反常隐喻句和本义句理解时大脑激活的脑区之后发现：传统隐喻句比本义句理解在右脑颞下回的激活略有增加，反常隐喻句比本义句理解在双侧额叶和颞叶有更多的激活。反常隐喻句和传统隐喻句理解的比较显示出在双侧额中回、中央前回、以及右脑额上回均有激活，左脑额下回和梭形脑回有激活区。左脑额叶和颞叶的激活可以用来说明基于传统语言区对反常隐喻理解的募集，而右脑的激活则可表明神经网络对于反常隐喻理解时形成的脑区间远距离连接。王小潞（2009）用汉语做的 ERP 实验尽管也证明，理解隐喻语言跟理解本义语言一样都要涉及到全脑的活动和配合，然而认知主体在理解隐喻语言时在前额位置显示出更大的 N400 负波。

笔者认为，各方学者在做实验时，因为文化背景不同、实验任务不同、实验目的不同、所用语料不同、被试背景不同等因素造成了不同的实验结果。但是他们的实验结果从不同的侧面反映了人类隐喻认知的过程：1) 隐喻理解，特别是对于新隐喻的理解，是一种创造性的思维过程，因此涉及右脑加工就不足为奇了；2) 隐喻的熟悉度对隐喻加工产生直接影响，人们对于熟悉程度高且已经概念化的隐喻理解，即对死隐喻或传统隐喻的理解，时程短且耗力小，因此理解此类隐喻与理解一般字面意义应该比较接近，在相同的脑区进行加工的可能性也较大；3) 隐喻理解非常依赖语境，在有相关语境的条件下，隐喻理解更加容易。这些实验结果给我们一些非常重要的启示：在进行隐喻研究时不能一概而论，一定要进行分类研究。而且，我们可以借鉴这种研究方法进行汉语隐喻的神经机制研究。

8.3 汉语隐喻认知的 ERP 实验研究

为了探索汉语隐喻认知的神经机制，浙江大学王小潞做了针对操汉语者对汉语隐喻理解的 ERP 实验。该实验采用事件相关电位（ERP）技术，选用隐喻句、本义句和假句共 320 句，采用 "NP $+V_{be}$ $+NP$"（即 A 是 B 句型，例如：杭州是天堂）和 "NP $+V$ $+NP$"（即主 + 谓 + 宾句型，例如：群星眨眼睛）两种结构的句子，让 20 个在校理工科大学生进行 ERP 在线语义判断实验，试图通过记录被试在面对两种句型的死隐喻和新隐喻句，及其对照的本义句和假句等实验材料时的脑电波形变化，来探究汉语隐喻认知的神经机制。因此，实验的准备和设计都紧紧围绕着观察汉语隐喻加工和本义加工的异同、了解汉语隐喻认知的加工模型、探究汉语隐喻认知的加工脑区、寻找汉语死隐喻和新隐喻的理解过程的异同等实验目的而展开。

8.3.1 ERP 实验

8.3.1.1 被试

20 名在校理工科大学生志愿者参加了本实验，10 名男性，10 名女性，年龄范围在 19～24 岁之间，平均年龄为 22 岁，以汉语为母语，均为右利手，所有被试身心健康，无脑外伤和神经系统疾病史，视力或矫正视力均为正常。完成实验后每一被试均获取适量报酬。

8.3.1.2 刺激材料

本实验刺激语料取自"谷歌"和"百度"上隐喻句，选取时先输入与人体或自然界相关的有可能成为隐喻的关键词（如，"手足"、"生命"等），然后改编那些符合实验条件的隐喻句，并配以相应数量的本义句和假句。对新隐喻和死隐喻划界的依据是商务印书馆 2005 年第 5 版的《现代汉语词典》所列词条定义，即词条释义中有明确比喻或隐喻定义的划为死隐喻，而词条中只定义字面意义的归为新隐喻，这样划界是根据语言学界目前普遍认可的做法。新隐喻与死隐喻的界定标准已在前文详述，在此不再赘述。除了隐喻句外，那些只有字面意义、没有比喻意义的词被视为本义句。各类型句子在句式、语义和字数上都做了匹配。正式实验中选取了熟悉度测试中三分之二以上被试认为合适和熟悉的句子，包括：句法和语义合法的死隐喻句 40 个、新隐喻句 40 个、本义句 80 个和假句 160 个，共 320 个句子，每个句子以词为基本单位被切分成 3 张图片，总计 960 张图片作为刺激材料，具体分配见表 1。

表 1 实验材料设计

预期回答		
是		否
有意义		无意义
80 句隐喻句 240 个刺激	80 句本义句 240 个刺激	160 句假句 480 个刺激

续表

预期回答							
死隐喻 40 句 120 个刺激		新隐喻 40 句 120 个刺激					
NP +V_{be} + NP 20 句	NP +V + NP 20 句	NP +V_{be} + NP 20 句	NP +V + NP 20 句	NP +V_{be} + NP 20 句	NP +V + NP 20 句	NP +V_{be} + NP 20 句	NP +V + NP 20 句
60 个刺激	60 个刺激	60 个刺激	60 个刺激	120 个刺激	120 个刺激	240 个刺激	240 个刺激

8.3.1.3　实验设计

实验采用 3 × 2 双因素被试内设计。因素一为句子类型，包括本义、新隐喻、死隐喻、假句四个水平；因素二为句子结构，包括 NP + V_{be} + NP、NP + V + NP 两个水平。每名被试接受所有条件的实验。实验在隔音电磁屏蔽室进行。要求被试水平注视屏幕中央的小"十"字号，视距约 150 cm。刺激材料为 48 号粗体宋体，呈现在计算机屏幕中央，屏幕的底色为深灰色，字体颜色为黑色。960 张文字图片使用了 Neuroscan 公司开发的 Stim2 软件进行了伪随机排列，即以句子为单位进行位置的随机交换，每个刺激呈现时间（duration）为 300 ms，反应窗口（window）为 1500 ms，每组刺激间隔为 2500 ms。

8.3.1.4　实验程序

实验分为 6 个时段（block），每个时段含 150~180 个刺激，持续 3-4 分钟，时段与时段之间有 2 分钟短暂休息。实验采用语义判断任务，要求被试默读在屏幕中央依次闪现的词，在读完每句最后一个词时尽快按自己的语感准确判断整个句子在汉语中是否有意义，并以左、右手分别作出"是"与"否"的按键反应。在正式实验之前，要求被试完成与正式实验同样任务的练习，熟悉按键和任务要求。但是练习用过的语料不在正式实验中重复出现。反应手和刺激序列的呈现顺序在被试之间进行交叉平衡。

8.3.1.5　EEG 记录

本实验采用的是美国 Neuroscan 32 导电极帽记录脑电。参考电极为双侧乳突（mastoid）——耳后颞骨后部的圆椎形凸起（M1，M2）连线中点，接地点在 Fpz 和 Fz 的中点的接地电极（ground），同时记录水平眼电和垂直眼电。滤波带通为 0.05-100 Hz，采样频率为 1000 Hz，电极与头皮接触电阻小于 5 KΩ，离线处理分析脑电数据，即每一靶刺激（每句话第三张图片）之后的脑电数据，对每种类型进行了平均叠加。

8.3.2　实验结果

8.3.2.1　行为数据结果

实验的行为数据包括被试对目标刺激判断的正确反应时和准确率。实验中，20 名被试的平均 P（A）值①是 0.91，最低的一个被试是 0.81，远远大于 0.5，因此被试的反应是非常可靠的。为排除极端数据对反应时和正确率的影响，统计时剔除了反应时长于 1500 ms 和短于 300 ms 的数据，14 种类型的平均反应时和正确率结果详见表 2。

表 2　行为数据分析

类型	平均反应时（ms）	正确率（%）
有意义句	682.58 ± 91.97	87.65 ± 6.226
无意义句	687.01 ± 107.47	95.10 ± 2.954
隐喻句	717.51 ± 97.42	82.30 ± 7.974
本义句	651.61 ± 88.54	93.35 ± 6.426
死隐喻句	696.41 ± 94.06	86.50 ± 7.931
新隐喻句	739.81 ± 104.25	78.45 ± 9.944

---

① 根据信号检测理论，P（A）值指正误判断正确数/刺激总数，P（A）值大于 0.5，被试的反应才是可信的。

续表

类型	平均反应时（ms）	正确率（%）
"NP +Vbe +NP" 句型本义句	656.75 ± 83.92	91.25 ± 5.960
"NP +V +NP" 句型本义句	646.63 ± 97.57	95.50 ± 7.127
"NP +Vbe +NP" 句型隐喻句	706.63 ± 99.17	82.00 ± 10.24
"NP +V +NP" 句型隐喻句	726.50 ± 105.57	82.50 ± 12.51
"NP +Vbe +NP" 句型死隐喻句	688.52 ± 92.10	84.75 ± 10.45
"NP +V +NP" 句型死隐喻句	699.75 ± 95.30	87.50 ± 8.811
"NP +Vbe +NP" 句型新隐喻句	724.75 ± 104.94	79.25 ± 9.497
"NP +V +NP" 句型新隐喻句	753.24 ± 110.85	77.50 ± 13.81
"NP +Vbe +NP" 句型假句（无意义句）	716.21 ± 102.60	94.35 ± 3.717
"NP +V +NP" 句型假句（无意义句）	658.47 ± 115.43	95.90 ± 2.864

不同句子结构对反应时和正确率没有显著影响，以下不再进行分析。隐喻与本义以及新隐喻与死隐喻的对比检验统计数据表明，除了新隐喻与死隐喻的平均反应时外其他指标均达到显著性差异，见表3和表4：

表3　隐喻与本义对比检验

	平均反应时（ms）	正确率（%）
隐喻	717.51 ± 97.42	82.30 ± 7.974
本义	651.605 ± 88.54	93.35 ± 6.426
t	2.239 *	4.825 ***

表4　新隐喻与死隐喻对比检验

	平均反应时（ms）	正确率（%）
新隐喻	739.81 ± 104.25	78.45 ± 9.944
死隐喻	696.41 ± 94.06	86.50 ± 7.931
t	1.382	2.83 **

注：$* P < 0.05$；$** P < 0.01$；$*** P < 0.001$

行为数据结果基本上支持人们的经验认识和当下学界对隐喻认知模型的取向，即本义句理解易于隐喻句理解，死隐喻句理解易于新隐喻句理解。

8.3.2.2　ERPs 数据结果

使用 Scan 4.3 对采集的电脑数据进行离线分析，排除眼动和肌肉活动对 EEG 数据的影响，分析时程为 1100 ms，其中刺激前基线 100 ms，自动矫正眨眼等伪迹，波幅大于 ±100 μV 者被视为伪迹被自动剔除。实验最终对 20 名被试的有效数据进行了叠加处理。

本实验共对 16 类（8 对）考查对象（靶词）作了叠加平均：1）本义句与隐喻句；2）死隐喻句与新隐喻句；3）NP +V$_{be}$ +NP 结构与 NP +V +NP 结构本义句；4）NP +V$_{be}$ +NP 结构与 NP +V +NP 结构隐喻句；5）NP +V$_{be}$ +NP 结构与 NP +V +NP 结构死隐喻句，6）NP +V$_{be}$ +NP结构与 NP +V +NP 结构新隐喻句。根据考察目的，作了以下三种类别的比较。

8.3.2.2.1　本义句与隐喻句意义加工的脑电比较

从本义句和隐喻句的 0 ~ 1000ms 时段（间隔 50ms）平均波幅的地形图（图 9）来看，两类句子加工差异不明显。

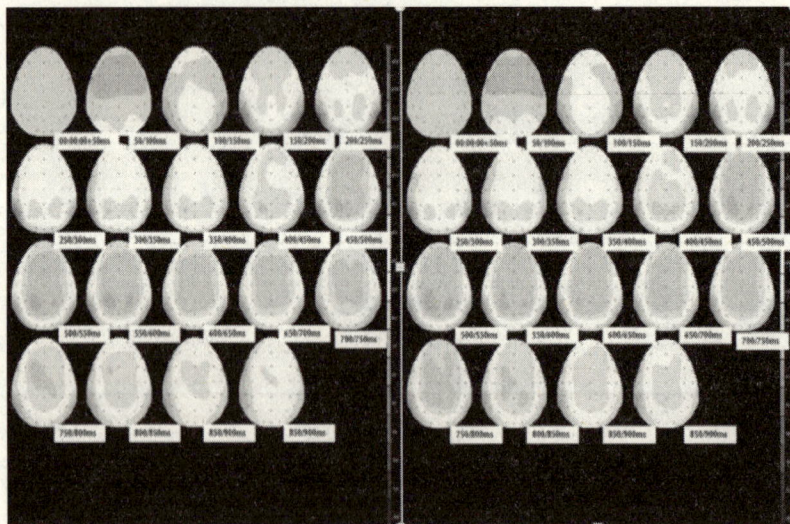

图 9　本义句(左)与隐喻句(右)0 ~ 1000ms 时段平均波幅的地形图

但根据额区脑电波形图上显示的本义和隐喻之间的区别（见图10），分别对相关电极点 150～250 ms，250～350 ms，350～450 ms，450～600 ms，600～750 ms，750～900 ms 时段进行了分段的 SPSS 分析，结果发现：隐喻句和本义句在前额八个电极点 FP1，FP2，F3，FZ，F4，FC3，FCZ，FC4 的 250～350 ms 处波幅差异显著（$P < 0.05$），见表5；前额的五个电极点 FP1，FP2，F3，FZ，F4 在 750～900 ms 处波幅差异显著（$P < 0.05$），见表6。

表5　本义与隐喻（250～350ms）配对 t 检验　　　单位：μV

电极	FP1	FP2	F3	FZ	F4	FC3	FCZ	FC4
本义	3.4388 ± 2.45881	3.8080 ± 2.96145	2.0402 ± 2.99839	2.6143 ± 3.68931	2.8931 ± 3.17752	1.5162 ± 3.33364	2.1636 ± 4.22477	2.3277 ± 3.57047
隐喻	2.5156 ± 2.30488	2.8025 ± 2.83793	0.9021 ± 2.92751	1.3451 ± 3.08765	1.6220 ± 2.92286	0.6185 ± 3.02316	1.1560 ± 3.45216	1.2278 ± 2.93244
t 值	2.626*	3.103**	3.570**	4.436***	5.744***	2.700*	3.131**	4.244***

注：$*P < 0.05$；$**P < 0.01$；$***P < 0.001$

表6　本义与隐喻（750～900ms）配对 t 检验　　　单位：μV

电极	FP1	FP2	F3	FZ	F4
本义	2.4410 ± 3.50695	3.2819 ± 5.55159	2.7146 ± 2.89346	4.5629 ± 3.48612	4.2698 ± 2.52484
隐喻	4.4772 ± 3.92860	4.9819 ± 5.30227	4.1367 ± 3.63902	5.6822 ± 4.02684	5.4756 ± 2.85829
t 值	−3.934	−2.374	−3.171	−2.374	−3.098

注：$*P < 0.05$；$**P < 0.01$

从以下脑电波形图上（图10）我们可以更加清楚地看到本义和隐喻加工的主要差异在于：1）N400 波幅：隐喻句加工的 N400 较大而本义句加工的 N400 较小；2）750ms 之后的隐喻加工和本义加工显示出了 ERP 晚正成分（Late Positive Component，LPC）的差异，即隐喻句加工的 LPC 大于本义句加工的 LPC，见图 10。

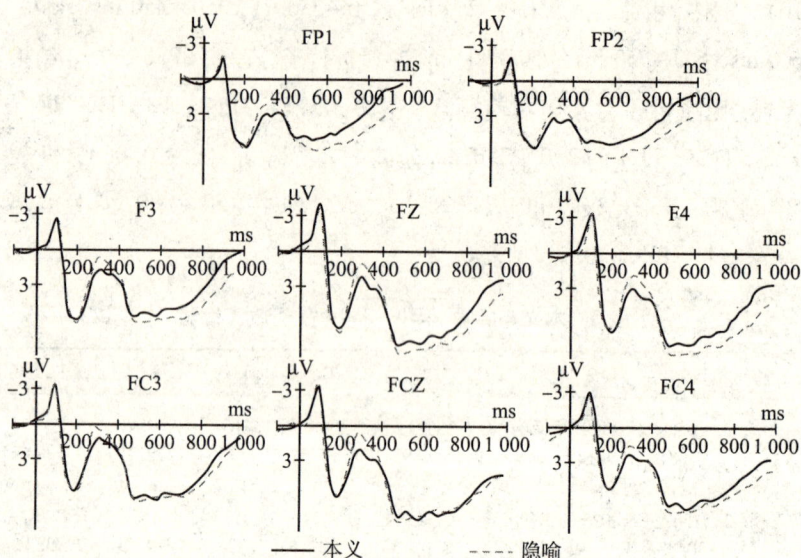

图 10　本义句与隐喻句意义理解前额电极点上的原始波形比较

8.3.2.2.2　本义句与隐喻句意义加工时左右脑区的脑电比较

本义句和隐喻句的大脑加工还存在着左右脑的区别，区别主要表现在双侧额区。对 F7，F8，FT7，FT8，T7，T8 等六个电极点比较之后可观察到：大脑在加工本义句和隐喻句时 N400 在左脑几乎没有区别，而在右脑却显示出本义句和隐喻句 N400 的区别，特别是右侧前额 F8 电极位，见图 11。

进一步的数据统计分析显示：左右脑区在 250～350 ms 处存在着脑区间显著性差异，左脑的三个电极点 F7，FT7，T7 在本义句和隐喻句的大脑加工时没有显示显著性差异，而右脑的三个电极点 F8，FT8，T8 本义句与隐喻句相比却存在着显著性差异，见表 7。

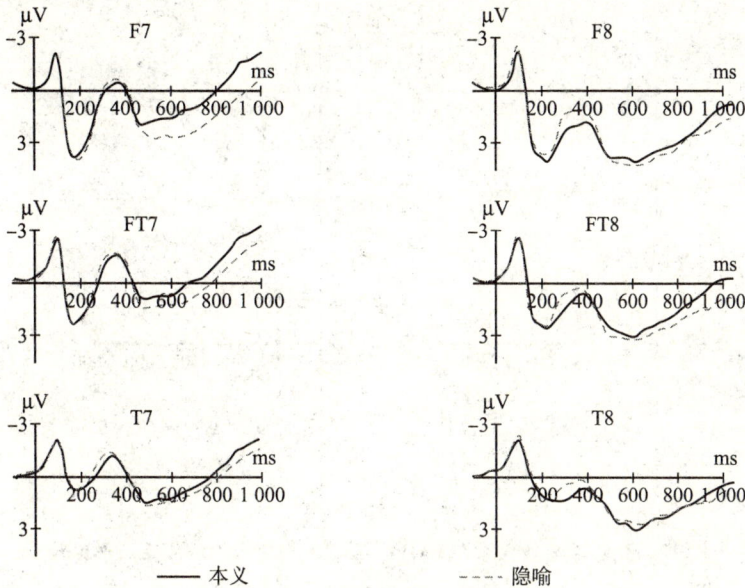

μV F7 ms

μV F8 ms

μV FT7 ms

μV FT8 ms

μV T7 ms

μV T8 ms

—— 本义   ---- 隐喻

图 11　本义句与隐喻句

左脑 3 个电极 F7，FT7，T7 和右脑对应 3 个电极 F8，FT8，T8 上脑区差别的原始波形比较

表 7　本义与隐喻（250～350 ms）左右脑区配对 t 检验

单位：μV

电极	F7	FT7	T7	F8	FT8	T8
本义	0.7315 ± 2.41818	−0.4837 ± 1.76794	−0.6277 ± 1.94831	2.7299 ± 3.65213	1.5251 ± 2.21630	1.6116 ± 2.00725
隐喻	0.2723 ± 2.54487	−0.9245 ± 1.59410	−0.9031 ± 1.79501	1.7672 ± 3.59197	0.8262 ± 2.34797	0.7279 ± 1.99576
t 值	1.924	1.963	0.972	3.924 **	3.941 **	6.587 ***

注：* $P < 0.05$；** $P < 0.01$；*** $P < 0.001$

8.3.2.2.3　死隐喻句与新隐喻句意义加工的脑电比较

死隐喻与新隐喻在本次的 ERP 实验中没有表现出大脑意义加工时的明显差异，死隐喻与新隐喻相比，各个时段波幅的显著值 P 均大于 0.05。

249

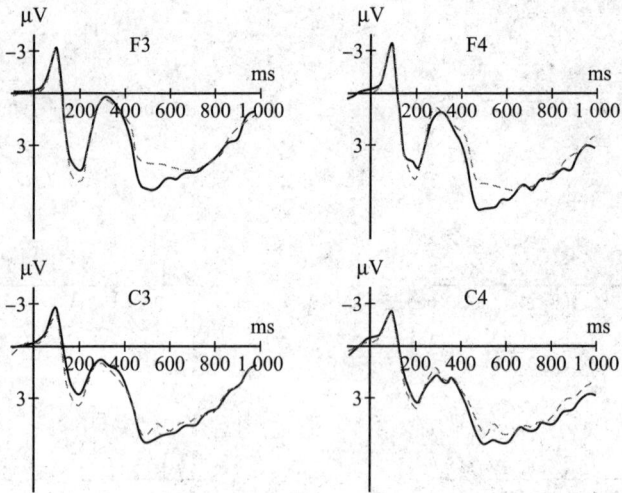

图12 死隐喻与新隐喻在 F3,F4,C3,C4 电极点上的原始波形比较

8.3.3 分析与结论

8.3.3.1 分析

8.3.3.1.1 涉及语义加工的 N400 与 LPC

就目前业已发现的与语言相关的 ERP 成分而言，N400 是其中最经典和最稳定的 ERP 成分之一。从 Kutas 和 Hillyard (1980) 发现 N400 至今，学界普遍将 N400 视为 ERP 语义加工的敏感成分。一般认为，N400 反映了语言理解中的语义加工过程，即反映了将词汇语义整合到上下文的语义表征的过程；语义加工和整合的难度越大，N400 的波幅就越大（罗跃嘉，2006）。本实验从语义判断任务上，无论是本义句的基本语义，或者是隐喻句的深层次语义，还是假句的混乱语义，都反映了 N400 对语义加工的敏感性。

从前面的实验结果可以看到，在前额区和前右颞区，本义句的 N400 波幅小于隐喻句加工的波幅。这说明，与隐喻句比较，本义句加工相对容易，耗费的心理资源较少，因而波幅也较小；而隐喻句，特别是不熟悉的隐喻句，往往要经过二次加工，耗费的心理资源较多，因而波幅相应也较大。这一点正好对应于本次实验的行为数据结果（见表2），在行为数据中，被试不仅对本义句的平均反应时短，而且准确率比隐喻句高出近 10 个百分点，即本义句加工平均反应时快且正确率高，说明隐喻句加工难度大于本义句加工。根据 Searle（1993）对隐喻的认知模型，所有的话语都先进入字面意义加工，本义句在理解的第一层面便可得到加工，无须向隐喻那样进入第二层面意义加工，只有当大脑在语言信息加工时无法在语言表达式上获取字面意义时，话语的理解才进入隐喻意义加工阶段，进行语义解码，因此本义句理解不仅比隐喻句快而且准确率也高。本实验支持这一观点。

　　一般认为，语义加工不涉及 LPC 波幅，只有句法违反条件下才引发 P600（罗跃嘉，2006），但是在忽略句型的因素下，LPC 波幅大小和N400 波幅的大小成正相关（魏景汉、罗跃嘉，2002），也即 LPC 波幅越大，加工难度也越大。本实验所选取本义句和隐喻句句法完全一致，750 ms 之后却出现较明显差异，即隐喻加工的 LPC 大于本义句加工的LPC。根据 Salmon 和 Pratt（2002）的 ERP 实验，在句子层面上语义不恰当会显示更大的 N400 和更大的 LPC，即 N400 更负，而 LPC 更正。Arzouan 等（2007）从隐喻理解动态半球活动电生理实验中也得出：不同隐喻类型加工阶段粗略地对应于 N400 和 LPC 成分，其中 N400 反映了语义整合，而 LPC 反映了语境整合。本次实验中，被试对各种句子类型的平均反应时在 646～753 ms 之间，而在靶词启动之后 300 ms 左右他们的脑电就显示了语义识别波 N400，从语义识别到按键他们又花了300～500 ms。笔者推测被试在这段时间里经历了从识别句子是否有意义，到搜索心理词典进行语义匹配，最后理解被呈现句子的过程。因此，脑电中 N400 和 LPC 都跟语义理解有关。笔者认为，如果说 N400 体现的是语义识别加工，那么 LPC 体现的则是概念匹配和语义整合加工。

　　8.3.3.1.2　本义句和隐喻句加工时的左右脑不对称

　　在语言加工的脑机制研究中，左右脑功能的差异及其关系问题由来已久，目前仍然悬而未决。西方从 Broca 等人开始，进行了大量研究，并得到了大体一致的结论：对使用拼音文字的西方人来讲，多数人的言语活动主要由左脑完成。汉语属表意文字，与拼音文字有很大不同。使用汉语的中国人语言加工的脑机制可能与使用拼音文字的西方人并不完全相同。我国学者已在此方面开展了一些研究工作，但所得结论并不完全一致（吕勇、魏景汉，2005）。加之行为科学、神经心理学、脑成像等科学研究已经有证据表明：在理解话语主体和理解类似笑话、隐喻等隐讳表达时，右脑有其整合信息的独特功能（Arzouan et al.，2007）。

笔者认为，关于汉语隐喻的理解，左右脑加工不对称是绝对的，而在某些情境下的一致是相对的。一是因为隐喻不同于一般语言，它涉及到不同的神经机制，这一点已由大脑右半球的活动得到证明。其他语言能力（右利手）主要依赖于大脑左半球，但是隐喻，还有对幽默的理解能力，关键依赖于大脑右半球（Kosslyn and Rosenberg，2003）。尽管右脑受损病人的语言理解力基本完整，但他们在理解隐喻和笑话时存在问题（Brownell，1988；Brownell 等，1990）。二是因为汉语不同于印欧语系的拼音文字，汉语的方块字不仅和语义挂钩，而且在很多情况下与形状挂钩。谭力海等用中文字作的 fMRI 实验证明：汉语书写文字在左侧额叶和颞叶、右侧视觉系统、顶叶和小脑得到加工（Tan 等，2000）。在另一个实验中，谭力海等发现，朗读汉语文字与右脑的活动，包括额下回和颞上回，有更加紧密的联系。这种现象归因于汉语所要求的独特的视空间和语调分析。他们的实验结果证明，不同的母语可以建构特异的神经系统（Tan 等，2001）。

实验结果显示，左脑和右脑两侧从额叶到颞叶前部存在着隐喻句和本义句语义加工过程中的差异。尽管左脑的 N400 峰值整体高于右脑的 N400 峰值，但本义句和隐喻句加工在左脑没有显示出明显差异；而在右脑，特别是右前额处却显示出了差异，即隐喻句加工的 N400 峰值明显大于本义句加工，在统计学中存在显著性差异。为了解释这种现象，笔者推测：1) 隐喻理解比本义理解涉及更多的形象思维，右脑耗费的心理资源相应也大一些，因此出现这种差异；2）该实验是以视觉输入的方式让被试理解各类语句的意义的，鉴于汉语文字符号的特殊性和以汉语为母语被试的特有的神经系统，造成了右脑隐喻句加工和本义句加工的差异。

8.3.3.1.3 熟悉度对隐喻理解的影响

为什么死隐喻句与新隐喻句加工在 ERP 中没有明显差异呢？究其原因笔者认为，死隐喻与新隐喻本身就没有明确的绝对界限，死隐喻与新隐喻只能针对认知个体相对而言。Curran（2000）所做的一个单词再认记忆任务得出的结论是：加工熟悉的东西快于不熟悉的东西。Yonelinas（2002）、Peng 等（2003）、樊晓燕和郭春彦（2005）、Rhodes 和 Donaldson（2007）在他们的研究中也相继论述和证明了这一点。尽管为了便于实验语料的划界，这里对新隐喻和死隐喻划界是依据 2005 年版的《现代汉语词典》所列词条定义，然而其弊端也是显而易见的，因为这一划界标准没有将每一具体认知主体因素考虑在内。对于特定认知个体而言，他/她所熟悉的隐喻便是死隐喻，而他/她不熟悉的隐喻便是新隐喻。例如：当今的年轻人对"东风压倒西风"或"水利是农业的命脉"这样的表达感到很生疏，而对"很拉风"或"很给力"却耳熟能详。相反，对上了年纪的人来说，前者应归入死隐喻，而后者则应归入新隐喻。

由此可见，对死隐喻和新隐喻的区分划界标准对研究隐喻的理解过程特别关键，因为在对隐喻的辨认和理解实验中，部分新隐喻的例句尽管没被词典收入，但对于被试而言已经不再是新隐喻了，其隐喻意义已成为相关词汇意义的一部分，其理解过程接近或等于一般本义句的理解过程，至少已经省略了隐喻辨认这一步骤。而且从我们后续对新隐喻和熟隐喻的实验语料 SPSS 分析可看出，本次实验所用新隐喻和死隐喻语料在熟悉指数上无显著性差别。本次实验所用语料无论是死隐喻还是新隐喻，熟悉度都是非常高的。剔除了那些在语料合适度测试中有较多数量学生（与被试不是同一批学生）认为是不合适的句子，然后又剔除了那些在语料熟悉度测试中不熟悉比例较高的句子，留下的包括本义句、死隐喻句和新隐喻句的熟悉度都达到三分之二以上，即大学生群体对这些语料基本熟悉。因此，大多数隐喻句尽管按照《汉语词典》应归为新隐喻句，但对大多数学生来说理解这些句子与理解归为死隐喻的句子没有实质性的区别。

根据以上讨论分析，可得出以下结论。

（1）实验结果支持 N400 是语义加工的敏感指标，语义加工难度显著影响 N400 的波幅，即隐喻加工负波大于本义加工。根据隐喻加工不仅比本义加工出现更大的 N400，而且还出现更大的 LPC 的实验数据，我们推测 N400 体现的是语义识别加工，LPC 体现的是概念匹配和语义整合加工。因此，隐喻加工有别于本义加工，有其独特的神经机制。

（2）在加工汉语隐喻句时大脑两个半球所起的作用是不对称的，右侧脑区与左侧脑区加工有显著性差异，右侧脑区的本义句加工和隐喻句加工区别具有显著性意义，右脑参与隐喻句加工大于本义句加工，这可能跟隐喻加工或汉语视觉文字加工有关。由此推出，汉语隐喻加工可能有其特异的神经机制。

（3）死隐喻与新隐喻加工的行为数据区别不是很大，在 ERP 数据中几乎无显著性差异是由于实验语料本身熟悉度区别不大造成的，因为实验所用较高熟悉度的死隐喻与新隐喻语料干扰了两者的区分，因此实验用语料体现不出两者之间的区分梯度。由此推出：熟悉度是区别死隐喻与新隐喻的主要指标，也是影响隐喻加工模式的主要因素。

从汉语隐喻的 ERP 实验，可清楚地看到，大脑的事件相关电位不仅反映了隐喻大脑解读的时程，而且还反映了参与隐喻解读的相关脑区以及参与的程度。因此，隐喻理解与其他心智活动一样，都是在大脑统一认知框架下完成的。

参考文献

樊晓燕，郭春彦，2005. 从认知神经科学的角度看熟悉性和回想. 心理科学进展，314—319.

黑格尔，1981. 美学（第二卷），朱光潜译. 北京：商务印书馆.

胡壮麟，2004. 认知隐喻学. 北京：北京大学出版社.

罗跃嘉主编，2006. 认知神经科学教程. 北京：北京大学出版社.

吕勇，魏景汉，2005. 语义距离半球效应的 ERP 研究. 心理学探新，25（3），33—39.

束定芳，2000. 隐喻学研究. 上海：上海外语教育出版社.

唐孝威，2005. 梦的本质. 长春：吉林人民出版社.

王曼，江铭虎，王琳，2010. 脑与语言认知研究发展. 前沿科学，4：15—10.

王小潞，2009. 汉语隐喻认知与 ERP 神经成像. 北京：高等教育出版社.

魏景汉，罗跃嘉，2002. 认知事件相关脑电位教程. 北京：经济日报出版社.

谢之君，2007. 隐喻认知功能探索. 上海：复旦大学出版社.

Ahrens K. , Liu H. L. , Lee C. Y. , Gong S. P. , Fang, S. Y. and Hsu Y. Y, 2007. Functional MRI of conventional and anomalous metaphors in Mandarin Chinese. *Brain and Language*, 100：163-167.

Arzouan Y. , Goldstein A. and Faust M, 2007. Dynamics of hemispheric activity during metaphor comprehension：electrophysiological measures. *NeuroImage*, 36：222-231.

Barsalou L. W. , 1982. Context-independent and context-dependent information in concepts. *Memory and Cognition*, 1：82-93.

Bonnaud V. , Gil R. and Ingrand P. , 2002. Metaphorical and non-metaphorical links: a behavioral and ERP study in young and elderly adults. *Clinical Neurophysiology*, 32: 258–268.

Bottini G. , Corcoran R. , Sterzi R. and Schenone, P. , 1994. The Role of Their Hemisphere in Interpretation of Figurative Aspects of Language: A Position Emission Tomography Activation Study. *Brain*, 117 (2): 1241–1253.

Brownell H. H. , 1988. Appreciation of metaphoric and connotative word meaning by brain-damaged patients. In Chiarello C. (Ed.), Right Hemisphere Contributions to Lexical Semantics. New York: Springer, 19–31.

Brownell H. H. , Simpson T. L. , Bihrle A. M. , Potter H. H. and Gardner H. , 1990. Appreciation of metaphoric alternative word meaning by left and right brain – damaged patients. Neuropsychologia, 18: 375–383.

Burgess C. and Chiarello C. , 1996. Neurocognitive mechanisms underlying metaphor comprehension and other figurative language. *Metaphor and Symbolic Activity*, II (1): 67–84.

Curran T. , 2000. Brain potentials of recollection and familiarity. *Mem Cognit*, 28 (6): 923–938.

Deacon D. , Hewitt S. and Tamney T, 1998. Event-related potential indices of semantic priming following an unrelated intervening item. *Cognitive Brain Research*, 6 (3), 219–225.

Fauconnier G. and Turner M. , 1998. Conceptual integration networks. Cognitive Science, 22 (2): 133–187.

Fauconnier G. and Turner M. , 2006. Rethinking Metaphor, In Gibbs R. ed. , Cambridge Handbook of Metaphor and Thought. Cambridge, Eng. : Cambridge University Press.

Faust M. and Weisper S. , 2000. Understanding metaphoric sentences in the two cerebral hemispheres. *Brain Cognition*, 43: 186–191.

Fischler I. , Bloom P. A. , Childers D. G. , Roucos S. E. and Perry N. W. , Jr. , 1983. Brain potentials related to stages of sentence verification. *Psychophysiolo-*

gy, 20 (4): 400–409.

Gardner H. , 1993. *Frames of Mind*. New York: Basic Books.

——1999. *Intelligence Reframed*. New York: Basic Books.

Gibbs, Jr. R. W. , 1992. Categorization and metaphor understanding. *Psychological Review*, 99 (3): 572–577.

——1994. The Poetics of Mind: Figurative Thought, *Language and Understanding*. Cambridge: Cambridge University Press.

——1996. Why many concepts are metaphorical. *Cognition*, 61: 309–319.

——Bogdanovich J. M. , Sykes J. R. and Barr D. J. , 1997. Metaphor in idiom comprehension. *Journal of Memory and Language*, 37: 141–154.

——2000. Making good psychology out of blending theory. *Cognitive Linguistics*, 11: 347–358.

——2001a. Evaluating contemporary models of figurative language understanding. *Metaphor and Symbol*, 16 (3 &4): 317–333.

——2001b. Proverbial themes we live by. *Poetics*. 29: 167–188.

——2002. A new look at literal meaning in understanding what is said and implicated. *Journal of Pragmatics*, 34: 457–486.

——2003. Embodied experience and linguistic meaning. *Brain and Language*, 84: 1–15.

Gibbs, Jr. R. W. , Lima P. L. C. and Francozo E. , 2004. Metaphor is grounded in embodied experience. *Journal of Pragmatics*, 36: 1189–1210.

Gildea P. and Glucksberg S. , 1983. On understanding metaphor: The role of context. Journal of Verbal Learning and Verbal Behavior, 22: 577–590.

Gil R. , Lefè vre J. P. , Plucho C. , Toullat G. and Vendeuil A. , 1980. A propos de certains aspects des perturbations sé mantiques dans l'aphasie. *Neuropsychologia*, 18: 721–725.

Gineste M. D. and Scart-Lhomme V. , 1999. Comment comprenons-nous les mé taphores? *L'Anné e psychologique*, 99: 447–492.

Glucksberg S. , Gildea P. and Bookin H. A. , 1982. On understanding speech: Can people ignore metaphors? *Journal of Verbal Learning and Verbal Behavior*, 21: 85-98.

Glucksberg S. and Keysar B. , 1990. Understanding metaphorical comparisons: beyond similarity. *Psychological Review*, 97: 3-18.

Grice H. P. , 1975. Logic and conversation. In Cole P. and Morgan J. L. (ed.), Syntax and Semantics: *Speech Acts*. 3: 41-58.

Haberlandt K. , 1977. *Cognitive Psychology*. Boston: Allyn and Bacon.

Holcomb P. J. , 1988. Automatic and attentional processing: An event-related brain potential analysis of semantic priming. *Brain and Language*, 35 (1): 66-85.

Hubbell J. A. and O'Boyle M. W. , 1995. The effect of metaphorical and literal comprehension processes on lexical decision latency of sentence components. *J Psycholinguistic Res*, 24: 269-287.

Keysar B. , 1989. On the functional equivalence of literal and metaphorical interpretations in discourse. *Journal of Memory and Language*, 28: 375-385.

Kircher T. T. J. , Brammer M. , Andreu N. T. , Williams S. C. R. and McGuire P. K. , 2001. Engagement of right temporal cortex during processing of linguistic context. *Neuropsychologia*, 39: 798-809.

Kosslyn S. M. and Rosenberg R. S. , 2003. Psychology: *the Brain, the Person, the World*. Beijjing: Peking University Press (authorized by Allyn & Bacon, Inc.), 306.

Kutas M. and Hillyard S. A. , 1980. Reading senseless sentences: Brain potentials reflect semantic incongruity. *Science*. 207: 203-205.

Lakoff G. and Johnson M. , 1980. *Metaphors We Live By*. Chicago: The University of Chicago Press.

——1991. Metaphor and war: the metaphor system used to justify war in the gulf. *Peace Research*, 23: 25-32.

Lakoff G. , 1993. The contemporary theory of metaphor. In: Ortony A (ed.): *Metaphor and thought*. (2nd ed) . Cambridge: Cambridge University Press.

Lakoff G. and Johnson M. , 1999. *Philosophy in the Flesh*. New York: A Member of the Perseus Books Group.

Littlemore J. , 2002. The case of metaphoric intelligence: a reply. *The Weekly Column*, Tobin Worth. http: //www. eltnewsletter. com/back/June2002/art1012002. htm

Peng D. , Xu D. , Jin Z. , Luo Q. , Ding G. , Perry C. , et al. , 2003. Neural basis of the non-attentional processing of briefly presented words. *Human Brain Mapping*, 18: 215–221.

Pynte J. , Besson M. , Robichon F – H. and Poli J. , 1996. The time-course of metaphor comprehension: an event-related potential study. *Brain and* Language, 55: 293–316.

Ramachandran V. S. , 2005. Brain region linked to metaphor comprehension. *Scientific American*. http: //www. scientificamerican. com/article. cfm? id = brain-region-linked-to-me

Rapp A. M. , Leube D. , Erbt M. , Buchkremer G. , Groddt W. , Bartels M. , et al. , 2001. Brain activation during processing of metaphors — an eFMRI study. *NemoImage*, 13: 591.

Rapp A. M. , Leube D. T. , Erb M. , Grodd W. and Kircher T. T. J. , 2004. Neural correlates of metaphor processing. Cognitive Brain Research, 20: 395–402.

Rhodes S. M. and Donaldson D. I. , 2007. Electrophysiological evidence for the influence of unitization on the processes engaged during episodic retrieval: Enhancing familiarity based remembering. *Neuropsychologia*, 45: 412–424.

Rohrer, T. , 2001. The cognitive science of metaphor from philosophy to neuroscience. *Theoria et Historia Scientarium*, 6 (1): 27–42.

Salmon N. and Pratt H. , 2002. A comparison of sentence – and discourse – level semantic processing: An ERP study. *Brain and Language*, 83: 367–383.

Searle J. , 1979. Expression and meaning: *Studies in The Theory of Speech Acts.* Cambridge: Cambridge University.

Searle J. , 1993. Metaphor. In: Ortony A (ed.) . *Metaphor and Thought.* New York: Cambridge University Press, 83–111.

Sotillo M. , Carretié L. , Hinojosa J. A. , Tapia M. , Mercado F. , Ló pez – Martí n S. et al. , 2005. Neural activity associated with metaphor comprehension: spatial analysis. *Neuroscience Letters*, 373: 5-9.

Tan L. H. , Spinks J. A. , Gao J. H. , Liu H. L. , Perfetti C. A. , Xiong J. , Stofer K. A. , Pu Y. L. , Liu Y. L. and Fox P. T. , 2000. Brain Activation in the Processing of Chinese Characters and Words: A Functional MRI Study. *Human Brain Mapping*, 10: 16-27.

Tan L. H. , Feng C. M. , Fox P. T. and Gao J. H. , 2001. An fMRI study with written Chinese. *Brain Imaging*, 12 (122): 83-88.

Tartter V. C. , Gomes H. , Dubrovsky B. , Molholm S. and Stewart R. V. , 2002. Novel metaphors appear anomalous at least momentarily: evidence from N400. *Brain and Language*, 80: 488-509.

Winner E. and Gardner H. , 1977. The comprehension of metaphor in brain-damaged patients. *Brain*, 100: 717-729.

Yonelinas A. P. , 2002. The Nature of Recollection and Familiarity: A review of 30 years of research. Journal of Memory and Language, 46: 441-517.

（王小潞）

第九章　心智解读与脑机交互

"心灵感应"是否存在？这是人们非常感兴趣的问题。电影《阿凡达》描述了潘多拉星球上神奇的故事：纳美人都有一种超能力，他们有一条长长的辫子，辫梢上有像章鱼一样的触须，能够连通外界得到能量，还能和其他人或其他东西连在一起产生"心灵感应"。这是科幻电影，但有可能在我们未来真正的智能时代里，我们也能拥有"超能力"，不用动手，不用说话，就可以用意念来实现所想所需：当你想进门的时候，门会自动打开；当你想开车的时候，车可以自动驾驶；当你饿了渴了，丰富的食物立刻出现在你面前……近年来越来越多的科学家专注于这方面的研究，试图实现科幻世界中描述的"心灵感应"，也就是我们关注的脑机交互。

9.1　脑机交互概述

9.1.1　什么是脑机交互

首先，我们要了解什么是脑机交互。脑机交互的英文是 brain-computer interfaces (BCIs)，有时称做脑机接口，英文也可写成 brain-machine interfaces (BMIs)。这里的"脑"指有生命形式的脑或神经系统，也可以简单地理解为神经信号，而并不仅仅指人类的大脑。"机"是指任何处理或计算的设备，其形式可以从简单的电路到硅芯片到复杂庞大的系统。脑机交互指大脑与外部设备之间建立直接的连接通路，外部设备向大脑或神经系统输入信息，或外部设备接受/读出大脑的信息。脑机交互系统包括硬件和软件两大部分。整个系统通常由四个模块组成：信号获取模块，从大脑或神经系统中获得信号；信号处理模块，用于提取大脑活动的特征信号并将其转换成设备控制信号；输出设备模块，基于前者的设备控制信号，通过外接设备执行控制命令实现用户的意愿；反馈系统，指导用户按照一定的规则进行操作。脑机交互系统最关键的外在评价特征是速度和精确度，速度是指用户作一个选择所需要的时间，精确度是指系统执行结果与用户意愿匹配的程度。脑机交互研究的最初目标是帮助残疾人，为认知功能或感觉运动功能有障碍的人提供一个与外界交流的方式，如用思维控制假肢、轮椅、遥控开关等。但随着脑机交互研究的发展和技术的日益成熟，它们的应用也越来越广泛，受到越来越多的关注。

下面介绍脑机接口的分类。按侵入方式分，脑机接口可分为侵入式、部分侵入式和非侵入式。侵入式和部分侵入式脑机接口主要用于动物研究，少部分用于残疾病人研究及康复治疗。非侵入式脑机接口主要用于人类的研究、康复治疗及应用。从技术角度分，脑机接口可分为离体式技术、植入式电极技术 (implanted electrodes)、皮层脑电图技术 (electrocorticography, ECoG)、脑电技术 (electroencephalography, EEG/事件相关电位技术 event-related potential, ERP)、脑磁技术 (magnetoencephalography, MEG)、功能磁共振技术 (functional magnetic resonance imaging, fMRI) 及功能近红外光谱技术 (functional near-infrared spectroscopy, fNIRS)。从应用角度分，脑机接口研究可以分为四类：基础研究 (basic research)、临床研究 (clinical/translational research)、消费产品 (consumer products) 和新兴的应用研究 (emerging applications)。

BCI2000 是一款用于脑机交互研究的开放式软件，由美国纽约奥尔巴尼 Wadsworth 中心和德国蒂宾根大学医学心理与运动研究中心共同研制开发，Gerwin Schalk 博士是该软件的最主要的研发者之一。BCI2000 由多个模块组成，包括数据采集、信号监测、反馈及应用，并支持多种信号，包括皮层慢电位（slow cortical potentials）、诱发电位（evoked potentials）、脑电节律（EEG rhythms）、皮层电位（ECoG）、单个神经元动作电位（single-neuron action potentials）等，目前已被脑机交互研究人员广泛使用（http：//www.bci2000.org）。2011 年 2 月，该系统的最新版本 BCI2000 v3.0 系列面世。BCI2000 软件可以通过互联网免费获取，网站地址为：http：//www.bci2000.org。openViBE 是另外一款基于通用 BCI 协议的脑机交互研究的软件（http：//openvibe.inria.fr/）。

9.1.2　脑机交互研究背景

20 世纪 50 年代，麦吉尔大学（McGill University）的 Oldse 和 Milner（1954）注意到一些有趣的事情：在鼠脑中植入一片电极，老鼠总是会回到昨天接受刺激的那个角落。于是他们产生了一个想法，把装置把杠杆和插入脑中的电极连接起来，老鼠按压杠杆就会牵动电极。结果老鼠不停地按杠杆，不吃不喝不睡，如果不加控制，它会一直重复下去直到快乐地累死或是饿死。这就是 Olds 他们发现的奖赏中枢。这也许是最早向大脑输入信息的研究，开创了脑机接口的先河。

读出大脑或者神经系统信息的研究，目前已经发展得比较成熟了。除了对感知觉的研究，科学家们更关注抽象概念的研究，试图揭示大脑对抽象概念的认知过程，在信息处理上表现为对某一类外界事物共同特征信息的抽提和整合。比如，家具店里的各种椅子和桌子可能在结构和形态上各有差异，但我们看一眼就能分辨出这是椅子，那是桌子。因此，科学家们很早就在理论上推测，可能会存在一些高级神经元来编码像"椅子"这样某一类特定的复杂对象或概念。1969 年，美国麻省理工学院的 Lettvin 在他的《知觉和知识的生物基础》一书中就提出了这一观点，由于当时技术条件的限制，还未能在脑内真正观察到这样的神经元。20 世纪 70 年代，美国 MIT 的神经科学家 Gross 在猕猴大脑的颞下回，首次发现了对手和脸等特殊形状有反应的神经元（Gross et al.，1969），这一发现在随后的十几年间得到了来自不同实验室的验证（Fuster and Jervey，1981；Richmond et al.，1983）。Thompson 等在麻醉猫的联合皮层发现了编码数的神经元（Thompson et al.，1970）。Nieder 等则发现短尾猴侧前额叶皮层的神经元具有数字编码能力（Nieder et al.，2002；Nieder and Miller，2003）。2007 年，钱卓、林龙年等（Lin et al.，2007）在小鼠海马的研究工作上进一步发现，小鼠海马存在编码"窝概念"的神经元，这些神经元对小鼠自己睡的"窝"有三种反应类型。虽然这三种窝细胞的窝反应放电形式有所不同，但它们均表现出编码"窝概念"信息的特点。

上述的研究已经表明，大脑皮层上有一些特定的神经元，这些神经元能编码特定的信息，因此记录这些神经元的活动信号来操作外部设备实现机械控制，在技术上是能切实实现的。在我们周围，数以万计的人无法行动或与他人交流。如《超人》的主演克里斯多弗.里夫，一场骑马意外导致全身瘫痪，其他患有葛雷克氏症（"渐冻人"，如霍金）的人不能说话，严重的甚至不能通过眨眼与人交流，还有昏迷的植物人。如何帮助这些病人生活和工作，变得非常重要。

2006 年《Science》杂志报道了一项研究结果，剑桥大学的 Adrian Owen 和他的同事，对一名 23 岁的植物人和 12 名健康志愿者进行功能磁共振扫描。让他们想象自己打网球或者在自己家附近散步。这名患者在 2005 年 7 月的车祸后一直昏迷不醒处于植物人状态。功能磁共振实验发现这名患者和健康志愿者的大脑活动模式非常相似。结果表明尽管植物人不能作出任何反馈，却并非没有意识，她可以"在脑中打网球"，"可以想象散步"（Owen et al.，2006）。这是科学家们第一次直接获得植物人的交流反馈。

9.2 脑机交互研究进展

脑机交互的研究已经持续了 30 多年。1971 年，英国科学家 John O'Keefe 首次报道了在大鼠海马存在编码位置信息的位置细胞，当大鼠处于某一环境的某一特定位置时，某些海马神经元会特异性的兴奋（O'Keefe and Dostrovsky，1971）。约翰·霍普金斯大学的 Georgopuolos（1982，1986）和他的同事找到了猕猴的上肢运动的方向和运动皮层中单个神经元放电模式的关系。除了发现编码位置信息、运动与运动方向信息的神经元外，2004 年，Hampson 等在猴子大脑与学习记忆功能密切相关的海马区域，发现了能编码事物高级复杂属性的神经元（Hampson et al.，2004）。比如对人物图片有较专一反应的海马神经元，不管呈现图片上的人物性别、衣着颜色、动作有何不同，该神经元均会有稳定的放电增加反应。在猴子大脑观察到的这类与高级认知活动相关的神经元，在人类大脑中是否也存在呢？来自临床神经实验室的报道，证实在人的海马脑区也存在类似的具有高级认知特性的神经元（Haxby et al.，2001）。在清醒病人海马脑区所进行的观察和记录，发现在所记录到的海马神经元中，约有 14% 的神经元表现出对所呈现图片的内容具有选择性的反应（Huxter et al.，2003）。

如上所述，脑科学研究领域对中枢神经系统神经元网络的活动规律，已获得了一些重要研究进展，脑机接口技术也随之发展起来。Fetz 和他的同事是用单细胞电极记录神经元活动进行脑机交互研究的先驱。19 世纪六七十年代 Fetz 和他的同事记录清醒猴子（Macaca mulatta）前中央沟皮层的信号，通过操作性条件（神经元放电频率高就给予食物奖励），发现猴子快速学会自由控制初级运动皮层中单个神经元的放电频率（Fetz，1969；Fetz and Cheney，1978）。几年后，Schmidt 做了很多这方面的工作，他提出了用单个运动皮层的信号控制外部设备的设想（Schmidt，1980），这些工作极大地推动了脑机交互技术的发展。接下来，我们将分别介绍侵入式脑机接口、部分侵入式脑机接口和非侵入式脑机接口技术。

9.2.1　侵入式脑机交互

侵入式脑机接口可分为单细胞记录（single unite）、多细胞记录（multi-units）和多通道在体记录技术。这里主要介绍多通道在体记录技术。

国际上有的研究小组已经能够使用多通道在体记录技术实时捕捉皮层中的复杂神经信号，并用来控制外部设备。其中杜克大学的 Miguel Nicolelis 领导的研究小组做了很多出色的工作。Nicolelis 在 1999 年实现了通过提取大鼠运动皮层的信号控制机械手的一维运动（Chapin et al.，1999）。2000 年，他们在夜猴的前运动皮层、初级运动皮层、顶叶后部皮层等多个脑区植入微电极，并训练夜猴完成两类不同的运动任务：根据屏幕提示操作游戏杆做左右的移动（一维运动）；获取不同位置的食物（三维运动）。同时记录神经元信号，实时控制机械臂。有意思的是，Nicolelis 通过提取夜猴的神经元信号，同时控制两个机械臂，其中一个是通过局域网控制在杜克大学内的机械臂，另一个是通过因特网远程操控在 MIT 的机械臂（Wessberg et al.，2000）。

匹兹堡大学 Schwartz 领导的研究小组在脑机交互领域做了很多创造性的工作（Schwartz et al.，2006；Taylor et al.，2002，2003；Wang et al.，2009）。他们的主要工作是虚拟现实的三维空间中的视觉目标追踪，以及脑机接口对机械臂的控制。受试的猴子能够通过脑机接口技术控制屏幕中光标的移动，还可以用机械臂喂自己食物。发表在 *Nature* 的研究表明（Velliste et al.，2008），在他们的实验中，当猴子的双手被固定住，通过大脑皮层中的信号控制机械臂很顺畅地喂自己吃水果，就好像机械臂是他们自己的手一样（在线视频地址：http：//www. chronicle. pitt. edu/？p = 1478）。Schwartz 称，希望他们的研究能够帮助完全丧失运动能力的瘫痪病人和那些闭锁症病人。加州理工大学的 Anderson

领导的研究小组正在研究从顶叶后部的神经元提取前运动信号的脑机接口 (Andersen et al., 2004)。

关于动物的研究取得了长足的进展，人类脑机交互研究也随之发展。侵入式脑机接口主要用于重建特殊感觉（例如视觉）以及瘫痪病人的运动功能。Dobelle 是视觉脑机接口方面的先驱。1978 年，Dobelle 在一位男性盲人 Jerry 的视觉皮层植入了 68 个电极的阵列，并成功制造了光幻视 (phosphene)。该脑机接口系统包括一个采集视频的摄像机，信号处理装置和受驱动的皮层刺激电极。植入后，病人可以在有限的视野内看到灰度调制的低分辨率、低刷新率点阵图像 (Dobelle et al., 1979)。在"运动神经假体"的脑机接口方面，Emory 大学的 Kennedy 和 Bakay 最先对病人植入了可获取足够高质量的神经信号来模拟运动的脑机接口。他们的病人 Ray 患有脑干中风导致的锁闭综合症。Ray 在 1998 年接受了植入，并学会了用脑机接口来控制电脑的光标 (Kennedy and Bakay, 1998)。

9.2.2 部分侵入式脑机交互

皮层脑电图 (ECoG) 的技术基础和脑电图的相似，但是 ECoG 的电极是直接植入到硬脑膜下大脑皮层上的区域。与 EEG 技术相比较，ECoG 有更大的信号幅值、更好的空间分辨率、更高的频率带宽。华盛顿大学（圣路易斯）的 Leuthardt 是最早在人体试验皮层脑电图的研究者 (Leuthardt et al., 2009)。其中有一项研究，Leuthardt 与他的同事让病人完成真实的运动或者想象运动的任务，同时记录用 ECoG 信号，通过分析 ECoG 信号实时控制光标一维和二维运动 (Leuthardt et al., 2004；Schalk et al., 2007；Schalk et al., 2008)。

2011 年，基于 ECoG 技术的脑机交互有了突破性的进展。以往，脑机交互研究中用于驱动外部设备的脑信号来自运动皮层或者感觉皮层，在 Leuthardt 的研究中，用于驱动外部设备的信号来自语言皮层。四位癫痫病人参与了该项研究，在他们的语言皮层中放置 64 导 (8×8) 的微电极，两个电极之间间隔为 10mm。测试期间，只要经过短暂的训练，病人坐在电脑显示器前，通过说或者想象事先确定的语气词（"oo"，"ah"，"eh" 和 "ee"）就能控制一个光标的运动。如说 "oo" 让光标往左边移动，说其他词让光标往上、往下和往右移动（Leuthardt et al.，2011）。该项研究对那些无法和外界交流的人来说，是一个福音。

9.2.3 非侵入式脑机交互

和侵入式、部分侵入式脑机接口一样，研究者也使用非侵入式的神经成像技术作为脑机之间的接口，在人体身上进行了实验。主要的成像技术为：脑电技术（EEG）、脑磁技术（MEG）、功能磁共振技术（fMRI）和功能近红外光谱技术（fNIRS）。本节主要介绍 EEG 和 fMRI 技术。

9.2.3.1 EEG

自从 1929 年 Berger 第一次用银电极记录到 EEG 信号以来，在基础研究和临床应用领域，EEG 技术有了很大的发展。尤其在脑机交互领域。1973 年，加州大学的 Vidal 首次提出基于 EEG 技术的脑机交互系统（Vidal，1973）。EEG 是目前应用最为广泛的非侵入式技术，因为 EEG 技术安全无创伤，其信号具有信息量大、时间分辨率高的特点，设备相对简单便于携带，价格相对低廉，所以逐步成为脑机接口研究的主要选择。但是 EEG 技术也有局限性。首先，由于颅骨对信号的衰减作用和头颅的容积导体效应，记录到信号的空间分辨率较差；其次，EEG 对噪声的较为敏感；再者，使用 EEG 作为脑机接口，使用者必须进行大量的训练。Birbaurmer 于 1990 年代利用瘫痪病人的脑电信号使其能够控制电脑光标。经过训练，瘫痪病人能够成功地用脑电信号控制光标。但是光标控制的效率较低，在屏幕上写 100 个字符需要 1 个小时，且训练过程常耗时几个月。在 Birbaumer 的后续研究中，多个脑电图成分可被同时测量，包括 μ 波和 β 波。病人可以自主选择对其最易用的成分进

行对外部的控制 (Birbaumer et al. , 1990；Rockstroh et al. , 1990；Wol-
paw et al. , 2002)。

与上述这种需要训练的 EEG 脑机接口不同，一种基于脑电 P300 信号的脑机接口不需要训练，因为 P300 信号是人看到熟识的物体非自主地产生的 (Mak et al. , 2011)。Bayliss 2000 年的一项研究显示，受试者可以通过 P300 信号来控制虚拟现实场景中的一些物体，例如开关灯或者操纵虚拟轿车等 (Bayliss and Ballard，2000)。最近一项研究报告了一个非常有趣的结果，通过 Oddball 范式，研究者能够用基于 P300 的脑机交互系统，让实验参与者直接选择他们感兴趣的东西。20 个实验参与者参加实验，平均准确率能够达到 99% (Mak et al. , 2011)。

9.2.3.2 功能核磁共振成像 (fMRI)

与 EEG 和 ECoG 技术相比，fMRI 具有无创伤性和较高的空间分辨率的优势。基于 fMRI 的实时脑机接口技术也逐渐被研究者们所关注 (Bagarinao et al. , 2006；deCharms et al. , 2005；Lee et al. , 2009；Palmer et al. , 2001；Ranganatha et al. , 2007；Weiskopf et al. , 2004)。 研究者能够通过 fMRI 获取大脑某个特定皮层或皮层下脑区的活动信号用于实时反馈。例如在 Caria 等人 2007 年的一项研究中显示 (Cariaet al. , 2007)，实验参与者能够通过实时 fMRI 信号调节自己的右侧岛叶前部的活动程度。如下图所示，一个类似于温度计的图示指示特定脑区的激活变化，浅灰色表示激活在基线以上，深灰色表示激活在基线以下。实验参与者根据提示 (如右图的向上箭头) 来调节自己的脑活动情况，温度计的指示条纹会随着脑活动的变化而变化，大概有 1.5 秒的延时。如向上箭头变成如左图所显示的十字图形，即提示实验参与者休息。2004 年 Yoo 等人用 fMRI 技术检测大脑的激活情况，用大脑的激活信号驱动一个二维的光标引导被试走迷宫 (Yoo et al. , 2004)，在他们最近的研究中，通过实时 fMIR 信号来控制机械臂 (Lee et al. , 2009)。

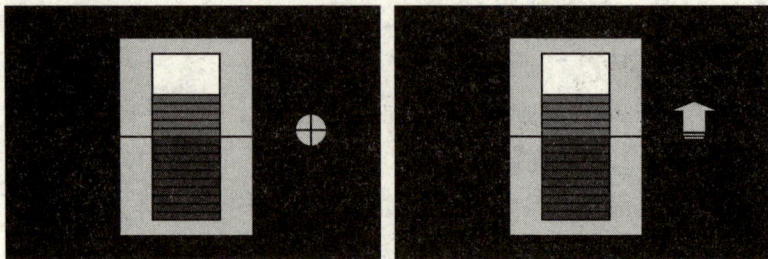

（图片来自 Caria et al. 2007）

9.3　脑机交互的未来

脑机交互技术将广泛应用于临床研究及治疗。脑机交互技术能够为运动功能有障碍的残疾人提供辅助装置，帮助他们实现运动功能；还能够帮助闭锁综合症病人实现对外的交互等。未来当脑机接口技术发展到一定程度后，不但可能修复残疾人的受损功能，也可能治疗脑的某些疾病。例如深部脑刺激（DBS）技术可能用来治疗抑郁症和帕金森氏病，或许还可用来改变正常人的一些脑功能和个性；又如有人猜测，海马神经芯片将可能用来增强正常人的记忆，等等。

脑机交互技术的市场化，也可能是脑机交互未来发展的一个方向。为推动实用的人类脑机接口技术的发展，Donoghue 等人创立了 Cybernetics 公司，该公司主要生产 BrainGate。Kennedy 创立了 Neural Signals 公司，该公司生产侵入式脑际接口的微电极阵列。

智能游戏产业可能是脑机交互技术的另一个方向。有人预测，我们的大脑可能是下一个游戏机遥控器（http：//www. wired. com/medtech/health/news/2007/09/bci_games? currentPage = all）。

参考文献

Andersen, R. A., Musallam, S., and Pesaran, B., 2004. Selecting the signals for a brain-machine interface. *Current Opinion in Neurobiology*, 14 (6): 720 – 726.

Bagarinao, E., Nakai, T., and Tanaka, Y., 2006. Real-time functional MRI: development and emerging applications. *Magnetic Resonance in Medical Sciences*, 5 (3): 157 – 165.

Bayliss, J. D., and Ballard, D. H., 2000. Recognizing evoked potentials in a virtual environment. *Becker, S., Leen, T. K., and Muller, K., (eds): Advances in Neural Information Processing Systems* 12., Cambridge. MA: MIT Press.

Birbaumer, N., Ghanayim, N., Hinterberger, T., Iversen, I., Kotchoubey, B., et al., 1999. A spelling device for the paralysed. *Nature*, 398: 297 – 298.

Caria, A., Veit, R., Sitaram, R., Lotze, M., Weiskopf, N., et al., 2007. Regulation of anterior insular cortex activity using real-time fMRI. *NeuroImage*, 35 (3): 1238 – 1246.

Chapin, J. K., Moxon, K. A., Markowitz, R. S., and Nicolelis, M. A. L., 1999. Real-time control of a robot arm using simultaneously recorded neurons in the motor cortex. *Nature Neuroscience*, 2: 664 – 670.

deCharms, R. C., Maeda, F., Glover, G. H., Ludlow, D., Pauly, J. M., Soneji, D., Gabrieli, J. D., and Mackey, S. C., 2005. Control over brain activation and pain learned by using real-time functional MRI. *The Proceedings of the National Academy of Sciences of the United States of America*, 102: 18626 –

18631.

Dobelle, W. H. , Quest, D. O. , Antunes, J. L. , Roberts, T. S. , and Girvin, J. P. , 1979. Artificial vision for the blind by electrical stimulation of the visual cortex. *Neurosurgery*, 5: 521–527.

Fetz, E. E. , 1969. Operant conditioning of cortical unit activity. *Science*, 13: 955–958.

Fetz, E. E. , and Cheney, P. D. , 1978. Muscle fields of primate corticomotoneuronal cells. *Journal of Physiology Paris*, 74: 239–245.

Fuster, J. M. , and Jervey, J. P. , 1981. Inferotemporal neurons distinguish and retain behaviorally relevant features of visual stimuli. *Science*, 212: 952–955.

Georgopoulos, A. P. , Kalaska, J. F. , Caminiti, R. , and Massey, J. T. , 1982. On the relations between the direction of two-dimensional arm movements and cell discharge in primate motor cortex. *The Journal of Neuroscience*, 2: 1527–1537.

Georgopoulos, A. P. , Schwartz, A. B. , and Kettner, R. E. , 1986. Neuronal population coding of movement direction. *Science*, 233: 1416–1419.

Gross, C. G. , Bender, D. B. , and Rocha-Miranda, C. E. , 1969. Visual receptive fields of neurons in inferotemporal cortex of the monkey. *Science*, 166: 1303–1306.

Hampson, R. E. , Pons, T. P. , Stanford, T. R. , and Deadwyler, S. A. , 2004. Categorization in the monkey hippocampus: a possible mechanism for encoding information into memory. *The Proceedings of the National Academy of Sciences of the United States of America*, 101: 3184–3189.

Haxby, J. V. , Gobbini, M. I. , Furey, M. L. , Ishai, A. , Schouten, J. L. , and Pietrini, P. , 2001. Distributed and overlapping representations of faces and objects in ventral temporal cortex. *Science*, 293: 2425–2430.

Huxter, J. , Burgess, N. , and O'Keefe, J. , 2003. Independent rate and temporal coding in hippocampal pyramidal cells. *Nature*, 425: 828–32.

Kennedy, P. R. , and Bakay, R. A. , 1998. Restoration of neural output from a paralyzed patient by a direct brain connection. *Neuroreport*, 9: 1707–1711.

Lee, J. - H., Ryu, J., Jolesz, F. A., Cho, Z. - H., and Yoo, S. - S., 2009. Brain-machine interface via real-time fMRI: Preliminary study on thought-controlled robotic arm. *Neuroscience Letters*, 450: 1-6.

Leuthardt, E. C., Freudenberg, Z., Bundy, D., and Roland, J., 2009. Microscale recording from human motor cortex: implications for minimally invasive electrocorticographic brain-computer interfaces. *Neurosurgical Focus*, 27: E10.

Leuthardt, E. C., Gaona, C., Sharma, M., Szrama, N., Roland, J., et al., 2011. Using the electrocorticographic speech network to control a brain-computer interface in humans. *Journal of Neural Engineering*, 8: 036004.

Leuthardt, E. C., Schalk, G., Wolpaw, J. R., Ojemann, J. G., and Moran, D. W., 2004. A brain-computer interface using electrocorticographic signals in humans. *Journal of Neural Engineering*, 1: 63-71.

Lin, L., Chen, G., Kuang, H., Wang, D., and. Tsien, J. Z., 2007. Neural encoding of the concept of nest in the mouse brain. *The Proceedings of the National Academy of Sciences of the United States of America*, 104: 6066-6071.

Mak, J. N., Arbel, Y., Minett, J. W., McCane, L. M., Yuksel, B., et al., 2011. Optimizing the P300-based brain-computer interface: current status, limitations and future directions. *Journal of Neural Engineering*, 8: 1-7.

Nieder, A., Freedman, D. J., and Miller, E. K., 2002. Representation of the quantity of visual items in the primate prefrontal cortex. *Science*, 297: 1708-1711.

Nieder, A., and Miller, E. K., 2003. Coding of cognitive magnitude. Compressed scaling of numerical information in the primate prefrontal cortex. *Neuron*, 37: 149-157.

O'Keefe, J., and Dostrovsky, J., 1971. The hippocampus as a spatial map: preliminary evidence from unit activity in the freely-moving rat. *Brain Research*, 34: 171-175.

Olds, J., and Milner, P., 1954. Positive reinforcement produced by electrical stimulation of septal area and other regions of rat brain. *The Journal of compara-*

tive and physiological psychology, 47: 419–427.

Owen, A. M., Coleman, M. R., Boly, M., Davis, M. H., Laureys, S., and Pickard, J. D., 2006. Detecting awareness in the vegetative State. *Science*, 313: 1402.

Palmer, E. D., Rosen, H. J., Ojemann, J. G., Buckner, R. L., Kelley, W. M., and Petersen, S. E., 2001. An event-related fMRI study of overt and covert word stem completion. *Neuroimage*, 14: 182–193.

Ranganatha, S., Andrea, C., Ralf, V., Tilman, G., Giuseppina, R., et al., 2007. fMRI brain-computer interface: a tool for neuroscientific research and treatment. *Computational Intelligence and Neuroscience*, 1–10.

Richmond, B. J., Wurtz, R. H., and Sato, T., 1983. Visual responses of inferior temporal neurons in awake rhesus monkey. *Journal of neurophysiology*, 50: 1415–32.

Rockstroh, B., Elbert, T., Birbaurmer, N., and Lutzenberger, W., 1990. Biofeedback-produced hemispheric asymetry of slow cortical potentials and its behavioural effects. *International Journal of Psychphysiology*, 9: 151–165.

Schalk, G., Kubanek, J., Miller, K. J., Anderson, N. R., Leuthardt, E. C., et al., 2007. Decoding two-dimensional movement trajectories using electrocorticographic signals in humans. *Journal of Neural Engineering*, 4: 264–275.

Schalk, G., Miller, K. J., Anderson, N. R., Wilson, J. A., Smyth, M. D., et al., 2008. Two-dimensional movement control using electrocorticographic signals in humans. *Journal of Neural Engineering*, 5: 75–84.

Schmidt, E. M., 1980. Single neuron recording from motor cortex as a possible source of signals for control of external devices. *Annals of biomedical engineering*, 8: 339–349.

Schwartz, A. B., Cui, X. T., Weber, D. J., and Moran, D. l. W., 2006. Brain-controlled interfaces: movement restoration with neural prosthetics. *Neuron*, 52: 205–220.

Taylor, D. M., Tillery, S. I. H., and Schwartz, A. B., 2002. Direct cortical control of 3D neuroprosthetic devices. *Science*, 296: 1829-1832.

Taylor, D. M. , Tillery, S. I. H. , Schwartz, A. B. 2003. Information conveyed through brain-control: cursor vs. robot. *IEEE Transactions on Neural Systems and Rehabilitation Engineering*, 11: 195-199.

Thompson, R. , Mayers, K. , Robertson, R. , and Patterson, C. , 1970. Number coding in association cortex of the cat. *Science*, 168: 271-273.

Velliste, M. , Pere, S. , Spalding, M. C. , Whitford, A. S. , and Schwartz, A. B. , 2008. Cortical control of a prosthetic arm for self-feeding. *Nature*, 453: 1098-1101.

Vidal, J. J. , 1973. Toward direct brain-computer communication. *Annual Review of Biophysics & Bioengineering*, 2: 157-180.

Wang, W. , Degenhart, A. D. , Collinger, J. L. , Vinjamuri, R. , Sudre, G. P. , et al. , 2009. Human motor cortical activity recorded with Micro-ECoG electrodes, during individual finger movements. *Annual International Conference of the IEEE Engineering in Medicine and Biology Society IEEE Engineering in Medicine and Biology Society Conference* 2009, 586-589

Weiskopf, N. , Scharnowski, F. , Veit, R. , Goebel, R. , Birbaumer, N. , and Mathiak, K. , 2004. Self-regulation of local brain activity using real-time functional magnetic resonance imaging fMRI. *Journal of Physiology Paris*, 98: 357-373.

Wessberg, J. , Stambaugh, C. R. , Kralik, J. D. , Beck, P. D. , Laubach, M. , et al. , 2000. Real-time prediction of hand trajectory by ensembles of cortical neurons in primates. *Nature*, 408: 361-365.

Wolpaw, J. R. , Birbaumer, N. , McFarland, D. J. , Pfurtscheller, G. , and Vaughan, T. M. , 2002. Brain-computer interfaces for communication and control. *Clinical Neurophysiology*, 113: 767-791

Yoo, S. - S. , Fairneny, T. , . Chen, N. - K. , Choo, S. E. , Panych, L. P. , et al. , 2004. Brain-computer interface using fMRI: spatial navigation by thoughts. *NeuroReport*, 15: 1591-1595.

（陈飞燕）

第十章 心智解读与测谎

"当出于骗人目的而说假话时，就是绝对的谎言。"

——奥古斯丁

10.1 前言

10.1.1 说谎及其双重角色

正如对人类其他行为的理解，人们对说谎的理解演变经历了漫长而曲折的历史。尽管目前对"说谎"的比较认可的定义是："为使说者获益的有意的错误表述"，但由于说谎自身的复杂性，其定义还存在一定争议。从进化心理学的角度来看，说谎是人类发展到高级阶段的产物，是一种社会适应性行为。而发展心理学的研究发现，大约4岁的儿童就开始了策略性的说谎 (Fu and Lee, 2007)。从古至今，人们对说谎的道德评价也因时代背景的不同而逐渐演变，例如在西方的古罗马时代的奥古斯丁就认为一切的谎言都是不允许的，因为上帝不会允许谎言的存在，而如今的人们甚至儿童对说谎进行道德评价时，会依据说谎的动机来进行评价 (Lee et al., 2009)。毫无疑问，说谎有时是一种积极的社会适应性行为，作为社会的润滑剂，一些善意的谎言是可以被接受的。然而一些恶意的谎言，例如，犯罪者试图通过欺骗来隐瞒他们的犯罪行为，商家通过欺骗消费者赚取利益，官员欺上瞒下，甚至政治家通过欺骗发动战争等等，这类谎言对社会的危害不言而喻。伴随着对说谎危害的认识，人们也越来越关注如何探测和鉴别说谎者。而已有的研究发现，人们通常都会高估自己的识别谎言的能力而低估了自己的说谎能力（Elaad，2003）。事实上，越来越多的研究发现，普通人的识谎能力仅处在随机水平（Akehurst et al.，2004）。因此人们寄望并不断致力于发展可靠准确的测谎仪器和方法，以满足社会在经济、法制、临床、国家安全等方面的迫切需要。

10.1.2 测谎的历史

事实上，自有谎言以来，人们就开始了与谎言的斗争，最早的测谎尝试甚至始于公元前 1000 年（Ford，2006）。早期人们利用一些原始的工具来进行测谎。例如在古代中国要嫌犯咀嚼干稻米粒来识别是否说谎，在古代的阿拉伯人通过让嫌疑犯舔吃烧红的铁块来进行测谎，在古代英国则有吞咽面包和奶酪的方式，在公元前 4 世纪古代希腊人中就已经有通过测量脉搏来辨认说谎者。尽管这些是较为原始的测谎方式，但已经是科学测谎的萌芽，因为利用的是说谎者或者犯罪者情绪紧张、恐慌等导致的外周生理反应增加的原理来进行的，有一定科学性和可行性。

在近现代，科学的测谎理论初步创立，也出现了测谎仪的雏形。首先是 Marston（1917）发明了第一台基于血压水平的测谎仪，并发表了相关测谎研究的论文。1921 年，美国加州大学医学院的学生 Larson 发展了 Marston 的相关无关测试（R/I），发明了第一台基于皮肤电阻的测谎仪，并开始应用于加州伯克利地区（Larson et al.，1932）。在此后的发展历程中，储备了测谎基本原理、基本装置和一些在此领域有一定专业性的人才，包括维特海默在内的一些著名心理学家也在这个领域作出了重要的贡献。这一时期，开始出现了专门的一些测谎机构，并得到了军方的支持。随后包括我国在内的各国都开始研究自己的测谎器。

自 20 世纪 80 年代起，心理生理学测谎研究已经取得了迅速的发展，其中有部分研究结果已开始应用于实际。本章主要介绍这一时期到现在测谎理论与技术的发展。总体来看，前人对测谎的研究主要集中在两个方面：一是从测试范式的角度不断改进，考察和比较不同测试范式适用的具体情境、相对的准确率和在应对反测谎方面的有效性；二是利用心理生理学原理和现代科学仪器（如生理多导仪 polygraph，语图分析技术、表情解码技术、眼动追踪技术，事件相关电位、功能核磁共振和近红外成像技术等）进行测谎指标的创新和有效性研究。

10.2　传统的心理生理测谎理论和技术的发展

10.2.1　测谎的基本问题范式的发展

10.2.1.1　相关－无关问题检测

相关－无关问题检测（relevant/irrelevant，简写为 R/I）是传统测谎模式中最古老也是最简单的一种测试模式。所谓相关问题是指涉及所调查案件的明确的问题，比如犯罪事件是某人的银行卡星期二时被盗，那么相关问题的设置可以是："你在星期二盗窃了银行卡吗?"无关问题则是与调查案件不相干的控制问题，比如，"今天是星期二吗?"（National Research Council，2003）。个体在相关问题上的生理反应强于无关问题的生理反应时，就可能被认定在说谎。虽然这种技术从科学的严密性上看有一定不足，但它还是在犯罪调查以及一些保密性行业雇员安全性测试中不断运用。这种相关—无关测试的原理是：与没有说谎的无关问题相比，在相关问题上说谎的犯罪者会表现出更大的相关生理反应。这种范式的缺陷是被测者很容易对要测试的问题作出预期并进行相应的反测谎操作，另外相关问题与控制问题两者本身的唤醒度差异导致的无辜者在两类问题上产生生理反应不同，这样的设置可能造成对无辜者的误判。

10.2.1.2 控制问题测试（CQT）

控制问题测试（control question test）或比较问题测试（comparison question test）是在生理多导仪测谎中应用最广泛的技术，也一度被认为是最有效的测试范式。在这种范式中测试者首先会向受测者解释测谎仪的工作原理并且说明受测者的诚实反应的重要性，然后对受测者提出问题要求其回答。这些问题包括一些无关问题，如你的名字是叫××吗？还包括犯罪相关的问题，例如，你偷了那张银行卡吗？此外，控制问题测试还巧妙地增加了一类问题叫做控制问题（control question），这类问题即使是无辜的受测者也会产生较大生理反应。例如："你是否曾经在你的生活中说谎？"或者"你是否曾经违反过交通规则？"这类所谓可能说谎问题（probable lying question）。这种问题被认为能像相关问题一样激起受测者对诚实或说谎的关注。事件无关的无辜受测者对控制问题的关注程度可能高于那些相关问题，因为他们对相关问题进行诚实回答时不伴随太多的焦虑，而对这些他们可能的确有过的"不良"行为问题回答时伴随焦虑。而那些犯罪相关的受测者在对相关问题上有更强的关注，以至产生更强的生理反应。在控制问题测试中，如果受测者的结果表现出控制问题的生理反应高于相关问题的生理反应，则被认为通过测试，而如果受测者的结果表现出相关问题的生理反应高于控制问题的生理反应，则倾向于视为在说谎。控制问题测试的原理是，无辜者会在回答相关问题时小于比较问题的生理反应，而犯罪者则会在相关问题上表现出大于比较问题的生理反应（Bradley et al.，1994；Honts，1996）。

虽然控制问题测试由于其编码的客观性，在测谎仪中的应用最为广泛，研究者也在对其鉴别方式进行改进（Fiedler et al.，2002；Horowitz et al.，1997），但是其效度问题还是饱受质疑。首先认为已有的研究没有报告项目分析，也无从验证内部一致性，由于其决策模型没有经过验证和细化，缺乏结构效度；此外控制问题测试的预测效度也受样本偏差的影响。在对控制问题测试范式的激烈批评质疑声中，很多国家都否决了测谎仪证据在司法程序中的合法性。

10.2.1.3　犯罪知识测试（GKT）

犯罪知识测试（guilty knowledge test），简称 GKT，又称隐瞒信息测试（concealed information test，CIT），是 Lykken 引入的一种替代 CQT 的测谎测试模式（Lykken，1959）并被认为是测谎理论发展的认知取向的标志性范式。该范式现已广泛应用于反应时测谎，眼动测谎，脑电测谎和功能核磁共振测谎中。犯罪知识测试的基本原理是基于认知和情绪成分的结合，包括情绪唤醒、注意的定向反应、记忆的新旧效应等，即相对无辜者而言，犯罪信息对犯罪者是更熟悉和更有意义的，在呈现犯罪相关信息时，犯罪者会对相关刺激产生更高的情绪唤醒、定向反应和再认的认知过程。

一般犯罪知识测试中，测试问题都以多项选择题的形式呈现。比如，发生一件这样的犯罪案件，有人入室抢劫，用水果刀杀害受害者并从窗户逃逸。那么在该案件的调查中，测试问题可能是："凶手逃离房间的位置在哪里？它在：1）前门？2）厨房门？3）窗户？4）阳台？"其中只有一个信息是符合犯罪细节的，即窗户（Nakayama，2002）。这样相关选项和无关选项形成一个 oddball 的比例1:3，而测试会要求受测者对所有选项进行否认，为保持受测者的注意力，要求只对其中的一个无关选项进行肯定回答，这个肯定回答的选项就被称为靶刺激。对于无辜者而言，靶刺激诱发的生理反应高于相关选项和其他无关选项，则能够通过该测试。但如果一个否认所有选项的受测者在准确描述案件的相关信息上表现出最强的生理反应，那么这个受测者将可能被认定在说谎。根据以往 GKT 研究的不同特点，可将 GKT 研究大致分成四种研究范式：卡片测试（Phan et al.，2005）、模拟犯罪测试、个人真实信息测试和现场研究范式。前三种为实验室实验研究范式，后者为现场研究范式，其中卡片测试和模拟犯罪测试广泛运用于测谎研究中。

GKT 模式旨在测试受测者是否知道犯罪信息，如果知道则很可能是犯罪者。由于这种测试形式要求测谎员知道那些特定事件的细节信息，所以它不能用于一些保密性较高的安全行业测试中。该范式对犯罪者的犯罪情节记忆也有严格的要求，不能应用于犯罪者对犯罪情节没有记忆的情景中。GKT 模式要求进行测谎的关键性犯罪信息不能有泄露，即要求在所有参加测试的受测者中，必须只有犯罪者知道正确的犯罪信息。所测的犯罪信息一旦为其他犯罪嫌疑人所知道时，该犯罪信息就不能被作为 GKT 模式的测谎内容。然而在现实的情景中尤其现在的网络信息社会，犯罪信息很可能会泄露，无辜的犯罪嫌疑人并非对犯罪信息一无所知。显然，对犯罪信息保密的高要求影响了 GKT 模式在实际情景中的应用。因此，GKT 模式是在保护知情无辜者方面的劣势，限制了其在现场研究中的应用。

虽然测谎的问题范式已经有了较多的发展，尤其是控制问题范式和犯罪知识测试已经应用于一些现场实验，并得出了较好的探测率，但是正如测谎一直以来面临的尴尬一样，测谎在很多领域要求的探测率接近于100%，并要求无假阳性率。这是目前所有研究技术和问题范式都无法达到的高度。此外，以上所有已有的测谎技术和范式都要求被试对犯罪细节记忆清晰并且有一定的情绪体验，这在有些情境下无法达到的。首先，犯罪者的智商、个性特征和生理心理状态对犯罪信息的记忆强度、犯罪的态度和情绪唤醒强度有较大的影响，而犯罪者自身具备的反测谎知识也会影响各种测试范式的效度。因此目前的测试范式还在改进和进一步发展中。

10.2.2 测谎技术和指标的发展

从行为线索到生理指标到大脑相关的心理生理指标，测谎技术和指标的发展与心理学其他研究的发展一样，经历了从测试行为到测试外周神经系统，再到测试更为直接的中央神经系统的研究历程。

10.2.2.1 基于行为线索的测谎

10.2.2.1.1 传统生理多导仪的测谎

正如前一部分所提到的，传统的测谎主要借助于多导生理仪（polygraph）来进行，通过测试被试的植物神经系统（ANS）的生理指标如心跳、脉搏、皮肤电等的变化，来推断被试是否说谎。此外还有指脉冲波等生理指标也被应用于测谎研究中（Fiedler, et al., 2002；Greenberg, 2002）。

传统的测谎方法主要是基于这样的假设：由于说谎者在说谎过程中会伴随紧张等情绪变化，所以在他们回答相关问题（如"你偷了钱吗？"）时会比在回答其他对照问题时的唤醒强度更高。但是根据美国国家研究委员会的报告文件（National Research Council, 2003），这种理论假设是有严重缺陷的。即说谎者在回答关键问题时不一定有更高的唤醒程度。相反，无辜者也可能因为紧张而导致情绪唤醒的增加（Rissman et al., 2010）。

10.2.2.1.2 反应时测谎

（1）GKT 测试的反应时研究

到目前为止，基于反应时的测谎大多基于认知负荷理论，采用的范式多为 GKT 范式。认知负荷理论认为说谎包括了抑制诚实回答（先潜反应）、执行说谎反应以及解决两种反应竞争产生的反应冲突等过程。从这个角度来看，说谎涉及更多的执行控制功能从而需要更多的认知资源，这种认知负荷增加了说谎反应的反应时。由此自 2000 年开始，Seymour 等人进行了一系列的反应时测谎的探索性研究。他们首先是将 GKT 范式直接改为记录反应时指标的测试。通过对比靶刺激、相关刺激和无关刺激在准确率和反应时指标上的差异进行个体鉴别，得出较高的个体鉴别率（犯罪者鉴别率为 89%，无辜者为 100%），此外还能较好地应对被试刻意地对反应时进行操纵的反测谎（Seymour et al., 2000）。在其后续的研究中，还探讨了单纯的反应时指标在视觉和言语刺激 GKT 范式中的效度以及工作负荷对欺骗的反应时的影响（Seymour and Kerlin，2008；Vendemia et al.，2005）。Verschuere 等（2010）的研究还对比了反应时的 GKT 测谎和传统测谎仪测谎效度的差异，结果证实了反应时测谎的效度（效应值 effect size，cohen d = 1.97）类似于测谎仪的效度（d = 1.46）。另外，Verschuere 等（in press）最新的研究表明增强诚实反应的优势度可以增加测谎的准确率。

（2）注意瞬脱范式

2009 年 Ganis 和 Patnaik 采用注意瞬脱（attentional blink）范式来探测个体隐瞒信息，获得了较好的探测率。这一研究的基本假设就是隐瞒信息对于隐瞒的个体而言更具意义从而涉及更多的定向反应。因此，在注意瞬脱范式中，作为靶刺激 1（T1）出现的隐瞒刺激的知觉会影响到被试对后续出现靶刺激 2 的报告准确率。如在其研究中采用的是汤姆·克鲁斯的脸作为关键项，其他人脸刺激作为无关项，另外一幅人脸作为探测刺激，要求被试对快速呈现的一列图片中是否出现了探测刺激进行判断。结果，当关键项目出现在探测刺激前 200 ms 时，出现了注意瞬脱效应。根据结果，可以准确地鉴定出 75% 的被试（Ganis and Patnaik，2009）。当然，该研究的缺陷之一就在于采用了明星图片作为关键项目，不利于现实研究中的推广，也需要进一步确认在隐瞒信息探测中的探测准确率。

（3）基于反应时的 IAT（内隐联想测验）范式在测谎中的应用

内隐联想测验（implicit association test，简称 IAT）是 Greenwald 等于 1998 年提出的一种新的内隐社会认知的研究方法，通过在计算机上呈现一系列的刺激，要求被试尽快根据左右两侧的标签对刺激作出分类反应（Greenwald et al.，1998）。目前，研究者已经开始尝试间接的反应时测谎范式，其中主要是基于 IAT 的测试。这些范式包括限时拮抗反应探测范式（TARA：timed antagonistic response alethiometer）和自传体内隐联想测试（aIAT：autobiographical IAT）。TARA 范式是 Gregg（2007）基于 IAT 的对认知信息间接测试范式的一个发展。和一般的 IAT 呈现词或图片不同，TARA 呈现陈述句子，包括控制陈述（control statements）和靶陈述（target statements）。所谓控制陈述，指的是对于一个无关主题的一些陈述，这些陈述也有正误之分，靶陈述则是关于回答者的相关陈述。TARA 的一个特点是当个体对信息进行诚实反应时，要进行的是两种兼容的反应，而当个体进行欺骗反应时，要进行的是两种不兼容的反应。在这种快速呈现和快速反应的条件下，通过对比兼容反应和不兼容反应，发现反应时长于兼容反应的就是欺骗反应，即当虚假的陈述要和真实的控制陈述分为一类时，个体的反应时会变长。

自传体内隐联想测试（aIAT）范式是对 TARA 的改进，即基于自传体记忆中的信息的探测。Sartori 等（2008）结合一般自传体信息和罪疚相关信息来区分行为端正和不良行为（如吸毒、酒后驾车等）的个体。该研究通过 6 个实验对包括扑克牌、模拟犯罪、吸毒、自传体记忆的个人经历、酒后驾车和真正的犯罪等隐瞒信息进行探测，证实了这种测试范式的可行性和有效性。然而，aIAT 也受到了反驳。Verschuere 等（2008）通过三个实验证实了 aIAT 在应对反测谎方面的脆弱性，因此认为 aIAT 与其他测谎范式一样容易受到反测谎的影响而降低探测准确率。

但是，aIAT 之所以会受到反测谎的影响，是因为它并没有摆脱传统的反应时测谎的影响，即仍然是相对的直接测试而非间接测试，因此未来的研究应进一步考察将间接的 IAT 用于测试犯罪信息的可行性。

此外还有研究者尝试是情绪 stroop 范式（Williams et al.，1996），典型的一种情绪 stroop 范式包括情绪面孔背景上出现不同情绪效价的情绪词，或者出现不同颜色的情绪词，要求被试对情绪词的颜色进行命名。而将情绪 stroop 范式用于测谎研究中的尝试未能发现反应时的差异。

10.2.2.1.3　眼动测谎

和反应时测谎类似，眼动测谎的产生源于对传统的测谎仪测谎的质疑，也为了弥补新型的基于脑电和功能核磁共振成像技术不便携和价格昂贵的缺陷。其理论基础也是说谎的加工负荷理论。由于额外的认知资源的需要，说谎者在说谎时眨眼更少，并且伴随着瞳孔直径的增大。已有的研究表明，说谎者在说谎时，眨眼反应减少，而在说谎行为结束后，则眨眼行为增加。Lubow 和 Fein（1996）作了第一项基于瞳孔大小的测谎研究，结果只能区分50%的犯罪者，但能准确鉴别100%的无辜者。Fukuda（2001）的一项基于眨眼分析的测谎研究发现，呈现相关刺激增加了眨眼评定的峰值，并且延迟了该峰值出现的时间。这种眼动模式也证实了眼动指标在测谎研究中的应用价值（Leal and Vrij, 2010）。

10.2.2.1.4 微表情识谎

表情是人类复杂情绪的载体，而微表情是一种短暂的完整的表情，由于出现的时间短，通常较难观察到。研究者认为微表情反映了个体无意识中被压抑的情绪，可以用来识别谎言。

2009 年初，一部讲述利用观察人体肢体语言和微表情来识别谎言的美剧《别对我说谎》（Lie To Me）开始热播，也增加了普通民众对表情测谎的理解。该剧的主人公卡尔·莱曼博士正是以美国著名心理学家保罗·艾克曼博士（Paul Ekman）为原型，其研究的主要方向是人类面部表情的辨识、情绪分析与人际欺骗等。他开发的脸部动作编码系统（Facial Action Coding System）目前也已应用于测谎和人机交互、安全、医疗诊断等众多领域（Ekman et al., 1988；Ekman and Rosenberg, 2005）。作为心智解读应用于实际的一种方式，基于表情的测谎有一定的科学性，也被认为是弥补传统心理生理学测谎的不足的一种方式。这种测谎方式对个体的配合方面需求度较低，也可以在录像等方式下进行事后的重复分析。

10.2.2.1.5 语音分析与测谎

和其他指标相比，语图分析技术有着潜在的优势，就是可以在非当面测试的情况下对其声音进行分析以判定是否说谎。这种指标在机场安检、电话访谈甚至网络欺骗上有着广阔的应用空间。利用的技术或仪器包括心理应激测定仪（PSE：Psychological Stress evaluator）、声音紧张计算机分析技术（computerized voice stress analyzer, CVSA）和声音应力分析（VSA：voice stress analysis），可以分析嫌疑者声音图谱中异态声音，从而进行鉴别。通常分析语音频域中 8-14 Hz 段的微动（microtremors）来判定受测者在说话过程中的压力水平，从而推测其是否说谎（Hollien et al., 1987；Hollien and Harnsberger, 2006；Horvath, 1982；Streeter et al., 1977）。

然而目前的声音分析技术的敏感性和特异性都相对较低，这让语图分析技术在测谎中的应用受到限制。未来研究需致力于确定更准确的能应用于测谎的语音参数和一套完整标准化的个体评估鉴别程序。

除了以上介绍的行为测谎方式外，还有笔迹测谎（Carrion et al., 2010）、绘画测谎（Vrij et al., 2010），面部温度监测的识谎方式（Pavlidis et al., 2002）等，但是其科学性还有待研究。

10.3 基于认知神经科学技术的测谎

由于传统生理多导仪测谎的效度和理论基础饱受质疑，研究者尝试不同的方法以弥补传统研究的不足，不同的认知神经科学技术都已经应用于测谎研究。作为对传统的基于外周神经系统生理指标测量方法的重要发展，ERP、fMRI、MEG、PET 等研究技术在测谎领域已经有了一席之地，其中 ERP 和 fMRI 的研究已经取得了较为一致的结果，并开始应用于现场实验。

10.3.1 基于 ERP 的测谎研究

ERP（事件相关电位）是指特定事件（如：刺激出现或者作出反应）诱发的脑电反应，反映了认知过程中大脑的神经电生理的变化。ERP 技术最大的优势为其精确的时间分辨率，通过记录大脑在不同任务中的实时活动状态，可以从事件相关的脑电成分上推测不同任务的不同认知加工过程的差异。基于 ERP 的这些优点，ERP 在 20 世纪 80 年代开始应用于测谎，主要涉及的指标包括 P300、CNV 和 N400 等。与传统的测试情绪唤醒的方法不同，ERP 测谎更偏向测试的是人们记忆中犯罪相关信息的突出意义性。ERP 在评定记忆方面有很大优势，因为很多 ERP 成分都和记忆的再认相关，而且被试很难对个体脑电进行控制。尤其是 P300，作为一种内源性成分，被认为和记忆的背景更新相关，甚至可以在被试对刺激注意而不需要其他外显反应就可以诱发。

10.3.1.1 ERP 测谎研究概述

10.3.1.1.1 基于 GKT 的 ERP 测谎

Rosenfeld 等研究者于 20 世纪 80 年代最先开始进行基于 P300 的测谎研究。这些研究主要采用 GKT 范式，这种范式包括三类刺激，通常三类刺激的呈现概率分别为：17%、17%、64%，三类刺激包括：1）探测刺激（probe）；2）无关刺激（irrelevant）；3）靶刺激（target）。探测刺激和靶刺激都是小概率刺激形成一个 oddball 范式。对于无辜者而言，靶刺激是和任务相关的小概率刺激，因此诱发的 P300 波幅最大，而对于犯罪者而言，靶刺激和相关刺激都是有意义的刺激，诱发的 P300 大于无关刺激诱发的 P300（见图 1）。Rosenfeld 等（Rosenfeld et al.，1987，1988）通过一个模拟犯罪情境，将被试分为犯罪组和无辜组，结果通过组分析发现犯罪组的探测刺激诱发的 P300 波幅显著大于无辜组的探测刺激诱发的 P300。该研究没有进行个体鉴别的分析，而对于测谎的现场应用而言，个体鉴别分析非常必要。为弥补这个不足，Rosenfeld 在之后的研究中的一个重要的改进就是采用靴值（bootstrap）的方法对单个被试的 ERP 数据进行个体鉴别分析，正确鉴别个体的准确率达到 90% 或接近 90%（Rosenfeld et al.，1996，1999，2006）。

除了 GKT 中的模拟犯罪范式外，研究者对包括卡片测试、伪装失忆范式在内的其他范式进行了 P300 测谎的尝试。所谓卡片测试范式是要求受测者进行 ERP 测试前进行一个卡片抽取任务，如给予被试五张纸牌（如：方块五、黑桃十、梅花七、黑桃八和红桃六），被试抽取一张纸牌（如：方块五），要求被试自己记住然后放在自己口袋中直到测谎实验结束。测谎测试中会呈现三类刺激：1）相关刺激，方块五；2）无关刺激，黑桃十、梅花七、黑桃八和红桃六；3）靶刺激，一张要求被试按"是"反应的纸牌，如红桃二。每张纸牌呈现次数相等，这样相关刺激、靶刺激和无关刺激的出现概率形成了一个 oddball 范式。

Kubo 和 Nittono（2009）就利用卡片测试考查了隐瞒的目的性对 P300 的 GKT 测谎的影响。该研究进行了 4 种条件的 GKT 测试。首先是控制条件：即一般的 GKT 测试，没有额外的指导语。完成第一个测试后，主试告诉被试 ERP 测试是根据被试选择的那张纸牌诱发的更大的脑电反应进行鉴别的。然后随机进行后面三种实验条件的测试：1）隐瞒条件，请努力地抑制对你选择的那张纸牌的反应，不要让你选择的纸牌诱发更大的脑电反应，这样就可以骗过主试；2）传输条件，请努力地提高对你选择的那张纸牌的脑电反应，这样主试就能知道你选择的是哪一张纸牌；3）非秘密条件，即在脑电测谎测试开始前，被试主动告诉主试选择的是哪张纸牌，消除被试隐瞒纸牌的动机。该研究的结果表明，只有在隐瞒测试条件和传输测试条件下，选择的纸牌（相关刺激）诱发的 P300 显著地大于未选择纸牌（无关刺激）诱发的 P300 波幅。这说明 GKT 测试中相关刺激增加的 P300 波幅不仅与欺骗相关的特异性过程有关，还与相关项目因其他加工过程产生的动机意义有关。越是想隐瞒该信息反而诱发了更大的 P300 波幅，这项研究对后续的基于 P300 的测谎研究有一定参考意义（Kubo and Nittono, 2009）。

Meijer 等人用两个实验考查了隐瞒信息测试的一种新的内容——人脸再认隐瞒。实验一在进行实验前要求被试携带自己和同性好友的证件照，每个被试都有 2 张照片（一张作为相关的探测刺激，一张作为按"是"的靶刺激）加上 4 张其他被试递交的无关刺激。要求被试在实验中对自己熟悉的照片按"是"，对其他不熟悉的照片按"否"。其中一半被试对自己的照片按"是"，对朋友的照片按"否"，另一半被试则相反。而实验二采用的熟悉的人脸则是该校任教 A 课程的两位教授的照片。两张熟悉的教授照片分别作为探测刺激和靶刺激在不同被试间平衡，其他无关的不熟悉的人脸作为无关刺激。任务要求被试进行分类反应，即对一张课程 A 教授的照片按"是"表示该教授是课程 A 的授课教师，而对一切其他图片按"否"。但是和实验一相比，实验二没有强调对是否认识这个教授进行隐瞒。结果实验一的个体鉴别准确率达到 71% 而实验二则仅有 17%。该研究首先证实了 P300 在人脸再认隐瞒中的敏感性，同时也说明要成功地应用 CIT 仅仅有再认成分是不够的 (Meijeret al., 2007)。

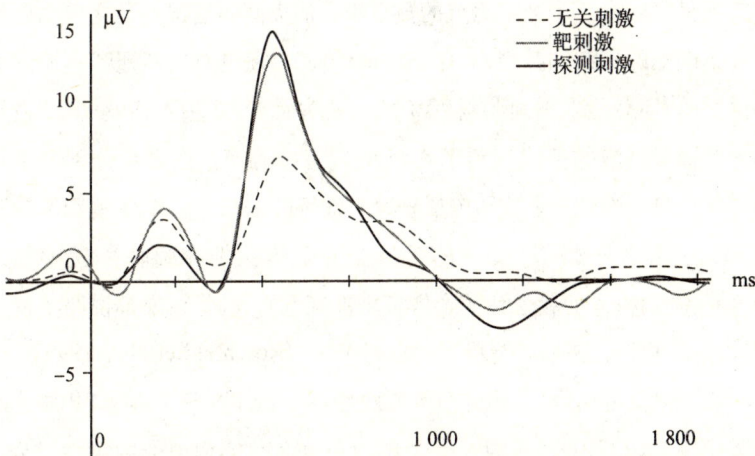

图1 单个被试的 GKT 测试诱发的脑电平均电位

注：Farwell and Smith, 2001。

10.3.1.1.2 其他测谎范式在 ERP 测谎中的应用

包括 CQT，其中 Rosenfeld 等于 1991 年考查了基于 P300 的 CQT 测试效度，并且增加了延时测试的犯罪组的被试。控制问题来自于在开始实验时对被试进行问卷调查的 13 种不良行为。基于 ERP 测试的 CQT 范式包含三类问题：控制问题 (control question)，无关问题 (irrelevant question) 和按 yes 的目标问题 (target question)，也是采用 oddball 的呈现概率，通过对比三类刺激诱发的 P300 波幅进行靶值的个体鉴别测试。该研究得出的结果表明基于 P300 波幅的 CQT 范式对犯罪组的准确率是 92%（13 人中的 12 个人），对无辜组的鉴别率是 86.7%（15 人中的 13 人），但该测试结果的准确率会受到复述（rehearsal）的影响（Rosenfeld et al.，1991）。

伪装失忆任务是应用于临床上鉴定轻微脑创伤后的个体认知功能缺陷的测试，鉴别个体是否真的失去记忆等。用来测试的内容通常包括一些个体的自传体信息，如生日、电话号码、姓名等（Rosenfeld et al.，1998，1999）。Rosenfeld 及其合作者进行了很多相关研究，其中主要使用个体自传体信息的测试，也使用了数字匹配任务。数字匹配任务即首先呈现一个 3 个数字组成的数字串，消失间隔后出现与之完全匹配或者不匹配的探测的数字串（probe number），通过对比匹配和不匹配条件诱发的 P300 能准确地鉴别 70% 的伪装失忆者。随后，Rosenfeld 发展的 9 个探测刺激的范式达到了 87% 的判定准确率。在之后分别对个体自传体信息（姓名、生日和电话号码）进行的测试中，个体鉴别准确率在 64%（基线—峰值 b‑p 的靴值法的个体鉴别准确率）至 93% 之间（峰峰值 p‑p 的靴值法的个体鉴别准确率）。这些结果都说明了基于 P300 的测谎测试在临床情境下的应用前景（Rosenfeld et al.，1999）。

除了常见的 P300 测谎，研究者也相继尝试了基于其他 ERP 成分的测谎研究。如 N400，作为一个经典的和语义冲突相关的内源性成分，也被用作测谎指标。基于 N400 的测谎研究则一般采用句子陈述的范式来考察被试对犯罪相关语句的语义冲突引发的 N400（Houlihan et al.，2004）。此外，方方等人还考察了延时反应加反馈范式的 CNV 变化，结果发现在说谎反应前的 CNV 比诚实反应前的 CNV 有着显著的负向偏转，该结果被认为是说谎者在说谎反应前由于增强的动机和不确定性而增大的心理负荷所致（Fang et al.，2003）。最近国内崔茜等（2009）也进行了 P300 和 CNV 两种指标结合测谎的尝试。该研究通过操纵有无反馈比较了 P300 和 CNV 在不同条件下的测谎效度，表明 P300 的鉴别效果不受有无反馈的影响，而 CNV 的测试效果受反馈的影响，在有反馈条件下对犯罪者的鉴别力更强。

10.3.1.1.3 ERP 测谎的个体鉴别

正如之前提到的最初采用 P300 进行测谎的研究来自 Rosenfeld 和他的同事，但是该研究缺乏个体鉴别的结果。考虑到测谎的目的是对单一个体是否说谎的判断，在之后的研究中研究者尝试了根据 P300 波幅对个体进行鉴别的很多不同类型的分析方式。其中靴值法是应用较广泛的一种个体鉴别技术。所谓靴值法（bootstrap）是指从原始的单个 trial 的 P300 波形中重复取样并叠加，形成一个分布，并利用此分布来对不同类型刺激诱发的 P300 进行统计检验。这种非参数的统计手段后来也应用到反应时测谎的分析中。基于 P300 的靴值法通常包括波幅差异靴值法（bootstrap amplitude difference，BAD）和波幅相关差异靴值法（bootstrap correlation difference，BCD）（Allen and Iacono，1997）。

BAD 法由 Rosenfeld 等人首先使用，其原理是在 GKT 中，对于犯罪者，探测刺激（probe）诱发的 P300 显著大于无关刺激（irrelevant）诱发的 P300，而对无辜组则没有这种差异。具体的做法是分别对单个被试所有 trial 的探测刺激、靶刺激和无关刺激诱发的 P300 波幅进行靴值后的平均值计算，通过两两相减可以得到探测刺激和无关刺激的差值 D1 =（P – I）与靶刺激和探测刺激的差值 D2 =（T – P），D1 与 D2 的差值，D = D1– D2，多次反复可以得到多个 D 值（如反复 100 次则有 100 个 D 值），然后计算 D > 0 的个数（ND > 0），通过设定一个最优的 N 数目作为标准进行判别分析，如设为 30，则（ND > 0）> 30 就被认为是犯罪者，反之就判定为无辜者。

BCD 法由 Farwell 和 Dochin（1988）首先使用，即通过对比靶刺激和探测刺激的 P300 波幅相关 r(T – P)，与探测刺激刺激和无关刺激的 P300 波幅相关 r(P – I) 两者的差异来进行个体鉴别。对于犯罪者，靶刺激和探测刺激的相关 r(P – T) 程度较探测刺激与无关刺激的相关 r(P – I) 的更高，反之则被认为是无辜者。同理，通过计算单个被试的数据的 D = r(P – T) – r(P – I)，反复做到一定数量（如 100 次），则计算 D 值大于 0

的个数 (ND > 0),通过设定一个特定的 N 数目作为标准进行判别分析 (Farwell and Donchin, 1988)。1991 年 Farwell 和 Dochin 首次使用得出的检测准确率是 87.5% (Farwell and Donchin, 1991),但是之后 Farwell 创建脑指纹 (Brain Fingerprinting:http://www.brainwaves science.com) 公司并强调其改进的 BCD 的判定准确率达到 100% (Farwell et al., 2006;Farwell and Smith, 2001),这个结果在学术界一直存在争议 (Rosenfeld, 2005)。

除这两种基于 P300 的个体鉴别方式,ERP 测谎的鉴别方式还包括贝耶斯统计法 (Bayesian approach)(Mertens and Allen, 2008),小波分类器 (wavelet classifier)(Abootalebi et al., 2006;Merzagora et al., 2006) 等,但是还未在 ERP 测谎中广泛使用。不过目前的个体鉴别方式多基于时域分析,而已有的研究已经表明了各个频段的脑电信号与认知加工过程有一定的对应关系,因此小波分析方法可以结合 ERP 的时频信息,作为未来脑电测谎的重要鉴别方式。

10.3.1.1.4 ERP 的反测谎与改进研究

作为传统的心理生理学测谎的替代方式,ERP 测谎经过 20 多年的发展已经拥有了相对成熟的测谎理论和技术支持。然而,和传统测谎方式一样,ERP 测谎也受到了反测谎的挑战。Rosenfeld 等 (2004) 在一项基于 P300 的测谎和反测谎的研究中发现,P300 测谎的准确率会受到时间间隔和心理生理反测谎的影响。这种反测谎的方式包括心理反测谎,如增加无关刺激的意义,降低对相关探测刺激的意义或者分散探测刺激出现时的注意力 (如想象有人扇了你一个耳光) 等,而生理反测谎的方式包括在不同刺激出现时做动手指或者脚趾等微小动作。该研究表明对犯罪无反测谎组的击中率是 82%,但是对反测谎组的击中率降低到 18%,此外延时测试也降低了测谎的击中率。之后 Mertens 和 Allen (2008) 的研究也表明心理或者生理反测谎都会降低 ERP 测谎的准确率。

为了提高 ERP 测谎应对反测谎的能力,Rosenfeld 等 (2008a, b) 对已有的测谎研究进行了范式上的创新,提出了一种 CTP (complex trial

protocol）范式并取得较好的探测率（Rosenfeld et al.，2008；Rosen-
feld，Winograd，Haynes，and Labkovsky，2008）。而 CTP 范式则是采用
先后呈现两种不同类型刺激的范式，即先呈现一个白色词作为刺激
1（犯罪相关刺激或无关刺激）300 ms，让被试尽快反应表示是否看见
了刺激，在一段刺激间隔（ISI）后，再呈现刺激 2（为靶刺激或非靶刺
激），要求被试按键判断是否为靶刺激，如绿色为一类，按 1 键；红
色、蓝色、黄色和紫色为另一类，按 2 键。这样的呈现方式限制了个体
运用反测谎方式。在其 2011 年的最新研究中就采用 CTP 测试范式进行
了模拟恐怖袭击信息的测谎，结果证实了 CTP 范式在恐怖袭击方面的
应用可行性（Meixner and Rosenfeld，2011）。已有的研究结果表明 CTP
的 ERP 测试不仅能较好应对反测谎，而且对犯罪的延时探测准确率也
比较高，可以预期该范式在未来的测谎研究中良好的应用前景。

10.3.1.2 基于 ERP 的说谎研究

正是由于已有的关于说谎的研究过多地关注应用，即测谎的研究，
而对说谎的基础研究不足，导致对说谎本身的神经机制了解不多。因
此，越来越多的研究者通过 ERP 技术来考察说谎的相关认知过程，包
括反应抑制、记忆监测、反应冲突、在线监测等心理过程的神经机
制。通过了解说谎的神经机制和反映相关心理过程的 ERP 成分可以更
好地应用于心智解读的测谎领域。

Johnson 等人 ERP 的研究发现说谎与反应执行功能（executive func-
tion）的内侧额叶负波（MFN）有关。其研究采用的是词语记忆和新旧
词再认的区分说谎范式（DDP：differentiation of deception paradigm）
(Johnson et al.，2003，2004，2008）。和传统的心理生理测谎范式
相比，DDP 的特点在于要求被试对相同的刺激进行两种反应，一种是
说谎反应，一种是诚实反应。这样可以排除大小概率、刺激情绪特性等
和说谎无关的因素的影响，从而只考察说谎相对于诚实反应的神经机
制。如 Johonson 等（2004）的研究就通过让被试记忆一定数量的词语，

然后让被试进行三种指导语条件下的新旧再认反应：第一种反应是完全诚实的反应，即对学过的词按"是"，未学习过的词按"否"；第二种反应是完全说谎反应，即对学过的词按"否"表示未学过，未学习过的词按"是"表示学过；第三种反应则是随机说谎反应，由被试自己决定对哪个刺激说谎，但总体上对旧词和新词的说谎/诚实回答比例维持在1：1。结果表明 P3 在不同条件下都存在明显的新旧效应，即旧词较新词诱发的 P3 波幅更大，而完全说谎条件较完全诚实条件诱发了更大的 MFN，并且 MFN 波幅并不随着练习的增加而减小。由于 MFN 与冲突检测和反应监测相关，因此，Johonson 指出了欺骗涉及的两个基本心理加工过程并强调了反应冲突和执行控制功能在欺骗中的重要作用，这和功能核磁共振的说谎研究结论是一致的。

随着对说谎基本过程的深入了解，为了更多了解社会性说谎的神经机制，很多研究开始考查不同类型的说谎的神经机制。Tu 等（2009）用一个延时反应任务考察了对个人偏好材料说谎的神经机制。该实验结果表明，在 400-700ms 时间窗口。说谎反应诱发了比诚实反应更大的负波 N400-700，源定位结果位于内测前额叶，作者认为该成分反映了说谎时的冲突检测。另外在 1000-2000ms 阶段，说谎则诱发了比诚实更显著的正波（P1000-2000），源定位结果位于靠近扣带回部，反映了因欺骗反应带来的冲突协调过程和工作记忆负荷的增加（Tu et al.，2009）。伍海燕等人的一项研究则通过 ERP 考查了主动说谎和被迫说谎的神经机制差异。实验通过一个二刺激范式控制自主说谎和被迫说谎（即如果对第一个刺激说谎，则第二个刺激必须诚实反应，反之亦然），得到对第一个刺激的反应就是自主诚实或者自主说谎，而对第二个刺激的反应则为被迫说谎或者被迫诚实。结果发现被迫反应比自主反应诱发了更负向的 N2（Wu et al.，2009）。胡晓晴等人考查了对自我信息说谎和他人信息说谎的神经机制。该研究确立了一系列可以区别说谎和诚实加工的脑电成分，从早期注意调节的 N1，P2，到晚期和回答冲突、选择、执行相关的 N2，P3，另外实验发现对不同类型的刺激说谎的加工机制和脑电反应有所不同，对个人信息这类加工程度更深的刺激说谎难度更大（Hu et al.，2011）。

Carrion 等（2010）采用一种更生态化的面对面的游戏范式考察了出于欺骗目的的诚实和说谎反应的神经机制。通过操纵有欺骗目的和没有欺骗目的的动机因素，让被试进行说谎或者诚实反应，结果发现说谎反应和说谎意图下的诚实反应都诱发了内测前额叶的 N450 成分。这个结果说明了 ERP 成分对说谎和诚实反应的区分很可能反映的是被试反应的动机。

10.3.1.3 已有 ERP 测谎和说谎研究的局限

和传统心理生理学测谎一样，人们对 ERP 测谎也越来越谨慎，这是由 ERP 技术本身和已有 ERP 研究的局限性决定的。

首先是范式上的缺陷。传统心理生理学测谎范式已经受到质疑，而基于 ERP 的测谎研究大量借鉴了传统测谎范式。对比传统心理生理学测谎范式，GKT 测试在 ERP 测谎中的应用更为广泛。这也同时将测谎的研究越来越多地局限于记忆的探测，即对犯罪信息的探测而非欺骗的探测。如上所述，GKT 对知情无辜者的鉴别是其致命的缺陷，相关的反测谎研究也已经表明了 GKT 测谎在应对反测谎方面的脆弱性：如增加无关信息的意义将使关键项和无关项难以区分，从而降低测试的准确率。此外，GKT 依赖于犯罪者对犯罪信息的清晰记忆，而对一些特殊的个体，以及在一些特定情境中的犯罪来说，这一先决条件是无法达成的。随着对传统基于情绪唤醒测谎理论的否定，也使测谎的研究更多地基于认知而忽视了情绪在欺骗中的重要作用。这种矫枉过正的趋向也使 ERP 测谎的研究更为单一和缺乏说服力。从已有的 ERP 测试技术来看，无论是何种范式，采用何种技术来测定，都依赖于被试储存在记忆中的隐瞒相关信息。而对一些特殊的个体，以及在一些特定情景中的隐瞒来说，这一先决条件是无法达成的。考虑到一些特定情况下，个体并没有对隐瞒信息进行外显加工，或者犯罪个体是一些特殊的个体，如遗忘症患者或其他影响记忆完整性的疾病患者的情景则是无法使用的。

其次是生态效度的不足。和所有测谎和说谎研究一样，生态性是 ERP 测谎最大的局限。ERP 的测谎技术要求被试主动配合测试并且在测试过程中不能有多余眨眼、动作等。此外，已有的现场研究的效度还有待重复验证。例如，致力于 ERP 测谎应用的 Brain Fingerprinting 公司宣称其基于记忆和编码相关多面脑电反应 MERMER 达到 100% 鉴别率。但实际上，根据决定科学证据准入性的 Daubert 标准，MERMER 并不符合成为法庭科学证据的标准。首先 MERMER 测谎的信效度尚未被科学地证实；其次该技术和研究结果并未在接受同行评议的心理生理学、认知神经科学等相关学术期刊上发表；再次虽然 P300 得到了大量研究支持和科学界的广泛认同，但基于 P300 的测谎，包括 MERMER 测谎仍都处于研究阶段；最后该测试的出错概率仍不能有效界定（Appelbaum，2007）。

关于反测谎的影响，除了已经考证的一些研究对 P300 测谎的效度的影响外，那些尚未研究的可能影响反测谎效果的方式都是 ERP 测谎应用的阻碍因素。

总的来说，造成 ERP 测谎结果仍有争议的主要原因在于其还缺乏现场研究和更为社会化的说谎研究的支持。因此当前仍需要进一步加强实验室研究来探索不同类型说谎的认知过程、测谎的原理、有效性和出错概率，并在此基础上增加现场研究以检验其生态效度。可以考虑的拓展方面包括单次（single-trial）的脑电分析和鉴别，基于机器学习的隐瞒信息测试（Gao et al.，in press），还有通过更为内隐的范式测试或者对 ERP 应用测谎的分析鉴别方式进行改进，即基于说谎和诚实反应的全脑的整个波幅进行分析而非基于单个的或者几个电极点的单成分分析。对单个个体而言，要同时意识到这些测试并进行意识性控制，几乎是不可能的任务，因此，多指标结合的方式即 ERP 指标加上不同的心理生理指标的间接测试不仅将进一步提高测试的准确率，也将对应对反测谎产生积极的作用。

10.3.2 基于脑成像技术的测谎说谎研究

10.3.2.1 对自传体事件说谎的研究

和 ERP 技术相比，fMRI 的优点是其高的空间分辨率，可以考查说谎和诚实或者不同说谎类型的认知过程和神经机制的差异。2001 年 Spence 发表了第一篇说谎的 fMRI 研究，采用的范式是要求被试根据颜色指示对自己的个人自传体事件说谎，实验分别采用视觉和听觉两种呈现方式。结果发现两种通道的结果有高度的一致性，和诚实反应相比，说谎反应更多地激活了内侧前额叶（medial prefrontal），双侧腹外侧的前额皮层（lateral ventro-lateral prefrontal cortices）以及左侧前运动区（left premotor area）。由于腹外侧前额皮层与条件学习和动作反应抑制有关，作者认为这一脑区的激活和说谎反应的按键反转有关，即抑制真实反应，作出说谎反应（Spence et al., 2001）。为了证明说谎中腹外侧前额皮层与反应抑制的关系，Spence 等人随后进行了对口头说谎的研究，也证明腹外侧前额皮层的反应抑制功能在说谎中起着关键作用（Spenceet al., 2004, 2008），而 Nose 等（2009）根据这一区域的激活作的个体鉴别可以准确鉴别 84% 的个体。当然，包括 Spence 本人在内的研究者都认为该研究的生态性不够，研究考查的并非被试自己产生的说谎反应，而是实验者要求的反应（Spence, 2008）。Ganis 等（2003）的研究也证实了前额叶皮层在说谎反应中的作用。他们比较了记忆的说谎和即兴的说谎，发现两种说谎都激活了前额叶和双侧海马旁回（parahippocampal gyrus）及小脑等脑区。此外该研究首次表明了不同类型的说谎涉及不同的神经机制。相对即兴的说谎，记忆的谎言激活了和记忆提取相关的脑区，如右侧前额叶；而即兴的说谎则更多地激活了冲突监控和解决的前扣带回皮层和后部的视觉皮层（Ganis, et al., 2003）。

针对 fMRI 研究发现的前额叶及扣带皮层在说谎中的激活模式，后来研究者试图分离这两个区域在说谎过程中的作用。Abe 等（2006）采用正电子断层扫描技术（PET）考察了两种不同类型的说谎的神经机制，这两种类型是：1）对做过的事件（如实验前将铅笔和书包放在一起）进行否认；2）对未做过的事件说自己做过。PET 成像的结果显示前额叶的背侧、腹侧、内侧皮层和两种说谎有关。不过 ACC 区域的激活仅仅和否认事实型说谎有关，而且在否认事实型说谎中，ACC 的区域性皮层血流量和前额叶背侧皮层的激活之间存在正相关。这些结果表明前额叶的外侧和内侧皮层在说谎时有普遍意义，而 ACC 则只在否认发生过的事时激活明显。之后，Abe 等（2007）采用更为社会性的说谎方式（由另一实验者告知被试欺骗之前的一位实验者）分离了前额叶皮层和杏仁核在对个人事件或信息说谎的作用。该研究证实了前额叶在说谎中的作用。另外该研究首先发现说谎过程中杏仁核的激活，证实了社会性说谎中的情绪反应成分。

10.3.2.2 GKT 测试的 fMRI 研究

Langleben 等（2002）最先考查基于 GKT 的 fMRI 研究。该研究采用的是卡片测试范式的变式，其所做的修改是让被试选择两张纸牌，要求被试对其中的一张进行说谎反应，另一张进行诚实反应。另外控制刺激是黑桃十，问题是"这是一张黑桃十"吗？要求被试按"是"回答。这样得到四种条件：1）选择的纸牌——诚实反应；2）无关纸牌，按"否"；3）控制纸牌；4）选择的纸牌——说谎反应。用说谎反应减去诚实反应的结果发现了前部扣带回（anterior cingulate cortex，ACC）及其邻近的额上回（superior frontal gyrus，SFG）、前顶区（anterior parietal cortex）、背外侧前额叶区（dorsolateral prefrontal region）、亚皮层的尾状核激活明显。由于 ACC 和 DLPFC 两个脑区已经被证实与涉及抑制优势反应的执行功能、注意分配等认知加工过程密切相关，这一结果再次证实，隐瞒信息的说谎首先要抑制诚实反应，然后监测和解决反应冲突。此外 ACC 的激活还可能和说谎伴随的情绪反应相关。Langleben 等人利用此范式还进行了 fMRI 测谎方法的改进，包括基于机器学习的 fMRI

测谎个体鉴别等（Davatzikos，2005；Hakun et al.，2008；Langleben et al.，2005）。

2005 年，Langleben 等人采用改进的 GKT 范式进行了重复的 fMRI 研究，该范式包含 5 类刺激：1）说谎反应：对选择的纸牌——方块 5 或者黑桃 7；2）诚实反应：对选择的纸牌——方块 5 或者黑桃 7；3）分心纸牌——红桃 2；4）其他无关的纸牌；5）控制刺激——纸牌的背面。该范式进行组分析发现说谎反应与 DLPFC，ACC，左侧额下回（left inferior frontal gyrus，IFG）、脑岛、顶叶区等脑区的激活相关。个体分析选择 14 个感兴趣区（ROI）做的逻辑回归模型得到的个体鉴别的敏感性是 76.33%，特异性达到 79.55%，阳性预测值（positive predictive value）为 0.775，阴性预测值（negative predictive value）为 0.7845。这个研究首先尝试了 fMRI 测谎的个体鉴别分析，并且证实有一定的准确性。 Langleben 等人将自己的研究成果申请专利并且于 2006 年创办了以 fMRI 技术为主的测谎服务公司——No lie MRI。类似的著名公司还有 Cephos Corp。

10.3.2.3 伪装失忆范式下的 fMRI 研究

香港大学心理系的李湄珍教授自 2002 年始研究伪装失忆范式的测谎 fMRI 研究（Lee et al.，2008，2002）。2002 年的通过迫选任务对数字记忆和个人信息记忆进行伪装失忆研究，发现说谎反应激活了更多的双侧 DLPFC，顶内侧（inferior parietal）、亚皮层的后部扣带回与尾状核等部位激活。并提出了一个前额叶—顶叶—亚皮层的伪装失忆说谎神经环路。前额叶与执行功能的信息整合，策略计划相关，在说谎过程中与说谎过程涉及的努力和计划决策过程相关；而顶叶区则和迫选任务中的计算有关，亚皮层尤其是尾状核等部位的激活和反应的监控相关。李湄珍等（2005）随后重复并拓展了其 2002 年的研究，考察了伪装失忆的神经机制是否随着刺激、性别、母语等变化而变化。将被试分为三组进行三个实验来检验之前观察到的伪装失忆时的大脑激活模式的可重复性和普遍性。结果发现双侧前额叶和顶叶区域的激活是不随刺激类型、性别、母语变化的，表明了这些区域在伪装失忆或大部分说谎行为中的普遍性。

最近 Lee 等（2008）和 Browndyke 等（2008）对伪装失忆的研究也重复了这一发现，即伪装失忆的神经活动涉及了前额叶、下顶叶、上颞叶等区域的激活，而且 fMRI 结果可以区分有意的错误回答（说谎）和无意的错误有着不同的神经回路。有意说谎的反应比无意按错反应激活了更多的前额叶皮层、后扣带回（posterior cingulate）和楔前叶（precuneus）。后扣带回和楔前叶可能反映了对之前心理框架的调整并且结合到新的现有心理框架中。Bhatt（2009）进行了对人脸再认说谎的 fMRI 研究，发现说谎反应激活了更多的内侧前额叶、前部扣带回、双侧楔前叶和 DLPFC 等脑区，重复了之前的伪装失忆研究的结果，证实伪装失忆的说谎和抑制诚实反应、视觉或者空间工作记忆以及产生欺骗反应有关。

10.3.2.4　实验室模拟情景下说谎的 fMRI 研究

Kozel 等人率先将模拟情景应用到 fMRI 的测谎研究中。Kozel 在 2004 年连续的两项研究都是要求被试对藏钱的位置进行说谎而得出了隐瞒说谎相关神经机制，发现包括右侧眶额皮层（right orbitofrontal）、额下回（inferior frontal）、额中回（middle frontal gyrus）、扣带回（cingulate gyrus）和左侧前额叶（left middle frontal）在内的脑区都与之相关（Kozel et al.，2004a，b）。其后续研究则要求被试先偷取一个戒指或者手表然后在进行测谎时隐瞒其偷窃的物品。结果发现和诚实相比，说谎更多地激活 DLPFC，ACC 和眶额皮层等，重复了之前的研究结果。并且通过建模的个体分析可以对被试偷取物品的探测率达到 90% 以上（Kozel et al.，2005）。Mohamed 等（2006）采用了一个更为生态化的任务（即模拟开枪的情景），结果也发现和说谎反应会激活包括前额叶，海马、前部扣带回和脑岛等脑区（Mohamed et al.，2006）。

10.3.2.5 识谎的 fMRI 研究

识谎，作为社会胜任力（social competence）的一种重要能力，其神经机制也是社会认知神经科学家关注的问题。Grezes 等（2004）首先考察了识谎过程的神经机制（Grezes et al.，2004）。任务是让被试通过非言语线索来判断是否说谎，结果发现被试在识谎过程中激活了大脑的杏仁核和前部扣带回。之后的研究中也重复了这一结果（Grezes et al.，2006）。该研究让一部分被试和演员先进行搬运箱子的任务。搬运前，实验者会告诉箱子实际的重量或者夸大箱子的重量。然后让进行过搬箱子和未进行搬箱子任务的被试观看搬运箱子的视频，判断搬箱子的人是否被骗了。这个研究操纵了个人卷入（personal involvement）变量，结果发现了和社会认知密切相关的四个脑区：杏仁核、梭状回、颞上沟（superior temporal sulcus，STS）和前部扣带回的激活。其中，杏仁核和梭状回只有在被试个人卷入的条件下才产生激活，而前部扣带回和颞上沟则与被试是否个人卷入无关，这一结果表明了在识谎过程中，欺骗对象不同，识谎相关的神经环路也不同。

10.3.2.6 fMRI 的反测谎研究

虽然基于 fMRI 的测谎已经开始商业应用，但是其准确性和在法庭上的应用引发了诸多质疑，其中很重要的一点质疑就是没有研究考察反测谎对基于 fMRI 测谎准确性的影响。Ganis 等人最先考察了新的 fMRI 测谎技术应对反测谎的有效性。该研究通过一个 GKT 范式，分为 3 种实验条件：1）无隐瞒信息条件，即呈现的探测日期（probe）没有特殊意义，按"no"键诚实反应；2）隐瞒信息条件，出现的探测日期是被试的生日，被试按"no"键进行说谎反应；3）反测谎的隐瞒信息条件，刺激同隐瞒信息条件，但是加上了反测谎措施。反测谎措施是针对无关刺激中的 3 个分别采取 3 种内隐的动作，如轻动左手食指、中指或者脚趾。基于 ROI（右侧外侧前额叶和前部内侧前额叶）分类分析的结果表明，在无反测谎条件下，分类器对非隐瞒信息条件和隐瞒信息条件的区分准确率达到 100%；而在反测谎条件下，准确率降至 33%。该研究既证明了 fMRI 测谎在无反测谎条件下的准确性，也首次发现反测谎对 fMRI 测谎准确率的影响（Ganis et al.，2011）。

10.3.2.7 其他说谎研究

除了以上类型的说谎、测谎和识谎研究，研究者还开始关注作为社会交互性行为的说谎的脑机制。如 Sip 等（2010）的研究采用了一种社会交互的游戏形式来考察更为接近现实生活的说谎的神经机制。该研究采用了一个叫做 Meyer 的游戏，操纵了竞争和非竞争两种条件。在竞争条件下，被试为了赢对方，有时会采用说谎的策略。结果发现在竞争条件下，诚实和说谎反应都激活了前额皮层（BA10，布鲁德曼第 10 区），被认为与游戏中的两种反应的策略执行有关。而相对于诚实反应，说谎反应激活了更多的运动前区和顶叶皮层，研究者认为这两个区域和说谎反应的选择有关。Baumgartner 等（2009）巧妙地设计了一个信任博弈的游戏，考察了被试违背承诺的说谎的脑机制。实验程序是首先进行承诺（承诺阶段），然后让被试决策是否违背承诺进行说谎反应，结果发现违背承诺的说谎反应激活了更多的 DLPFC、ACC 和杏仁核区域，表明了这种说谎反应涉及情绪冲突和需要抑制诚实反应，也和之前的说谎研究结论一致。Lee 等（2010）选用国际情绪图片系统的（IAPS）的材料考察了对不同情绪效价的刺激进行说谎的脑机制。结果和诚实反应相比，对正性情绪刺激说谎激活了额下回（inferior frontal）、扣带回、顶下区（inferior parietal）楔前叶和颞叶（颞中部：middle temporal regions）。类似的还有 Ito 等（2011）采用 DDP 范式研究了被试在回忆负性和中性图片时说谎的脑机制，结果无论图片情绪效价如何，都发现背外侧前额皮层在两种说谎中的激活，说明了背外侧前额皮层在说谎中的重要作用。Meghana 等（2010）考察了在卖家和买家讨价还价过程中的策略性欺骗的神经机制，发现那些欺骗最多的被试在欺骗反应时更多地激活了右侧的背外侧前额叶和左侧 BA10 区，由于这种欺骗反应涉及采择对方的信念，也证实了心理理论（Theory of Mind）在真实情境的欺骗反应中的重要作用。

研究者还采用经颅直流电刺激（tDCS）研究的说谎的脑机制。Priori 等（2008）的一项研究就发现通过对背外侧前额叶的电击改变了不同类型说谎的反应速度。Karim 等（2009）经颅直流电刺激（tDCS）研究发现对前额皮层前部的抑制不仅没有影响欺骗反应，反而促进了说谎反应。这些结果证实了之前 fMRI 的研究结果表明的前额叶皮层在说谎反应中的重要作用。

此外，还有研究者从其他角度考察了和说谎相关的神经机制。如 Hayashi 等（2010）让被试判断是否可以原谅不同的说谎，同时采用 PET 技术记录被试判断过程中的大脑活动，表明了左侧腹内侧前额叶（left ventromedial prefrontal cortex）在这种说谎的原谅意愿判断中起着重要的调制作用，这一机制和说谎过程的神经机制也是重叠的。还有对病理性说谎个体的脑结构扫描图像研究，发现病理性说谎者相比控制组前额叶白质增加（Yang et al.，2007）。

从已有脑成像的测谎或说谎研究来看，对自传体事件说谎主要涉及一些负责执行功能的反应抑制、记忆等高级认知功能的脑区，具体包括了背外侧前额叶（DLPFC）、腹外侧区（VLPFC）等区域；另外冲突检测和情绪相关的 ACC 区域也在多项研究中被证明和说谎有关；后来的研究证明杏仁核和欺骗的情绪反应相关。另外近年来研究表明腹内侧前额叶、杏仁核等社会认知神经回路在说谎中被激活。基于 GKT 的脑成像测谎研究则重复证明了前额叶和前部扣带回脑区在说谎反应中的重要性，此外还发现 GKT 范式的说谎反应与脑岛、顶叶区还有亚皮层的尾状核等脑区的激活相关。和 GKT 范式下的说谎相类似，前额叶和顶叶区与额伪装失忆任务下的说谎反应相关。由于已有研究已经表明楔前叶和过去事件的回忆还有决策相关，在伪装失忆任务中的激活说明故意对记忆信息说谎需要更多记忆系统的工作负荷。在实验室情景控制的说谎任务中，除了激活一般说谎涉及的背外侧前额叶皮层和前部扣带回等脑区，还发现了眶额皮层的激活，考虑到眶额皮层和高级的决策心理过程相关，这说明在模拟情景中的说谎涉及更多高级的决策过程。此外其他的结果也重复了说谎的一些相对普遍的脑机制，但是不同情景不同类型的说谎涉及不同的神经机制，这说明基于脑成像的测谎应用研究还有很大的空间。总体而言，说谎涉及了对诚实反应的抑制、监测反应冲突和情绪反应等心理过程，而说谎的社会交往属性决定了不同类型说谎的脑机制不尽相同。

除了基于 fMRI 和 PET 的脑成像研究，还有采用脑磁图、近红外成像等技术进行的相关研究，也发现了类似的结果（Izzetoglu et al.，2003；Seth et al.，2006）。

10.3.2.8　脑成像测谎：争议与批评

鉴于已经有人开始将实验室的说谎研究结果应用于实际，这引起了认知神经科学家们的关注。因为传统测谎仪的教训，关于脑成像测谎能否应用于法庭背景的争论逐渐激烈（Pearson，2006；Simpson，2008；Spence and Kaylor-Hughes，2008；Wild，2005）。2009 年美国艺术与科学学会、麻省理工学院（MIT）和哈佛大学组织全美多名认知神经科学的专家就脑成像测谎的科学与道德伦理问题进行了讨论，都表达了对应用脑成像测谎的谨慎。

首先，因为现有的脑成像研究结果都是通过用说谎反应减去诚实反应得出某些激活脑区，很少对单个被试是否属于说谎者进行鉴别，目前仅有的 3 项研究进行了个体鉴别，也是通过总体组分析激活结果，选取 ROI 再对单个被试的说谎和诚实反应进行鉴别。这样的研究和数据分析程序回答的问题是"这些被试反应中哪些是诚实反应，哪些是说谎反应？"而非现实测谎程序中要回答的问题"这些嫌疑人中，哪些是说谎者，哪些不是说谎者？"，此外这样的分析方式是不独立的，目前除了 Kozel 等人的一项 fMRI 测谎研究，还没有其他研究是依据独立的数据选取 ROI，再应用到独立的另一组数据的鉴别中，这样的数据分析方式很容易高估鉴别的准确率（Vul et al.，2009）。这些研究也忽视了个体差异，如性别、年龄和大脑形态学特征对 fMRI 结果的影响。

其次，对于说谎比诚实反应激活更多的脑区的结果的质疑。例如 Lanlegben 等人研究发现说谎大于诚实的左侧额下回的结果使用的是未校正的 P < . 05，由于功能核磁共振成像时包含 30 000 到 40 000 个体素（voxel），未经多重比较校正的结果显然类似随机噪音的激活结果。此外研究的交叉效度（cross-validity）也需要重复研究证实。已有的研究虽然发现了说谎反应较普遍的一些脑区，但是几乎没有两个相同的结果，这样的激活模式让人不得不思考在现实中是否可以重复。此外这些结果还没有给出单个被试在这两种反应的激活模式的差异。说谎脑成像激活的结果还受到神经反馈（neurofeedback）的影响，这也会影响脑成像测谎的效度。

第三，最严厉的批评是关于脑成像测谎研究的生态效度。显然实验室测谎说谎的研究范式和实际生活中的说谎存在差异。例如，典型的 GKT 测试：严格来说，GKT 测试的不是说谎而是一个靶刺激的探测任务。此外，在动机水平上，实验室采用的是被试费的激励，例如说谎成功即可得到 50 美元，欺骗失败只能得到 20 美元。而在实际法庭、安全领域中，对受测者而言，影响的是整个一生，包括巨额财富或者漫长的牢狱生活甚至是失去生命。动机水平的差异还包括受测者的受测意愿，即在现实应用中受测者是否愿意配合接受这样的测试方式。此外核磁实验对出于安全原因的某些个体（如体内有金属物）不能进行扫描，而真正的犯罪者很容易创造不能进行脑扫描的条件。此外，核磁实验在较长的时间要求受测者不能有大的头动或幅度大的呼吸动作，这对受测者的配合度要求非常高，而现实应用中参加测试的无辜者或者犯罪者可能都有较多的焦虑情绪。

最后，从脑成像的测谎的理论基础上看，和 ERP 测谎一样，脑成像测谎研究可以测试的一个是记忆，如犯罪者对犯罪情景的记忆，另一个可以测试的就是说谎反应，即测试说谎反应引发的冲突心理过程。和记忆相关的脑区，如海马、颞叶等已有大量研究支持，但是在犯罪情境中，呈现的刺激多是情绪性的，考虑到情绪与记忆的交互作用，记忆脑区的激活也许不能作为一个有效的熟悉性的指标。也就是情绪性和个人相关性会与熟悉性产生相互作用，从而难以简单地从某些记忆相关脑区的激活来探测熟悉性。而从冲突探测的角度来看也有同样的局限，已有的说谎研究的刺激多是中性的，但是在实际应用中，刺激的情绪性会影响反应冲突的神经机制，从而使得基于脑成像结果来鉴别单个个体的难度增加，导致现有的脑成像结果难以直接应用于实际。此外，现有的研究并没有考虑到被试对真实情况的掌握和欺骗的关系，例如被试可能不知道真相而进行了说谎反应，而这个表象可能看起来被试是在"诚实"反应，也就是现有的测"谎"测试没有考虑违背事实的反应可能并非"说谎"而真实反应的情况也可能并非"诚实"反应，这样的情况在现有研究基础上可能无法分辨（Ruchsow et al.，2010）。

目前已有研究者开始从记忆探测的角度，采用多元体素模式分析（MV-PA：multi-voxel pattern analysis）得到对个体较好的鉴别率（Rissman et al.，2010），这也为之后脑成像的测谎研究提供了方向。笔者认为，要科学、有效地测谎，就必须研究说谎本身的认知加工过程。除了实验室情境中的说谎研究应更关注有较大应用价值的领域中的说谎外，还要注重更生态化的说谎研究和挖掘说谎成像数据。

参考文献

崔茜, 张庆林, 邱江, 刘强, 杜秀敏, 阮小林, 2009. P300 和 CNV 在 GKT 的
延时反应范式中测谎效果的分离. 心理学报, 41 (4): 316-328.

Abe N. , Suzuki M. , Mori E. and Itoh M. , 2007. Deceiving others : distinct neu-
ral responses of the prefrontal cortex and amygdala in simple fabrication and de-
ception with social interactions. *Journal of Cognitive Neuroscience*, 287-295.

Abe N. , Suzuki M. and Tsukiura T. , 2006. Dissociable roles of prefrontal and an-
terior cingulate cortices in deception. *Cerebral Cortex*,16 (2): 192-199.

Abootalebi V. , Hassan M. and Ali M. , 2006. A comparison of methods for ERP
assessment in a P300- based GKT. *International Journal of Psychophysiology*, 62
(2): 309-20.

Akehurst L. , Bull R. , Vrij A. and Kohnken G. , 2004. The effects of training pro-
fessional groups and lay persons to use criteria-based content analysis to detect de-
ception. *Applied Cognitive Psychology*, 18 (7): 877-891.

Allen J. J. and Iacono W. G. , 1997. A comparison of methods for the analysis of
event-related potentials in deception detection. *Psychophysiology*, 34 (2), 234-
240.

Appelbaum P. S. , 2007. Law and psychiatry: the new lie detectors: neuroscience,
deception, and the courts. *Psychiatric Services*, 58 (4): 460-462.

Baumgartner T. , Fischbacher U. , Feierabend A. , Lutz K. and Fehr E. , 2009.
The neural circuitry of a broken promise. *Neuron*, 64 (5): 56-770.

Bhatt S. , Mbwana J. Adeyemo A. , Sawyer A. , Hailu A. and Vanmeter J. ,

2009. Lying about facial recognition: an fMRI study. *Brain Cognition*, 69 (2): 382-390.

Bradley M. T. , Cullen M. C. and Carole S. B. , 1994. Control question tests by police and laboratory polygraph operators on a mock crime and real events. *Canadian Psychology-Psychologie Canadienne*, 35 (2A): 21-21.

Browndyke J. N. , Paskavitz J. , Sweet L. H. , Cohen R. A. , Tucker K. A. , Welsh-Bohmer K. A. , et al. , 2008. Neuroanatomical correlates of malingered memory impairment: event-related fMRI of deception on a recognition memory task. *Brain Injury*, 22 (6): 481-489.

Carrion R. E. , Keenan J. P. and Sebanz N. , 2010. A truth that's told with bad intent: An ERP study of deception. *Cognition*, 114 (1), 105-110.

Davatzikos C. , 2005. Classifying spatial patterns of brain activity with machine learning methods : application to lie detection. *NeuroImage*, 28 (3): 663-668.

Ekman P. , Friesen W. and O? sullivan M. , 1988. Smiles when lying. *Journal of Personality and Social Psychology*, 54 (3): 414-420.

Ekman P. and Rosenberg E. L. , 2005. *What the Face Reveals: Basic and Applied Studies of Spontaneous Expression Using the Facial Action Coding System (FACS)* (2nd ed.) . Oxford: Oxford University Press.

Elaad E. , 2003. Effects of feedback on the overestimated capacity to detect lies and the underestimated ability to tell lies. *Applied Cognitive Psychology*, 17 (3): 349-363.

Fang F. , Liu Y. T. and Shen Z. , 2003. Lie detection with contingent negative variation. *International Journal of Psychophysiology*, 50 (3): 247-255.

Farwell L. A. and Donchin E. , 1988. Event-related potentials in interrogative polygraphy-analysis using bootstrapping. *Psychophysiology*, 25 (4), 445-445.

——1991. The truth will out: interrogative polygraphy ("lie detection") with event-related brain potentials. *Psychophysiology*, 28 (5): 531-547.

Farwell L. A. , Hernandez R. S. and Richardson D. C. , 2006. Brain fingerprinting in laboratory conditions. *Psychophysiology*, 43, S37-S38.

Farwell L. A. and Smith S. S. , 2001. Using brain MERMER testing to detect knowledge despite efforts to conceal. *Journal of Forensic Sciences*, 46 (1): 135–143.

Fiedler K. , Schmid J. and Stahl T. , 2002. What is the current truth about polygraph lie detection? *Basic and Applied Social Psychology*, 24 (4): 313–324.

Ford E. B. , 2006. Lie detection: Historical, neuropsychiatric and legal dimensions. *International Journal of Law and Psychiatry*, 29 (3): 159–177.

Fu G. Y. and Lee K. , 2007. Social grooming in the kindergarten: the emergence of flattery behavior. *Developmental Science*, 10 (2): 255–265.

Fukuda K. , 2001. Eye blinks: new indices for the detection of deception. *International Journal of Psychophysiology*, 40 (3): 239–245.

Ganis G. , Kosslyn S. M. , Stose, S. and Thompson, W. L. , 2003. Neural Correlates of Different Types of Deception : An fMRI Investigation. *Cerebral Cortex*, 13 (8): 830–836.

Ganis G. and Patnaik P. , 2009. Detecting concealed knowledge using a novel attentional blink paradigm. *Applied Psychophysiology and Biofeedback*, 34 (3): 189–196.

Ganis G. , Rosenfeld J. P. , Meixner J. , Kievit R. A. and Schendan H. E. , 2011. Lying in the scanner: covert countermeasures disrupt deception detection by functional magnetic resonance imaging. *Neuroimage*, 55 (1): 312–319.

Gao J. , Yan X. , Sun J. and Zheng C. , (in press) . Denoised P300 and machine learning – based concealed information test method. *Computer methods and programs in biomedicine*.

Greenberg D. S. , 2002. Washington-Polygraph fails scientific review in the USA. *Lancet*, 360 (9342): 1309–1309

Greenwald A. G. , McGhee D. E. and Schwartz J. L. , 1998. Measuring individual differences in implicit cognition: the implicit association test. *Journal of Personality and Social Psychology*, 74 (6): 1464–1480.

Gregg A. P. , 2007. When vying reveals lying: the timed antagonistic response alethiometer. *Applied Cognitive Psychology*, 21 (5): 621–647.

Grezes J. , Berthoz S. and Passingham R. E. , 2006. Amygdala activation when one is the target of deceit: did he lie to you or to someone else? *Neuroimage*, 30 (2): 601–608.

Grezes J. , Frith C. and Passingham R. E. , 2004. Brain mechanisms for inferring deceit in the actions of others. *Journal of Neuroscience*, 24 (24): 5500–5505.

Hakun J. G. , Seelig D. , Ruparel K. , Loughead J. W. , Busch E. , Gur R. C. , et al. , 2008. fMRI investigation of the cognitive structure of the Concealed Information Test. *Neurocase*, 14 (1): 59–67.

Hayashi A. , Abe N. , Ueno A. , Shigemune Y. , Mori E. , Tashiro M. , et al. , 2010. Neural correlates of forgiveness for moral transgressions involving deception. *Brain Research*, 1332, 90–99.

Hollien H. , Geison L. and Hicks J. W. , Jr. , 1987. Voice stress evaluators and lie detection. *Journal of Forensic Sciences*, 32 (2): 405–418.

Hollien H. and Harnsberger J. D. , 2006. The Use of Voice in Security Evaluations. *Stress: The International Journal on the Biology of Stress*, 7 (2): 74–78.

Honts C. R. , 1996. Criterion development and validity of the CQT in field applications. *The Journal of General Psychology*, 123 (4): 309–324.

Horowitz S. W. , Kircher J. C. , Honts C. R. and Raskin D. C. , 1997. The role of comparison questions in physiological detection of deception. *Psychophysiology*, 34 (1): 108–115.

Horvath F. , 1982. Detecting deception: the promise and the reality of voice stress analysis. *Journal of Forensic Sciences*, 27 (2): 340–351.

Houlihan M. , Clark A. , Soucey T. , Despres H. and Pierce A. , Lie detection using ERPs in a language based task. *Presentation at the annual meeting of the Canadian Society for Brain Behavior and Cognitive Science*. Newfoundland. June 12–14, 2004.

Hu X. , Wu H. and Fu G. , 2011. Temporal course of executive control when lying about self-and other-referential information: An ERP study. *Brain Research*, 1369, 149–157.

Ito A. , Abe, N. , Fujii T. , Ueno A. , Koseki Y. , Hashimoto R. , et al. , 2011. The role of the dorsolateral prefrontal cortex in deception when remembering neutral and emotional events. *Neuroscience Research*, 69 (2): 121–128.

Izzetoglu, K. , Yurtsever, G. , Bozkurt, A. , Yazici, B. , Bunce, S. , Pourrezaei, K. , et al. , 2003. NIR spectroscopy measurements of cognitive load elicited by GKT and target categorization. Proceedings of the 36th Annual Hawaii International Conference on System Sciences, Hawaii.

Johnson R. , Barnhardt J. and Zhu J. , 2003. The deceptive response: effects of response conflict and strategic monitoring on the late positive component and episodic memory-related brain activity. *Biological Psychology*, 64, 217–253.

——2004. The contribution of executive processes to deceptive responding. *Neuropsychologia*, 42 (7): 878–901.

Johnson R. , Jr. , Henkell H. , Simon E. and Zhu J. , 2008 The self in conflict: the role of executive processes during truthful and deceptive responses about attitudes. *Neuroimage*, 39 (1): 469–482.

Karim A. A. , Schneider M. , Lotze M. , Veit R. , Sauseng P. , et al. , 2010. The truth about lying : inhibition of the anterior prefrontal cortex improves deceptive behavior. *Cerebral Cortex*, 20 (1): 205–213.

Kozel F. A. , Johnson K. A. , Mu Q. W. , Grenesko E. L. , Laken S. J. and George M. S. , 2005. Detecting deception using functional magnetic resonance imaging. *Biological Psychiatry*, 58 (8): 605–613.

Kozel F. A. , Padgett T. M. and George M. S. , 2004a. A replication study of the neural correlates of deception. *Behavioral Neuroscience*, 118 (4): 852–856.

Kozel F. A. , Revell, L. J. , Lorberbaum J. P. , Shastri A. , Elhai J. D. , et al. , 2004b. A pilot study of functional magnetic resonance imaging brain correlates of deception in healthy young men. *The Journal of Neuropsychiatry and Clinical Neurosciences*, 16 (3): 295–305.

Kubo K. and Nittono ?. H. , 2009. The role of intention to conceal in the P300-based concealed information test. *Applied Psychophysiology and Biofeedback*, 34 (3):

227-235.

Langleben, D. D. , Loughead, J. W. , Bilker, W. B. , Ruparel, K. , Childress, A. R. , Busch, S. I. , et al. , 2005. Telling truth from lie in individual subjects with fast event-related fMRI. *Human Brain Mapping*, 26 (4): 262-272.

Langleben, D. D. , Schroeder, L. , Maldjian, J. A. , Gur, R. C. , McDonald, S. , Ragland, J. D. , et al. , 2002. Brain activity during simulated deception: an event-related functional magnetic resonance study. *Neuroimage*, 15 (3): 727-732.

Larson J. A. , Haney G. W. and Keeler L. , 1932. *Lying and its detection: a study of deception and deception tests.* Chicago: The University of Chicago press.

Leal S. and Vrij A. , 2010. The occurrence of eye blinks during a guilty knowledge test. *Psychology Crime and Law*, 16 (4): 349-357.

Lee K. , Xu F. , Luo Y. C. and Fu G. Y. , 2009. Children's and adults' conceptualization and evaluation of lying and truth-telling. *Infant and Child Development*, 18 (4): 307-322.

Lee T. M. , Liu H. L. , Chan C. C. , Ng Y. B. , Fox, P. T. and Gao, J. H. , 2005. Neural correlates of feigned memory impairment. *Neuroimage*, 28 (2): 305-313.

Lee T. M. C. , Au R. K. C. , Liu H. -l. , Ting K. H. , Huang C. -m. and Chan C. C. H. , 2008. Brain and cognition are errors differentiable from deceptive responses when feigning memory impairment ? An fMRI study. *Brain and Cognition*, 69 (2): 406-412.

Lee T. M. C. , Lee T. M. Y. , Raine A. and Chan C. C. H. , 2010. Lying about the valence of affective pictures: an fMRI study. *PLoS ONE*, 5 (8): e12291.

Lee T. M. C. , Liu H. -l. , Tan L. -h. , Chan C. C. H. , Mahankali S. , et al. , 2002. Lie Detection by Functional Magnetic Resonance Imaging. *Human Brain Mapping*, 164, 157-164.

Lubow R. E. and Fein O. , 1996. Pupillary Size in Response to a Visual Guilty Knowledge Test-New Technique for the Detection of Deception (*Journal of Ex-*

perimental Psychology: Applied, 2 (2): 164–177.

Lykken D. T. , 1959. The GSR in the detection of guilt. *Journal of Applied Psychology*, 43, 385–388.

Marston W. M. , 1917. Systolic blood pressure symptoms of deception. *Journal of Experimental Psychology*, 2 (2): 117–163.

Meijer E. H. , Smulders F. T. Y. , Merckelbach H. L. G. J. and Wolf A. G. , 2007. The P300 is sensitive to concealed face recognition. *International Journal of Psychophysiology*, 1–7.

Meixner J. B. and Rosenfeld J. P. , 2011. A mock terrorism application of the P300–based concealed information test. *Psychophysiology*, 48 (2): 149–154.

Mertens R. and Allen J. J. , 2008. The role of psychophysiology in forensic assessments: deception detection, ERPs, and virtual reality mock crime scenarios. *Psychophysiology*, 45 (2): 286–298.

Merzagora A. C. , Bunce S. , Izzetoglu M. and Onaral B. , Wavelet analysis for EEG feature extraction in deception detection. 28th Conference Proceedings of the International Conference of IEEE Engineering in Medicine and Biology Society, 1, 2434–2437. New York, August 30– September. 3, 2006

Mohamed F. B. , Faro S. H. , Gordon N. J. , Platek S. M. , Ahmad H. , et al. , 2006. Brain mapping of deception and truth telling about an ecologically valid situation: Functional MR imaging and polygraph investigation-initial experience. *Radiology*, 238 (2): 679–688.

Montague P. R. , Bhatt M. A. , Lohrenz T. and Camerer C. F. , 2010. Neural signatures of strategic types in a two-person bargaining game. *Proceedings of the National Academy of Sciences of the United States of America*, 107 (46): 19720–19725.

Nakayama M. , 2002. Handbook of polygraph testing. In M. Kleiner (Eds.): Practical use of the concealed information test for criminal investigation in Japan San Diego, CA : Academic Press

National Research Council (ed), 2003. *The Polygraph and Lie Detection* (Vol.

19). Washington, DC: The National Academies Press.

Nose I. , Murai J. and Taira M. , 2009. Disclosing concealed information on the basis of cortical activations. *Neuroimage*, 44 (4): 1380-1386.

Pavlidis I. , Eberhardt N. L. and Levine J. A. , 2002. Human behaviour: Seeing through the face of deception. *Nature*, 415 (6867): 35-35.

Pearson H. , 2006. Lure of lie detectors spooks ethicists. *Nature*, 441 (7096): 918-919.

Phan K. L. , Magalhaes A. , Ziemlewicz T. J. , Fitzgerald D. A. , Green C. and Smith W. , 2005. Neural correlates of telling lies: a functional magnetic resonance imaging study at 4 Tesla. *Academic Radiology*, 12 (2): 164-172.

Priori A. , Mameli F. , Cogiamanian F. , Marceglia S. , Ferrucci R. , et al. , 2008. Lie-specific involvement of Dorsolateral Prefrontal Cortex in Deception. *Cerebral Cortex*, 18 (2): 451-455.

Rissman J. , Greely H. T. and Wagner A. D. , 2010. Detecting individual memories through the neural decoding of memory states and past experience. *Proceedings of the National Academy of Sciences of the United States of America*, 107 (21): 9849-9854.

Rosenfeld J. P. , 2005. 'Brain fingerprinting' : a critical analysis. *The Scientific Review of Mental Health Practice*, 4 (1): 20-37.

Rosenfeld J. P. , Angell A. and Johnson M. , 1991. An ERP-based, control-question lie detector analog : algorithms for discriminating effects within individuals' average waveforms. *Psychophysiology*, 28 (3): 319-335

Rosenfeld J. P. , Biroschak J. R. and Furedy J. J. , 2006. P300- based detection of concealed autobiographical versus incidentally acquired information in target and non-target paradigms. *International Journal of Psychophysiology*, 60 (3): 251-259.

Rosenfeld J. P. , Cantwell B. , Nasman V. T. , Wojdac V. , Ivanov S. and Mazzeri L. , 1988. A modified, event-related potential-based guilty knowledge test. *International Journal of Neuroscience*, 42 (1-2): 157-161.

Rosenfeld J. P. , Ellwanger J. W. , Nolan K. , Wu S. , Bermann R. G. and Sweet J. , 1999. P300 Scalp amplitude distribution as an index of deception in a simulated cognitive deficit model. *International Journal of Psychophysiology*, 33 (1): 3–19.

Rosenfeld J. P. , Labkovsky E. , Winograd M. , Lui M. A. , Vandenboom C. and Chedid E. , 2008a. The complex trial protocol (CTP): A new, countermeasure-resistant, accurate, P300– based method for detection of concealed information. *Psychophysiology*, 45 (6): 906–919.

Rosenfeld J. P. , Nasman V. T. , Whalen R. , Cantwell B. and Mazzeri L. , 1987. Late vertex positivity in event-related potentials as a guilty knowledge indicator: a new method of life detection. *International Journal of Neuroscience*, 34 (1–2): 125–129.

Rosenfeld J. P. , Reinhart A. M. , Bhatt M. , Ellwanger J. , Gora K. , Sekera M. , et al. , 1998. P300 correlates of simulated malingered amnesia in a matching-to-sample task: topographic analyses of deception versus truthtelling responses. *International Journal of Psychophysiology*, 28 (3): 233–247.

Rosenfeld J. P. , Soskins M. , Bosh G. and Ryan A. , 2004. Simple, effective countermeasures to P300– based tests of detection of concealed information. *Psychophysiology*, 41 (2): 205–219.

Rosenfeld J. P. , Sweet J. J. , Chuang J. , Ellwanger J. and Song L. , 1996. Detection of simulated malingering using forced choice recognition enhanced with event-related potential recording. *Clinical Neuropsychologist*, 10 (2): 163–179.

Rosenfeld J. P. , Winograd M. R. , Haynes A. and Labkovsky E. B. , 2008b. Enhancing the complex trial protocol (CTP) and detecting concealed information in a mock crime scenario. *International Journal of Psychophysiology*, 69 (3): 149–149.

Ruchsow M. , Hermle, L. and Kober, M. , 2010. Lie detection and mind reading: Is there a use for fMRI? *Nervenarzt*, 81 (9): 1085–1091.

Sartori G. , Agosta S. , Zogmaister C. , Ferrara S. D. and Castiello U. , 2008. How to accurately detect autobiographical events. *Psychological Science*, 19 (8): 772–780.

Seth A. K. , Iversen J. R. and Edelman G. M. , 2006. Single-trial discrimination of truthful from deceptive responses during a game of financial risk using alpha-band MEG signals. *Neuroimage*, 32, 465–476.

Seymour T. L. and Kerlin J. R. , 2008. Successful detection of verbal and visual concealed knowledge using an RT-based paradigm. *Applied Cognitive Psychology*, 22 (4): 475–490.

Seymour T. L. , Seifert C. M. , Shafto M. G. and Mosmann A. L. , 2000. Using response time measures to assess "guilty knowledge". *Journal of Applied Psychology*, 3 (1): 30–37.

Simpson J. R. , 2008. Functional MRI lie detection: too good to be true? *Journal of American Academy of Psychiatry and the Law*, 36 (4): 491–498.

Sip K. E. , Lynge M. , Wallentin M. , McGregor W. B. , Frith C. D. and Roepstorff A. , 2010. The production and detection of deception in an interactive game. *Neuropsychologia*, 48 (12): 3619–3626.

Spence, S. A. , 2008. Playing devil's advocate: the case against fMRI lie detection. *Legal and Criminological Psychology*, 13, 11–25.

Spence S. A. , Farrow C. A. T. F. D. , Herford A. E. , Wilkinson I. D. , Zheng Y. and Woodruff P. W. R. , 2001. Behavioural and functional anatomical correlates of deception in humans. *Neuroreport*, 12 (13): 2849–2853.

Spence, S. A. , Hunter, M. D. , Farrow, T. F. , Green, R. D. , Leung, D. H. , et al. , 2004. A cognitive neurobiological account of deception: evidence from functional neuroimaging. *Philosophical Transactions of the Royal Society*, 359 (1451): 1755–1762.

Spence S. A. , Kaylor-Hughes C. , Farrow T. F. and Wilkinson I. D. , 2008. Speaking of secrets and lies: the contribution of ventrolateral prefrontal cortex to vocal deception. *Neuroimage*, 40 (3): 1411–1418.

Spence S. A. and Kaylor-Hughes C. J. , 2008. Looking for truth and finding lies: the prospects for a nascent neuroimaging of deception. *Neurocase*, 14 (1): 68–81.

Streeter L. A. , Krauss R. M. , Geller V. , Olson C. and Apple W. , 1977. Pitch changes during attempted deception. *Journal of Personality and Social Psychol-*

ogy, 35 (5): 345-350.

Tu S. , Li H. , Jou J. , Zhang Q. , Wang T. , et al. , 2009. An event-related potential study of deception to self preferences. *Brain Research*, 1247, 142-148.

Vendemia J. M. C. , Buzan R. F. and Green E. P. , 2005. Practice effects, workload, and reaction time in deception. *American Journal of Psychology*, 118 (3): 413-429.

Verschuere B. , Crombez G. , Degrootte T. and Rosseel Y. , 2010. Detecting concealed information with reaction times: validity and comparison with the polygraph. *Applied Cognitive Psychology*, 24 (7): 991-1002.

Verschuere B. , Prati V. and Houwer D. , 2008. Cheating the lie detector: faking in the autobiographical Implicit Association *Test. Psychological Science*, 20 (4): 410-413.

Verschuere B. , Spruyt A. , Meijer E. H. and Otgaar H. , (in press) . The ease of lying. *Consciousness and cognition*.

Vrij A. , Leal S. , Mann S. , Warmelink L. , Granhag P. A. , et al. , 2010. Drawings as an innovative and successful lie detection tool. *Applied Cognitive Psychology*, 24 (4): 587-594.

Vul E. , Harris, C. , Winkielman P. and Pashler H. , 2009. Puzzlingly high correlations in fMRI studies of emotion, personality, and social cognition. *Perspectives on Psychological Science*, 4 (3): 274-290.

Wild J. , 2005. Brain imaging ready to detect terrorists, say neuroscientists. *Nature*, 437 (7058): 457.

Williams J. M. , Mathews A. and MacLeod C. , 1996. The emotional Stroop task and psychopathology. *Psychological Bulletin*, 120 (1): 3-24.

Wu H. Y. , Hu X. Q. and Fu G. Y. , 2009. Does willingness affect the N2-P3 effect of deceptive and honest responses? *Neuroscience Letters*, 467 (2): 63-66.

Yang Y. , Raine A. , Narr K. L. , Lencz T. , LaCasse L. , et al. , 2007. Localisation of increased prefrontal white matter in pathological liars. *The British Journal of Psychiatry*, 190, 174-175.

（伍海燕）

第十一章 心智解读与疾病

临床病理学研究为神经系统功能的定位提供了大量相关证据。本章主要介绍与心理状态有关的各种神经系统疾病和精神疾病及其研究进展，这些研究均有助于心智解读，即从脑活动推测心智活动的研究。

11.1 神经疾病

人脑由左、右两个半球组成，两半球的功能互不对称，各有侧重，但也有相互协调和合作。随着脑科学研究的不断深入，对脑中各分区的功能定位和左右脑的分工有了更全面的认识。特殊的脑区病变时表现出特殊的障碍，如失语症、失用症和失认症等，为进一步研究脑功能提供了佐证。

11.1.1 失语症 (Aphasia)

语言是人类特有的一种能力，也是人类最重要的交际工具。语言功能受一侧大脑半球即优势半球的支配，多数人的优势半球位于左侧半球，研究发现，约95%的人语言优势半球在左侧大脑外侧裂 (sylvius) 附近。前外侧裂区的 Broca 区（位于额下回后部，Broadmann44 和 45 区，又称为运动性语言区）与语言的产生有关，后 sylvius 区的 Wernicke 区（位于颞叶后部和后上部，Broadmann22 区，又称为听觉性语言区）

与语言的理解有关。两区之间有丰富的神经纤维联络，其中一个大的纤维束称为弓形束，经过颞叶狭部，在大脑外侧裂后部绕行。

优势半球的病变可致患者出现语言表达、理解障碍等。失语症，简称失语，是指意识清醒情况下，脑功能失常（主要是优势侧大脑半球语言中枢的病变）导致的语言表达或理解障碍。此类患者意识清楚、无精神障碍及严重认知障碍，无视觉、听觉缺损和口、咽喉、舌等发音器官肌肉瘫痪及共济失调，却听不懂别人及自己的话，或不能表达，不理解或写不出病前会读、会写的字句（Gorno-Tempini et al. , 2011）。

失语症的分类没有统一标准，目前临床常用的是以解剖为基础的解剖－临床相关分类法，即不同类型的失语症与不同部位损伤有关，主要分为以下八种类型。

11.1.1.1　运动性失语

运动性失语，又叫 Broca 失语或表达性失语，其特征是非流畅性语言表达，即在理解力相对正常的情况下发生的流畅性减低，复述和指名失常，阅读障碍，书写障碍等。最常见的原因是大脑中动脉上部分界区血管堵塞引起的 Broca 区额下回，围绕前部大脑外侧裂及岛回皮层的梗死，也可由包括肿瘤、脑内出血或脓肿在内的占位性病变引起（Keller et al, 2009；Bonner et al. , 2010）。

11.1.1.2　感觉性失语

感觉性失语，又叫 Wernicke 失语，其特征是患者对别人和自己讲的话不理解或仅理解个别词或短语，程度不一，从部分到完全不能理解，患者语言流畅，语音清晰，语调正常和有适当的语法，滔滔不绝，但用词错误或凌乱，缺乏逻辑，答非所问，同时可有与理解障碍大体一致的复述和听写障碍，以及不同程度的命名、阅读障碍。常见的病因是大脑中动脉下支梗塞，颞后回或角回分支的梗塞也可引起（Dick et al. , 2001）。

11.1.1.3　传导性失语

传导性失语，其特征是复述障碍比其他任何语言障碍都突出，患者说话流畅，理解力仍保存，但不能复述自发讲话时轻易说出的词或句；自发谈话常因找词困难而出现犹豫、中断，命名和朗读中出现明显的语音错误，并伴有不同程度的书写障碍。病变位于优势半球缘上回皮质或深部白质内弓状纤维（Ardila，2010）。

11.1.1.4　完全性失语

完全性失语，又称为混合性失语，是一种严重的语言障碍，其特征是所有的语言特征都有障碍，表现为哑、刻板性语言，预后差，患者可逐渐学会结合语境并通过非口语方式进行交流。病变为优势半球大脑中动脉供血区大面积病灶，多数患者伴有对侧轻偏瘫，对侧感觉缺陷，对侧偏盲（Lieberman，2002）。

11.1.1.5　经皮质失语

经皮质失语，其特征是患者虽有语言障碍，但复述能力相对保存。经皮质性失语因病变位于优势半球不同部位，临床可分为经皮质运动性失语（TCMA）、经皮质感觉性失语（TCSA）、经皮质混合性失语（MTA），共同特点是复述功能保留，其他语言功能受损。其中，TCMA 表现为非流利型口语，语言启动及扩展障碍，理解相对完好，即患者能够机械性地复述、复抄他人的言语和文字，对复述、复抄的内容也能理解，但是，不能以口述、书写来表达自己的思维，从而与他人进行交流，病变位于 Broca 区前上部；TCSA 表现为流利型口语，有错语及模仿型言语，理解严重障碍，即患者的复述、复抄能力保持完整，但是对复述、复抄的内容毫不理解。在检查时，患者可能只是复述检查者的命令（模仿语言）而不去执行命令。病变位于左侧颞顶叶交界区；MTA 为非流利型，可有模仿型言语，理解严重障碍，病变为位于大脑中动脉、大脑前动脉、大脑后动脉供血区域的边缘区域（Grossi et al.，1991）。

11.1.1.6 皮质下失语

皮质下失语，其特征是病变初期，症状类似于完全性失语，以后逐渐发展，表现出非流利性运动性失语和感觉性失语，如口语理解障碍、错语等。复述功能相对较好。病变部位在丘脑、基底节、内囊、皮质下深部白质等，主要由基底神经节或丘脑前外侧核的梗塞引起。皮质下失语的语言受损表现常不典型（Nadeau and Crosson，1997）。在临床上可分为不同的类型。

（1）丘脑性失语：丘脑及其联系通路受损导致的失语。在急性期可见不同程度的缄默，以后逐渐出现听语和阅读理解障碍，语言流利性受损，可并存模仿语言、重复语言、错语、不能命名等，但复述功能相对完好。

（2）内囊、基底节损害的失语：壳核、内囊病变可致构音障碍，语言流利性降低，理解障碍，复述轻度受损，类似 Broca 失语。壳核后部病变可致流利性失语，语音低微，语义性错语，类似 Wernicke 失语。

（3）侧脑室周围损害所致的失语：侧脑室前上部病变可致经皮质运动性失语，自发性语言减少，也可致构音障碍。侧脑室后部病变、颞叶峡部病变可致 Wernicke 失语、经皮质感觉性失语，复述功能可保留。侧脑室前、后部均受损，则可致完全性失语，但皮质下卒中所致的全脑性失语非常罕见。

11.1.1.7 命名性失语

命名性失语，也称为健忘性失语，其特征是患者对物体的命名发生障碍，口语表达较为流利，不费力，但内容缺乏实质词，形成特征性的空话、赘语，讲话经常发生停顿。由于找词困难，经常以描述物品性质和用途代替物品的名称，其发音和语调正常，如说不出水杯的名称，但

321

能说出是喝水用的，并用手势做出喝水的动作，口语理解完全正常或轻度异常，给予口语提示后即可说出正确的名称，复述良好。一般多见于不同失语症的恢复期，无明确的定位价值。临床上常与 Gerstmann 综合征并存。命名障碍轻重不一，阅读和书写可正常，也可有明显障碍。主要由优势侧半球颞中回后部或颞枕交界区病变引起 (Jonkers and Bastiaanse, 2007)。

11.1.1.8 交叉性失语

交叉性失语，临床上以流利性受损最常见。发病时最常表现为缄默，逐渐发展为表达性失语，多数患者伴有左侧空间忽视。交叉性失语为右利手者右侧脑组织病变所致的失语，其存在是对右侧大脑半球具有语言功能的证明。交叉性失语的发生率较低 (De Witte, et al., 2008)。

11.1.2 失用症 (Apraxia)

完成一个随意运动，需要上、下运动神经元与小脑系统、锥体外系的整合，还需要有高级神经活动的参与，属于联络区皮质的功能。左侧缘上回是运用功能皮质代表区，发出纤维到同侧中央前回，再经胼胝体到达后侧中央前回，在这个通路上任何一个部位受损，都有可能引起随意运动功能障碍。

失用症是一种获得性障碍，专指脑损害者不能做已习得的有目的或熟练的技巧性动作，患者能以正常的幅度、力度和速度运动其肢体，但不能完成要求的特定动作或姿势，不能完成伸舌、吞咽、洗脸、刷牙、划火柴和开锁等简单动作，但在不经意时能自发做这些动作，这种诊断的前提是排除由于肌力减退、感觉缺失、震颤、肌张力障碍及认知、记忆、理解、注意障碍而导致的运用障碍。失用症主要分为以下六种类型 (Gross and Grossman, 2008)。

11.1.2.1 肢体运动性失用症

肢体运动性失用症，其特征是一侧手指实施精细快速动作或系列灵巧的单个手指的运动障碍，如书写、扣衣、擦火柴、手指拍打、弹琴样动作有障碍，表现出笨拙而不熟练，无论是模仿或者按言语指令做动作，均有障碍。损害部位可能为双侧或对侧缘上回、运动皮质4区和6区及这些区域发出的神经纤维，损害部位还有可能是胼胝体前部（Heilman et al.，2000）。

11.1.2.2 观念运动性失用症

观念运动性失用症，其特征是患者可以自动地、反射地完成动作，知道并可说出如何做，但不能按照指令完成复杂的随意或者模仿动作如伸舌、刷牙、扣衣等，却可以在进食时无意时自动舔摄唇边的米粒，日常生活多不受影响，为最常见的失用症。其病变主要位于左侧缘上回，但运动区和运动前区的病变也可引起观念运动性失用症，可能由于动作观念形成区和执行动作的运动中枢的纤维通路中断（Schnider et al.，1997）。

11.1.2.3 观念性失用症

观念性失用症，其特征是患者不能做复杂精巧的连续性动作，只能做系列动作中的单一或分解动作，不能把各分解动作按次序有机地组合成一套完整动作，有时会将动作前后程序弄错，但模仿动作一般无障碍。这种类型的失用症多为左侧顶叶后部、缘上回及胼胝体病变所致，也可见于神经官能症（Giovannetti et al.，2002）。

11.1.2.4 面－口失用症

面—口失用症，其特征是患者不能依据口头指令或视觉指令用口、唇、舌、喉等部位的肌肉做有目的的非言语性动作，患者并未出现瘫痪等其他初级运动障碍。具体表现为患者不能完成眨眼、舔唇、伸舌、咂嘴、清喉等动作，而不经意时却可自发完成，但运用实物的功能较好。其病变局限在左侧运动皮质面部区，同时可伴有 Broca 失语症（Ozsancak et al. , 2004）。

11.1.2.5　结构性失用症

结构性失用症，其特征是在绘画及装配作业中的视觉结构能力障碍，如排列、建筑和绘画，可能因为不能成功整合空间结构所需的视觉与运动信息。患者有形状知觉，也有辨识觉和定位觉，但患者不能模仿拼出立体结构。其病变主要表现为非优势半球枕叶和角回之间的联合纤维中断（Pramstaller and Marsden, 1996）。

11.1.2.6　穿衣失用症

穿衣失用症，其特征是患者不是由于运动障碍或不理解指令而影响穿衣，而是在穿衣的动作顺序和穿衣的方式方法上出现错误，导致自己不能穿上衣服，是视觉空间失认的一种失用症，可合并结构性失用、偏侧忽视和失语。其病变部位在右侧顶叶（Goldenberg, 2009）。

11.1.3　失认症（Agnosia）

认知是通过眼睛、耳朵、皮肤等感觉器官接受外界刺激，经过一级一级的交换，获得具有一定意义和价值的信息。认知是思维的基础。失认症是指感觉到的物象与以往记忆的材料失去联络而变得不认知，即认知不能，它是由大脑局部损害所导致的一种后天性认知障碍，患者不能通过某一感觉通道对物体进行认知，但其他感觉通道的认知能力并没有受损，且这一类患者没有视觉或听觉、躯体感觉等感觉通道受损的表现，也没有意识及智能障碍。例如患者看到手表不知为何物但触摸手表外形和听到表走动的声音，立刻就能辨认出是手表（Greene, 2005）。

11.1.3.1 视觉失认症

视觉失认症，其特征是指患者在不存在视觉障碍的前提下，不能辨认物体，或辨认不清楚病前熟悉的事和物。患者对熟悉的场所、周围的事物、甚至亲人的容貌、甚至颜色的鉴别能力减退或消失。其病变位于枕叶、纹状体周围和角回。根据认知对象的类型，可将视觉失认症分为以下四种类型（Ffytche et al.，2010）。

（1）视觉空间失认症：其特征是患者不能识别物体空间位置和物体间的空间关系，患者不能辨别方向，不懂得观察四周，经常迷路。其病变主要在右侧大脑半球顶—颞交界处皮质。

（2）面孔失认症：其特征是患者对熟悉面孔的识别能力降低或丧失，不能再认出以往熟悉的知名人士及亲朋好友的面孔，虽然他们仍可描述面孔的特征，但是所有外显意义上的识别却不能进行或功能下降，对非常熟悉人的面孔也没有任何熟悉感。病人所表现出的障碍是不能将熟悉面孔再认出来，在社交活动及工作中常常遇到一些问题，多数病人依赖其他线索来弥补面孔失认方面的缺陷，如声音、发型、服饰、步态等将其鉴别出来，可以合并有视觉失认症的其他类型。病变部位在右侧中央后回。

（3）颜色失认症：其特征是患者能看出不同颜色，但不能命名，也不能选出指定的颜色，但是对有关颜色的口头询问却能正确作答，常有同向性偏盲和纯失读症。其病变部位在左侧颞-枕区病变，也可由右侧病变引起。

（4）内部影像加工障碍：包括视物变形症和视幻觉，前者的特征是患者对涉及物件的大小、方向、形状、位置及物件之间的相互关系等问题发生知觉异常；后者包括几何性或原始性幻觉、形象性幻觉、双重人格幻觉，常见于偏头痛发作或者颞叶癫痫发作时。内部影像加工障碍的病变区域变化不定，皮质颞叶—枕区是最常见的病变部位。

11.1.3.2　听觉失认症

听觉失认症，其特征是患者听力正常，却不能辨别原来熟悉的声音。其病变位于听觉联络皮质、双侧颞上回中部皮质。主要有以下两种类型（Levitin and Tirovolas, 2009）。

（1）失音乐症：包括如乐歌不能、音乐聋、音乐性失读症、乐器性失音乐症、音乐性遗忘、节律障碍等在内的多种表现，大多数病例的病变部位在左侧大脑半球与音乐有关的皮质区。

（2）声音辨认障碍：其特征是听力正常而发生听信息认知功能的障碍，口头指令不能执行，复述不能执行，但可按照书面指令正确执行，阅读理解好，书写好。其病变部位在双颞叶后部。

11.1.3.3　触觉失认症

触觉失认症，其特征是患者的触觉、温度觉、痛觉及本体感觉均正常，却不能用手触摸来识别病前熟悉的物体。触觉失认具有形状特异性，主要是形状感知障碍而非定位感知障碍；触觉失认还具有手的特异性，仅见于手的掌面。其病变部位在腹外侧和背内侧躯体感觉联络皮质区（Saetti et al., 1999）。

11.1.3.4　体象障碍

体象障碍，其特征是患者对自身空间表象的认知障碍，是一种综合的、复杂的失认症，患者的视觉、痛温觉和本体觉完好无损，却不能感知躯体各部位的存在、空间位置及各组成部分间的关系，表现自体部位失认、偏侧肢体忽视、病觉缺失和幻肢症等。其病变多发生在非优势侧——右顶叶病变时（Phillips, 1991）。

（1）自体部位失认证：其特征是患者不能够正确地说出自己身体各部位的名称，也不能根据名称指出各个肢体所在的部位，甚至可能否认身体的某个部分是属于自己的。自体部位失认症存在部位特异性。例如，在各种自体部位失认中，手指失认是最常见的。手指失认是患者对自己的手及其他人手指的认知鉴别、命名区分有障碍或能力缺失，此类失认是一种轻度的自体部位失认。这种障碍的病灶定位于优势半球角回周围的顶枕叶交界处。

（2）偏侧躯体失认症：偏侧肢体失认症常伴有或不伴偏瘫，在没有偏瘫的情况下患者不能自发地移动病灶对侧的肢体。伴偏瘫者通常认为已经瘫痪的半身不属于自己，而属于别人，当患者将左手放在保留着的右侧视野中或放在右手上时，患者却说成是别人的手；当健侧肢体在床上碰到瘫痪肢体时患者体验到在他身旁有一个陌生人的躯体存在；有时患者对一侧肢体不予关注，表现出刮胡子刮一侧面部，躺在床上盖被只盖一侧身体。其病变部位在右侧顶叶皮质。

（3）病感缺失：又称病感失认，其特征是不能知觉缺陷或否认缺陷而感觉不到疾病。患者否认或拒绝承认偏瘫的存在，当询问患者偏瘫肢体情况时，患者往往回答是好的或推称没有过去强壮；要求患者活动偏瘫肢体时，患者出示健侧的肢体来顶替。此类疾病常与严重的偏瘫、偏盲及偏身感觉障碍有关。其病变部位主要在左半球顶叶皮质。

（4）幻肢症：是躯体幻觉的一种类型，其特征是患者"认为"其缺损的部分依然存在或幻有多肢现象，这些现象可能终身存在。

（5）异处感觉：其特征是刺激患者病变对侧肢体时，患者认为是病变同侧肢体被刺激，给予较强的刺激时可引起病变对侧感觉，但仍然不能确定皮肤刺激的位置。常见于双侧大脑半球病变、尾状核病变，或脊髓病变如多发性硬化。

11.1.3.5 Gerstmann 综合征

Gerstmann 综合征包括 4 大症状，手指失认、左右侧识别定向障碍、失写症和计算不能。病变多见于右利手人的优势半球枕叶、顶叶皮质之间特别是角回病变，常因该区皮质或皮质下颅内肿瘤性或脑血管性病变所致。手指失认同前所述；左右定向障碍是不能确定自身和他人身体的左右侧，主要由第二信号系统听觉分析器出现障碍所致；失写症属于失用性失写，其特点是自发书写和听写严重障碍，而抄写功能相对完好，常有字的遗漏，字体难以辨认；计算不能是由于失去了对数字位数的概念，不能正确地书写数字，数字的位置错乱，而丧失了运算能力，对口头计算和运算口诀表的应用也错误百出。部分患者可只出现其中的1个或者2到3个症状或合并有失认、失读、失用及忽视等表现（Rusconi et al. , 2010）。

11.2　精神疾病

心理理论（Theory of Mind，ToM）是推断别人的想法、信念、愿望或意图的能力，通过心理理论，我们可以理解及预测别人的行为，心理理论在人际关系方面担当重要的角色（Brune and Brune-Cohrs，2006）。心理理论缺失或能力低下可能与包括自闭症、抑郁症、精神分裂症、边缘人格障碍等在内的多种疾病有关。

11.2.1　自闭症（Autism）

自闭症又称孤独症，是指由于神经系统失调导致的发育障碍，以严重的、广泛的社会相互影响和沟通技能的损害以及刻板的行为、兴趣和活动为特征的精神疾病（Howlin，1998）。其中 Asperger 综合征被认为是自闭症的一种良性亚型（例 Attwood，1998），主要表现为社交障碍和狭窄、刻板的兴趣行为特征，但无语言发育障碍，且认知能力正常。这种患者缺乏对他人情感的理解力，缺少建立友谊的能力，从而导致社会隔离。研究指出，80% 以上的自闭症儿童不能准确预测他人的行为，心理理论任务的测试成绩甚至低于智能较低的儿童。研究者推测，自闭症儿童的社交及沟通困难可能与这种能力的缺失有关（Baron-Cohen et al. , 1985；Frith，1989）。

11.2.2 双相情感障碍 (Bipolar affective disorders)

双相情感障碍，是一种以显著而持久的心境低落和情绪高涨交替出现的慢性疾病，多伴有焦虑、自杀意念等症状。目前其病理生理学机制尚不清楚，但是普遍认为是遗传和环境因素相互作用的结果。关于双相情感障碍患者的心理理论能力，Kerr 等 (2003) 发现，无论是躁狂症还是抑郁症患者，其心理理论能力都很差，特别是在疾病的活动期，而恢复期可表现正常，分析其原因，可能与治疗所用药物、智商等因素有关。但 Doody 等 (1998) 认为，情感障碍患者的心理理论能力缺陷不如精神分裂症患者明显。

11.2.3 精神分裂症 (Schizophrenia)

精神分裂症是一组病因未明的精神疾病，具有思维、情感、行为等多方面的障碍，以精神活动和环境不协调为特征。Kerr 等 (2003) 发现精神分裂症患者已存在与双相情感障碍类似的心理理论能力缺失，可能由于精神分裂症和双相情感障碍具有相通点 (Crow, 1991)，而心理理论缺陷是很多导致认知损伤疾病的共同特征 (Fleming and Green, 1995)。而且，心理理论缺陷与妄想、言语紊乱这两种精神病症状存在显著相关 (Frith, 1994; Sarfati et al., 1997)。另有研究发现，精神分裂症患者不能监控自己行为与意图之间的联系 (Spence et al., 1997; Frith et al., 2000)，不能较好地运用交谈的语法规则，社会行为的计划和执行能力受损 (Schmitt and Grammer 1997; Brune, 2003; Brunet, 2003)。临床观察也发现，精神分裂症患者很少能成功地欺骗或者操控别人。但心理理论能力主要在早期精神分裂症患者组受损明显 (Kelemen et al., 2004, 2005; Sprong et al., 2007)，这一发现提示，可能通过探索早期精神分裂症患者的特异性心理理论能力受损来进行早期干预从而控制症状并改善社会功能 (Garety et al., 2001; Bora et al., 2006)。

11.2.4 边缘人格障碍 (Borderline personality disorders)

边缘人格障碍是一种严重的、有潜在致命性的精神疾病，边缘人格障碍表现为人际交往障碍，如对别人产生大量负性想法，并因此导致自杀和自残行为 (Brodsky et al. 2006)。许多关于边缘人格障碍患者的研究关注他们识别他人情绪的能力 (例如 Flury et al. 2008)，主要采用面部表情再认任务。有研究表明，边缘人格障碍患者对面部表情的分辨能力比正常对照差 (Bland et al. , 2004；Levine et al. , 1997)。但另一些研究却发现边缘人格障碍患者的面部表情辨认能力比正常对照强 (Lynch et al. , 2006；Wagner and Linehan, 1999；Domes et al. , 2008)。这些结果的不一致，可能与刺激呈现时间、刺激类型、被试的受教育水平、智力水平和精神疾病、治疗状态、焦虑状态和其他情感和心情状态等因素有关 (Domes et al. , 2008)。

发现精神疾病患者存在心理理论缺陷对于临床心理治疗有重要意义，他们会因为不能理解自己行为的后果而做出一些危险行为；缺乏理解他人心理状态的能力会妨碍心理治疗的进行。

参考文献

郝伟，2006. 精神病学（第五版）· 北京：人民卫生出版社·

王维治，2009. 神经病学（第五版）· 北京：人民卫生出版社·

Ardila A. , 2010. A review of conduction aphasia. *Curr. Neurol. Neurosci. Rep.* , 10 (6)：499-503.

Attwood T. , 1998. *Asperger's Syndrome：A Guide for Parents and Professionals.* London：Jessica Kingsley.

Baron-Cohen S. , Leslie A. M. and Frith U. , 1985. Does the autistic child have a 'theory of mind' ? *Cognition*, 21 (1)：37-46.

Bland A. R. , Williams C. A. , Scharer K. , Manning S. , 2004. Emotion processing in borderline personality disorders. Issues in *Mental Health Nursing*, 25：655-672.

Bonner M. F. , Ash S. and Grossman M. , 2010. The new classification of primary progressive aphasia into semantic, logopenic, or nonfluent/agrammatic variants. *Curr. Neurol. Neurosci. Rep.* , 10 (6)：484-490.

Bora E. , Eryavuz A. , Kayahan B. , Sungu G. and Veznedaroglu B. , 2006. Social functioning, theory of mind and neurocognition in outpatients with schizophrenia：mental state decoding may be a better predictor of social functioning than mental state reasoning. *Psychiatry. Res.* , 145 (2-3)：95-103.

Brodsky B S. , Groves S. A. , Oquendo M. A. , Mann J. J. and Stanley B. , 2006. Interpersonal precipitants and suicide attempts in borderline personality disorder. Suicide. Life. *Threatening. Behavior.* , 36 (3)：313-322.

Brune M. , 2003. Theory of mind and the role of IQ in chronic disorganized schizophrenia. *Schizophrenia. Research.* , 60 (1): 57-64.

Brunet E. , Sarfati Y. and Hardy-Bayle M. , 2003. Reasoning about physical causality and others' intentions in schizophrenia. *Cogn Neuropsychiatry*, 8 (2): 129-139.

Brune M. and Brune-Cohrs U. , 2006. Theory of mind-evolution, ontogeny, brain mechanisms and psychopathology. *Neurosci. Biobehav. Rev.* , 30 (4): 437-455.

Crow T. , 1991. The failure of the binary concept and the psychosis gene. In: Kerr, A. and McClelland H. , (ed.): Concepts of Mental Disorder: A Continuing Debate. London: Gaskell.

De Witte L. , Verhoeven J. , Engelborghs S. , De Deyn P. P. and Mari? n P. , 2008. Crossed aphasia and visuo-spatial neglect following a right thalamic stroke: a case study and review of the literature. *Behav. Neurol.* , 19 (4): 177-194.

Dick F. , Bates E. , Wulfeck B. , Utman J. A. , Dronkers N. and Gernsbacher M. A. , 2001. Language deficits, localization, and grammar: evidence for a distributive model of language breakdown in aphasic patients and neurologically intact individuals. *Psychol. Rev.* , 108 (4): 759-788.

Domes G. , Czieschnek D. , Weidler F. , Bergerm C. , Fastm K. and Herpertzm S. C. , 2008. Recognition of facial affect in borderline personality disorder. *J. Pers. Disord.* , 22 (2): 135-147.

Doody G. A. , Gotz M, Johnstone E. C. , Frith C. D. and Cunnin-gham-Owens D. G. , 1998. Theory of mind and psychoses. *Psychol. Med.* , 28 (2): 397-405.

Ffytche D. H. , Blom J. D. and Catani M. , 2010. Disorders of visual perception. *J. Neurol. Neurosurg. Psychiatry.* , 81 (11): 1280-1287.

Fleming K. and Green M. F. , 1995. Backward masking performance during and after manic episodes. *J. Abnorm. Psychol.* , 104 (1): 63-68.

Flury J. M. , Ickes W. and Schweinle W. , 2008. The borderline empathy effect: do high BPD individuals have greater empathic ability? Or are they just more difficult to 'read' ? *J. Res. Pers*, 42 (2): 312-332.

Frith U. , 1989. *Autism: Explaining the Enigma.* Oxford: Blackwell.

Frith C. , 1994. Theory of mind in schizophrenia. In: David A. S. and Cutting J. C. (ed.): *The Neuropsychology of Schizophrenia.* Erlbaum, Hove, pp. 147- 161.

Frith C. D. , Blakemore S. and Wolpert D. M. , 2000. Explaining the symptoms of schizophrenia: Abnormalities in the awareness of action. *Brain. Res. Brain. Res. Rev.* , 31 (2- 3): 357- 363.

Garety P. A. , Kuipers E. , Fowler D. , Freeman D. and Bebbington, P. E. , 2001. A cognitive model of the positive symptoms of psychosis. *Psychol. Med.* , 31 (2): 189- 195.

Giovannetti T. , Libon D. J. , Buxbaum L. J. and Schwartz M. F. , 2002. Naturalistic action impairments in dementia. *Neuropsychologia,* 40 (8): 1220- 1232.

Goldenberg, G. (2009). Apraxia and the parietal lobes. Neuropsychologia, 47 (6): 1449- 1459.

Gorno-Tempini, M. L. , Hillis, A. E. , Weintraub, S. , Kertesz, A. , Mendez, M. , Cappa, S. F. , 2011. Classification of primary progressive aphasia and its variants. Neurology. , 76 (11): 1006- 1014.

Greene J. D. W. , 2005. Apraxia, agnosias, and higher visual function abnormalities. J Neurol Neurosurg Psychiatry. ,76 (Suppl.) 5:v25 - 34.

Gross R. G. and Grossman, M. , 2008. Update on apraxia. *Curr. Neurol. Neurosci. Rep.* , 8 (6): 490- 496.

Grossi D. , Trojano L. , Chiacchio L. , Soricelli A. , Mansi L. , Postiglione A. , et al. , 1991. Mixed transcortical aphasia: clinical features and neuroanatomical correlates. A possible role of the right hemisphere. *Eur. Neurol.* , 31 (4): 204- 211.

Heilman K. M. , Meador K. J. , Loring D. W. , 2000. Hemispheric asymmetries of limb-kinetic apraxia: a loss of deftness. *Neurology,* 55 (4): 523- 526.

Howlin P. , 1998. 'Practitioner Review: Psychological and Eeducational treatments for autism' . *J. Child. Psychol. Psychiatry.* , 39 (3): 307- 322.

Jonkers R. and Bastiaanse R. , 2007. Action naming in anomic aphasic speakers: effects of instrumentality and name relation. *Brain. Lang.* , 102 (3): 262- 272.

Kelemen O. , Erdelyi R. , Pataki I. , Benedek G. , Janka Z. and Keri S. , 2005. Theory of mind and motion perception in schizophrenia. *Neuropsychology.* , 19 (4): 494–500.

Kelemen O. , Keri S. , Must A. , Benedek G. and Janka Z. , 2004. No evidence for impaired 'theory of mind' in unaffected first-degree relatives of schizophrenia patients. *Acta. Psychiatr. Scand.* , 110 (2): 146–149.

Keller S. S. , Crow T. , Foundas A. , Amunts K. and Roberts N. , 2009. Broca's area: nomenclature, anatomy, typology and asymmetry. *Brain. Lang.* , 109 (1): 29–48.

Kerr N. , Dunbar R. I. M. and Bentall R. P. , 2003. Theory of mind de? cits in bipolar affective disorder. *J. Affect Disord.* , 73 (3): 253–259.

Levine D. , Marziali E. and Hood J. , 1997. Emotion processing in borderline personality disorders. *J. Nerv. Ment. Dis.* , 185 (4): 240–246.

Levitin D. J. and Tirovolas A. K. 2009. Current advances in the cognitive neuroscience of music. Ann. N. Y. Acad. Sci. , 1156: 211–231.

Lieberman P. , 2002. On the nature and evolution of the neural bases of human language. Am. *J. Phys. Anthropol.* , (Suppl.) 35: 36–62.

Lynch T. R. , Rosenthal M. Z. , Kosson D. S. , Cheavens J. S. , Lejuez C. W. , Blair R. J. R, 2006. Heightened sensitivity to facial expressions of emotion in borderline personality disorder. *Emotion.* , 6 (4): 647–655.

Nadeau S. E. and Crosson B. , 1997. Subcortical aphasia. *Brain. Lang.* , 58 (3): 355–402.

Phillips K. A. , 1991. Body dysmorphic disorders: the distress of imagined ugliness. *Am. J. Psychiaty.* , 148 (9): 1138–1149.

Pramstaller P. P. and Marsden C. D. , 1996. The basal ganglia and apraxia. *Brain*, 119 (Pt 1): 319–340.

Ozsancak C. , Auzou P. , Dujardin K. , Quinn N. and Destee A. , 2004. Orofacial apraxia in corticobasal degeneration, progressive supranuclear palsy, multiple system atrophy and Parkinson's disease. *J. Neurol.* , 251 (11): 1317–1323.

Rusconi E. , Pinel P. , Dehaene S. and Kleinschmidt A. , 2010. The enigma of Gerstmann's syndrome revisited: a telling tale of the vicissitudes of neuropsychology. *Brain.* , 133 (Pt 2): 320–332.

Saetti M. C. , De Renzi E. and Comper M. , 1999. Tactile morphagnosia secondary to spatial deficits. *Neuropsychologia*, 37 (9): 1087–1100.

Sarfati Y. , Hardy-Bayle M. C. , Nadel J. , Chevalier J. F. and Wid-locher D. , 1997. Attribution of mental states to others by schizophrenic patients. *Cogn Neuropsych*, 2 (1): 1–17.

Schmitt A. and Grammer K. , 1997. Social intelligence and success: Don' t be too clever in order to be smart. In: Whiten A. and Byrne R. W. (ed) . *Machiavellian Intelligence II. Extensions and Evaluations.* Cambridge, MA: Cambridge University Press, pp. 86–111.

Schnider A. , Hanlon R. E. , Alexander D. N. and Benson D. F. , 1997. Ideomotor apraxia: behavioral dimensions and neuroanatomical basis. *Brain. Lang.* , 58 (1): 125–136.

Spence S. A. , Brooks D. J. , Hirsch S. R. , Liddle P. F. , Meehan J. and Grasby P. M. , 1997. A PET study of voluntary movement in schizophrenic patients experiencing passivity phenomena (delusions of alien control) . *Brain.* , 120 (11): 1997–2011.

Sprong M. , Schothorst P. , Vos E. , Hoz J. and van Engeland H. , 2007. Theory of mind in schizophrenia: meta-analysis. *Bri. J. Psychiatry.* , 191 (1): 5–13.

Wagner A. W. and Linehan M. M. , 1999. Facial expression recognition ability among women with borderline personality disorder: implications for emotion regulation? *J. Pers. Disord.* , 13 (4): 329–344.

(赵国华)

附　　录

附录一 镜像神经系统的研究

近几年来，镜像神经系统成为认知神经科学的研究热点。神经生理学和脑成像的相关研究表明，镜像神经系统以运动为基础，统一了动作观察和动作执行的神经机制，为理解他人动作提供了来自"内部"的支持。镜像神经系统为个体间的自然交流提供了神经基础，具有深远的进化意义。它不仅存在于灵长类，甚至在进化距离较远的物种如沼雀和斑雀中也有发现。作者在综述最新相关研究的基础上，分别介绍了猴和人类镜像神经系统的生理基础和认知功能，并对前人实验中的遗留问题做了总结和展望。

1 引言

对于灵长类尤其是人类这种社会化程度非常高的动物来说，最重要的生物功能之一就是理解其他个体的动作。如果没有动作理解的功能，尚且不论无法形成社会组织，即使想生存下来也是很困难的。那么人类和其他灵长类是通过什么神经机制理解他者的动作呢？目前大量的研究支持一个被称为"镜像神经系统"的理论，该理论认为镜像神经系统在动作理解中起到重要作用。

这个系统是如何发现的呢？最初，Rizzolatti 领导的实验小组在研究猴脑前运动区的单个神经元放电活动时，发现其 F5 区的神经元既能在猴观察其他个体做动作时放电，也能在猴自己做出相似动作时放电。实验者将这些像镜子一样可以映射他人动作的神经元命名为镜像神经元（mirror neuron，MN）（Di Pellegrino，et al.，1992；Gallese，et al.，1996；Rizzolatti，et al.，1996）。由于这种神经元的存在，使得个体可以把观察到的动作"直接映射"到自己的运动体系中，从而获得来自"内部"的理解，快速判断他者的动作目标和意图。Iacoboni 认为，"这个发现完全改变了我们思考大脑如何工作的方式"；美国加州大学圣迭戈分校的认知神经科学家 V. S. Ramachandran（2006）甚至大胆断言："镜像神经元在心理学上的意义，就像 DNA 在生物学上的意义一样，它们将提供一种统一的框架，并有助于解释许多心智能力。"（Platek，et al.，2006）

除了 F5 区，镜像神经元也分布在灵长类大脑皮层的额下回、顶下小叶等区域，这些脑区协同工作，完成动作理解等认知神经功能，构成一个镜像神经系统（mirror neuron system，MNS）（Rizzolatti，et al.，2004，2010，2001）。这一概念的提出触动了当前比较心理学、人类学等诸多领域的预设规则，改变了对灵长类动作理解、情感共鸣、语言进化和行为模仿等领域的理解，首次为灵长类社会关系的形成提供了神经生物学基础。正是基于这些社会关系，灵长类才能演化出更加复杂的社会行为（Rizzolatti，et al.，2006）。同时镜像神经系统也为探索原先许多令人困惑的心智能力的发生与发展开辟了新的研究道路，如自闭症儿童的镜像神经系统与正常儿童相比受到一定程度的损伤，因而妨碍他们从自身体验的角度理解他人的动作（Cattaneo，2007）。

目前，国内关于镜像神经系统的研究鲜有报道，仅有的一些报道也未全面或深入介绍。本文参考了关于镜像神经系统的最新研究成果，分别介绍猴和人类的镜像神经系统的神经解剖结构和功能属性。镜像神经系统的研究方法涉及众多技术手段，如单细胞电生理、功能性核磁共振成像（fMRI）、PET、经颅磁刺激（TMS）、脑电（EEG）和脑磁（MEG）。

2　猴的镜像神经系统

2.1　神经生理基础

2.1.1　猴的顶额回路

镜像神经元最早发现于猴脑的腹侧前运动皮层（ventral premotor cortex），即 F5 区。最近的研究进一步将 F5 区划分为三个部分：F5c，F5p 和 F5a（Belmalih, et al., 2007；Nelissen, et al., 2005）。除了 F5，在顶下小叶的喙端（rostral part of inferior parietal lobule, IPL），尤其顶内区的前侧（anterior intraparietal area, AIP）（Belmalih et al., 2007）和 PFG（位于顶叶 PF 和 PG 区之间）（Gallese, et al., 2002）两个脑区也有镜像神经元。这两个区域都和 F5 区有密切连接，其中 PFG 大部分和 F5c 连接，AIP 大部分和 F5a 连接（Rozzi, 2006）。这几个区域构成了镜像系统的"顶—额回路"。同时 PFG 和 AIP 都接收来自颞上沟（superior temporal sulcus, STS）的高级视觉信息（Rozzi, 2006）。另外 AIP 还接收来自颞中回的信息（Borra, 2008），这些信息是有关客体身份的。最后，F5 区和前辅助运动区（pre-supplementary motor area, F6）与前额叶皮层（46 区）也有连接。前额叶也与 AIP 有连接，并根据当事人的意愿决定产生自发行为还是刺激驱动行为（Rizzolatti and Luppino, 2001）。

顶下小叶喙端是由 Von Economo 于 1929 年发现的，也称作 7b 或 PF 区（Gallese et al., 2002）。它接受 STS 区投射并外传到前运动皮质腹侧，其中包含了 F5 区。PF 运动神经元具有功能多样性，约 90% 的 PF 神经元会对感觉刺激作出反应，但只有 50% 的具备运动神经元的属性，如当猴做出具体动作时产生发放。根据对不同感觉刺激方式作出的反应，PF 区神经元可分为三类："躯体感觉神经元（33%），视觉神经元（11%）和双通道（视觉—躯体感觉）神经元（bimodal somatosensory and visual neurons，56%）。Gallese 等（2002）研究发现，约40%的视觉反应型神经元在观察特定行为时发放，并且其中的三分之二具有镜像神经元属性。

STS 区的激活与生物运动（biological motion）有关，如行走、转头、弯下躯干和活动手臂等。STS 区可在观察他人动作时激活（Jellema, et al., 2000）。STS 区和 F5 区有两个主要差异：第一，STS 区编码的运动比 F5 区多得多，这可能是因为 STS 的输出分散在整个前运动区的腹侧，而不只是 F5 区。第二，STS 区的神经元不具备运动神经元的属性（Rizzolatti and Craighero，2004）。

总之，顶额回路主要分别在两个区域：顶下小叶的喙端和 F5。STS 虽然和这两个区域有密切连接，但是 STS 区本身不具备运动属性，不能算作回路的一部分（Rizzolatti and Craighero，2004；Rizzolatti and Sinigaglia，2010）。

2.1.2 镜像神经元的基本特征

当前研究显示猴脑的 F5 区有两类神经元，一类是经典神经元（canonical neurons），负责对呈现的物体作出反应；另一类是镜像神经元（mirror neurons），只负责对具有目标导向的动作作出反应（Rizzolatti and Luppino，2001）。Umiltà（2001）的研究表明：大部分镜像神经元对于没有执行对象的动作没有反应或者只有很弱的反应，例如伸手空抓（Umilta，2001）。镜像神经元对于简单呈现的物体不会被激活，包括食物。物体本身的意义对其活动影响不明显，让猴抓取一把食物或者一个几何体进行观察时，镜像神经元的反应强度是一致的。因此，如果是通过视觉刺激激活猴的镜像神经元，需要具备三个条件：一个生物效应器（biologicaleffector），如手或脚；一个目标物，如食物；并且两者间要产生交互作用（Rizzolatti and Craighero，2004）。

镜像神经元的一个重要特征是其视觉和运动属性间的关系。在观察动作和执行动作两个条件下，几乎所有的镜像神经元都能表现出一致的放电特征。根据这种一致程度又可划分为"严格一致"（strictly congruent）的镜像神经元和"广泛一致"（broadly congruent）的镜像神经元。前者是在观察到的动作和执行时的动作完全一致的情况下才发放，约占F5区镜像神经元的三分之一；后者只要满足两个动作达到相同目标就能发放，约占F5区镜像神经元的三分之二（Gallese et al.，1996）。

镜像神经元显示出较高程度的迁移性（generalization），即无论动作是由人或猴做出，只要动作相同就能激活镜像神经元。而且，观察动作是否得到奖励也不影响镜像神经元的激活，例如把抓起的食物分给接受实验的猴和分给与实验无关的猴，激活程度都是相同的（Rizzolatti and Craighero，2004）。

Caggiano等（2009）的研究发现，在观察动作和执行动作时，僧帽猴前运动皮层的镜像神经元的激活受到猴自身和动作执行者（实验者）之间空间关系的调节。大约一半镜像神经元在实验者靠近猴时发放，另一半镜像神经元在实验者远离猴时发放。这些具有空间选择性的神经元中，有一部分能根据以"米"为单位的数量级编码空间信息；另一些神经元以操作的形式编码空间信息，即根据猴与客体产生交互作用的可能性改变其属性。这些结果表明，一部分神经元对观察到的动作进行编码，不仅是为了理解动作，同时也分析了这些动作中与产生适当回应有关的特征，如空间特征。可见，镜像神经元能够根据以观察者为中心的空间框架实现，编码他人动作的目标。这种编码方式有利于观察者决定将来与其他个体合作还是竞争。

早期的研究已经充分证实与手部动作相关的镜像神经元主要分布在F5的上部区域。Ferrari等（2003）发现，在F5外侧区域的神经元大多数的放电活动与嘴部动作有关。结果显示，这些神经元中，大约25%具有镜像属性。根据诱发神经元活动的视觉特征可以把它们分成两类：进食相关的镜像神经元（ingestive mirror neurons），约占80%；交流相关的镜像神经元（communicative mirror neurons），约占20%。如果再细致区分，与进食相关的镜像神经元中又有三分之一属于严格一致的，三分之二属于广泛一致的。与交流相关的镜像神经元所对应的动作有时很难和进食相关所对应的动作区分开，比如咂嘴。不过从进化角度讲，可能交流的方式本身就是从进食的动作中演化而来的（Rizzolatti and Craighero，2004）。

2.2 猴的镜像神经元的功能

关于猴的镜像神经元的作用目前有两个主要猜想：一个是镜像神经元的激活对模仿有调节作用（Jeannerod，1994）；另一个是镜像神经元是动作理解的基础（Rizzolatti and Craighero，2004；Rizzolatti et al.，2001）。不过 Rizzolatti（2001）强调，虽然有足够多的证据表明镜像神经系统与动作理解的关系密切，但这不代表镜像神经系统是动作理解的唯一机制；另外，他认为只有人类的镜像神经系统才是动作模仿的神经基础（Rizzolatti and Craighero，2004）。因为模仿是一种通过观察他人而习得某种动作的过程，在灵长类中只有人类和类人猿中存在（Byrne，1995；Tomasello and Call，1997；Whiten and Ham，1992）。

那么个体是如何通过镜像神经系统理解他人动作的呢？Rizzolatti（2004）认为，每当个体看到他人的动作时激活了自身表征该动作的神经元。这些神经元分布在前运动皮层，自动引发了关于该动作的运动表征，而这个运动表征与自己做该动作时的表征是对应的，其动作结果也是可知的，于是个体在观察动作时就能理解动作。也就是说镜像系统把视觉信息转化成运动知识了（Rizzolatti and Luppino，2001）。

为何说猴脑镜像系统编码的是动作的目标而不是动作本身呢？以下两个实验支持了该观点：即使在没有视觉信息来源的条件下，个体也能理解他者的动作意义。

Kohler（2002）对猴 F5 区的单个神经元记录实验中，设计两种条件：一种是同时呈现撕纸的动作和声音；另一种是只呈现撕纸的声音。结果 63% 被记录的神经元在两种条件下均有放电现象，由此可见视觉信息的呈现与否似乎对神经元放电并无太大影响。为了区别是由单纯的声音引起 F5 神经元激活还是由声音所蕴涵的意义引起激活，Kohler 又另外设置了两种条件：一是呈现计算机模拟的白噪音，另一个是呈现猴的叫声。结果两种条件下均不能引起镜像神经元的放电。也就是说，镜像神经元只对与动作相关的声音产生放电，可见包含动作信息的刺激不一定都来自视觉通道。研究者将这一类神经元命名为视听镜像神经元（audio-visual mirror neurons）。

Umiltà（2001）在观察猴单细胞放电的实验中，设置了四种条件：A. 让猴看到实验者伸手抓去物体的全过程；B. 在物体前面设屏幕，让猴事先知道屏幕背后有个物体，然后猴只能看到实验者的手伸向屏幕但无法看到手对物体做了什么动作；C. 让猴看到实验者伸手的全过程，但是最终没有抓取任何物体；D. 同样设置屏幕，但让猴事先知道屏幕背后没有任何物体，然后实验者在猴面前把手伸向屏幕背后。结果在条件 A 和条件 B 中，猴 F5 区的神经元大多数都被激活了，而条件 C 和 D 中很少有神经元的激活。由此可见挡板的设置基本不能影响镜像神经元的放电活动，猴能够根据个体经验和环境信息理解操作者的动作意图。也就是说，F5 的神经元编码了他者动作的目标，无论包含该动作的视觉信息是否完整。

3 人类的镜像神经系统

3.1 神经生理基础

3.1.1 人类的顶—额回路

已有充分的证据支持人类大脑中也存在动作观察—动作执行的镜像回路。这些证据来自脑成像、经颅磁刺激（TMS）、脑电（EEG）和脑磁（MEG）等各种技术方法的研究（Rizzolatti and Sinigaglia，2010）。

同猴类似，人类的顶额回路也主要由两部分脑区构成：前中央回的下部（左侧额叶皮层的 Broca 区）及额下回的后部区，顶下小叶 (IPL) 包括内顶沟内的皮层区域 (Rizzolatti and Craighero, 2004)。其中，腹侧前运动皮层和顶下小叶的 PF 区构成的"顶—额回路"在动作识别和理解方面有重要作用。另外也有部分报告称其他皮层区域，如背侧前运动区，顶上小叶，也会参与动作观察和动作执行的过程 (Buccino, 2004；Gazzola and Keysers, 2009；Grezes, et al., 2003)。

虽然背侧前运动区、顶上小叶等区域的激活可能是由于镜像机制，但也可能是反映了动作准备的过程。支持后一种解释的证据来自猴的单个神经元放电活动——这些区域参与了外显的动作准备过程 (Crammond and Kalaska, 2000；Kalaska and Crammond, 1995)。顶上小叶虽然在大多数以肢体末梢运动为视频材料的实验中都没有激活，但大臂活动这样的近端肢体运动却能够显著激活该脑区 (Filimon, et al., 2007)。

单个被试的 fMRI 实验表明，除了腹侧前运动皮层 (BA6/44) 和 PF 区，还发现背侧前运动皮层、辅助运动区、扣带回中部、体感区 (BA3, BA2, OP1)、顶叶上部、颞中皮层和小脑在动作观察—动作执行过程中的激活 (Gazzola and Keysers, 2009)。Gazzola 和 Keysers (2009) 认为，这种激活虽然不在"经典"镜像区域的范围内，但可能暗示了由镜像机制引发的另一个机制（包括向前的和反转的内部模型及运动感觉模拟，forward and inverse internal models and motor and sensory simulation）。这种激活补充了镜像机制提供的动作信息。

3.1.2 外周的镜像神经系统

Baldissera 等 (2001) 的研究中，让被试观察他人手掌开合的动作，检测其屈肌和伸肌的 H 反射大小。结果发现被试在观察他人手掌张开时自己的伸肌的 H 反射也有了明显增加。由于 H 反射直接反映了脊髓水平的中枢兴奋性，因此观察者的脊髓兴奋性也随着观察到的动作而发生改变。这可以认为是外周神经系统存在镜像神经元的有力证据。

3.2　人类镜像神经系统的功能

3.2.1　编码动作目标和动作

Gazzola 等（2007a）的实验中，要求被试看两种视频片段：人的手臂和机器手臂作相同动作。虽然人的手臂和机器手臂运动的方式和细节特征很不相同，但结果两种条件下都激活了顶—额镜像回路。说明该回路能够从复杂多变的动作细节中概括出动作目标和意义。接着在另一个研究中，Gazzola 等（2007b）让先天手臂发育不良的被试观看有手参与的动作视频，结果也激活了他们的顶—额回路。尽管他们从来没有机会使用自己的手臂完成任何动作，但是当视频中的手完成了他们能用脚或嘴达到的目的时，也激活了顶—额回路。由此进一步证实顶额回路编码了动作的目标，具有认知功能。

Hamilton 和 Grafton（2008）利用另一种技术手段研究了镜像神经系统如何理解动作意图的机制。他们采用重复抑制范式，通过 TMS 刺激被试的特定脑区。TMS 技术是一种非侵入性的技术，通过快速变化的磁场产生电流激活或者抑制皮层的特定区域，从而改变人的认知绩效。结果他们发现，当被试看到重复出现的动作视频时，右侧额下回和右侧顶下区域的反应受到抑制；但这些区域并不能区分动作完成时的具体方式。因此，这些脑区编码了人类动作的物理结果。该实验结果可以对人类动作理解过程中从枕叶到顶叶和额叶的加工模式提供解释，这样的加工方式有利于人们理解动作的物理结果和动作的目标。

不过与猴不同的地方是：人类的顶—额回路在观察没有明确目标的个体动作（individual movements）时也会有激活。最近也有研究显示，镜像编码也可能取决于观察到的行为内容（Cattaneo，Caruana，Jezzini，& Rizzolatti，2009）。Rizzolatti 和 Craighero（2004）认为，正是人类镜像神经系统特有的加工属性，可能有助于解释人类可以通过模仿而学习的能力。

3.2.2 从动作目标到动作意图

Gallese 和 Goldman (1998) 提出：镜像神经元的作用就是通过自身的心理模仿来获取所观察到的同类的某些心理状态。Fogassi 等 (2005) 根据动作之间相互推测的理论来解释动作是如何被理解的，也被称为"具身模仿理论"(embodied simulation)。他们提出：当我们自己在做某个动作时（比如拿起笔），我们的大脑其实已经知道了自己的意图（如在纸上作笔记）。在大脑中，每个动作都是和其意图有某种对应的关系。他们在大脑顶叶发现了一类特殊的镜像神经元，这些神经元的放电与否不是根据观察到的动作的类型而定，而是根据观察到的动作后面即将发生的动作的类型而定的，并且这些神经元在这个即将发生的动作发生之前就开始兴奋了。他们推测，这些神经元通过预测动作发生的先后顺序，把许多动作相继连接起来形成各种不同的动作行为链，动作链上最后的动作就是这条链上每个动作的最终意图。Fogassi 等的核心理论是：当观察到动作发生的时候，我们脑中推测下一个动作发生的镜像神经元就开始兴奋，接着激活了它最常用的那条动作链，直到大脑激活这条链中最后一个动作相关的镜像神经元。经过这一系列连续的激活，大脑也感同身受地知道了观察到那个动作的最终意图。

为了验证这个机制，Iacoboni (2005) 利用 fMRI 技术，对被试设置了三种类型的刺激：第一种是在无任何背景下呈现一只手抓起杯子；第二种是只呈现背景，包括用餐前后；第三种是在两种不同背景下呈现一只手抓起杯子。在最后一种条件下，背景暗示了动作的意图（喝水或者收拾餐具）。结果显示，第三种条件下比前两种在右侧额下回后部及其邻近的前运动皮层腹侧区域诱发出更显著的激活。因此，之前认为只有在动作识别中起作用的前运动区的镜像神经元，其实也参与了理解他人意图的过程。推测他人的意图实际上是预测可能出现的最终动作结果，这个过程是运动系统自动完成的。这个实验表明，镜像神经元不仅能编码当前的动作，还可以编码将来要发生的动作。

以猴为对象的实验表明，很多顶叶和前运动区的神经元对某个特定的动作（如抓）进行编码时，会根据动作的目标产生不同的激活模式。例如，抓起某样东西可能是要进食，也可能是要把它换个位置摆放。这些"动作—特定性"的神经元中，很多都有镜像特征，能够对系列行为中的初始动作作出选择性发放。Cattaneo（2007）利用 EMG 技术分别记录了正常儿童和自闭症儿童下颌骨肌肉的肌电图。被试的任务可能是观察，也可能是执行某个相同动作。结果正常儿童在作出吃的动作时，无论在观察阶段还是执行阶段，都能记录到下颌骨肌肉 EMG 放电，而且在伸手抓食物的阶段就出现了。但在做出把食物放到容器中的动作时，没有记录到放电。由此说明人类正常儿童也存在类似的链式组织结构。与此不同的是，自闭症儿童作出吃的动作时直到把食物放进嘴里才记录到放电，而他们在观察该动作时没有放电。作者由此提出，由于功能性损伤，自闭症儿童可能是从认知分析的角度理解他人的意图，但是缺乏从自身经验出发的理解。

Kilner 等（2007）通过"Bayes 推断"（Bayesian inference）的统计学方法得到，镜像神经元的功能是基于一个"推测编码"（predictive coding）的机制。基于该机制，在所有参与动作观察过程的脑皮层水平上将预测错误最小化，就能最大限度地接近该动作的原因。虽然这个理论可以很好地定义镜像神经元在动作意图理解中的具体功能，但是整个理论还缺乏直接的实验证据。

4　结语

虽然镜像神经系统已经得到多数实验证据的支持，但一些学者仍然对其的存在提出了质疑。如 Dinstein 等（2008）认为，动作观察—动作执行虽然激活了相同区域，但并不能充分说明人类镜像机制的存在。他们认为人类的运动区有相互独立的视觉神经元和运动神经元，即双核团：前者在观察动作时发放，后者在执行动作时发放。他们提出用"重复抑制"（repetition suppression）的技术来证明自己的观点。如果人类有镜像神经元，那么他们在观察一个行为之后立即执行该行为，则会产生"适应"现象，如果没有镜像神经元，则不会产生适应。不过目前尚无实验证据支持双核团说。

另外，关于镜像神经系统的功能——动作理解，也有研究者提出了疑问。如 Csibra（2007）认为，对观察到的行为进行神经层面的复制，不等于对行为作出高层次解释，即复制不代表理解。换句话说，如果镜像活动只是对观察的动作进行复制性的表征，则不足以说明理解了这个动作；反过来，如果镜像活动能够表征动的目标，则不该被解释成接匹配感觉和运动表征的机制。他提出，运动系统不具备认知功能，视觉信息应该是在高级视觉区域，如 STS 得到加工的。

总而言之，镜像神经系统的发现意义重大，因为识别并理解其他个体行为的意图是社会行为中最基本的一种能力。笔者推测，镜像神经系统还可能解释计算机不能等同于人脑的原因：仅在动作理解这一方面，计算机只能通过分析动作的视觉元素进行识别，而不能像人和其他灵长类动物一样"直接匹配"到自身的运动系统的表征中，从而获得"内部"的认识。如果研究清楚镜像神经系统各个解剖结构间的联结方式，以计算机模拟的方式建立相关模型，那么将有助于揭示人脑的信息加工方式。

参考文献

Baldissera F. , Cavallari P. , Craighero L. and Fadiga L. , 2001. Modulation of spinal excitability during observation of hand actions in humans. European Journal of Neuroscience, 13 (1): 190–194.

Belmalih A. , Borra E. , Gerbella M. , Rozzi S. and Luppino G. , 2007. Connections of architectonically distinct subdivisions of the ventral premotor area F5 of the macaque. 37th Annual Meeting of the Society for Neuroscience. San Diego, Nov. 3–7.

Borra E. , 2008. Cortical connections of the macaque anterior intraparietal (AIP) area. Cerebral Cortex, 18: 1094–1111.

Buccino G. , 2004. Neural circuits underlying imitation learning of hand actions: an event-related fMRI study. Neuron, 42 (2): 323–334.

Byrne R. W. , 1995. *The Thinking Ape. Evolutionary Origins of Intelligence.* Oxford, UK: Oxford Univ. Press.

Caggiano V. , Fogassi L. , Rizzolatti G. , Thier P. and Casile A. , 2009. Mirror neurons differentially encode the peripersonal and extrapersonal space of monkeys. Science, 324: 403–406.

Cattaneo L. , Caruana F. , Jezzini H. and Rizzolatti G. , 2009. Representation of goal and movements without overt motor behavior in the human motor cortex: a TMS study. Journal of Neuroscience, 29: 11134–11138.

Cattaneo L. , 2007. Impairment of actions chains in autism and its possible role in intention understanding. PNAS, 104: 17825–17830.

Crammond D. J. and Kalaska J. F. , 2000. Prior information in motor and premotor cortex: activity during the delay period and effect on pre-movement activity. Journal of Neurophysiology, 84: 986–1005.

Csibra G. , 2007. in *Sensorimotor Foundations of Higher Cognition. Attention and Performance XII*. Oxford: Oxford University Press, pp: 453–459.

Dinstein I. , Thomas C. , Behrmann M. and Heger D. I. , 2008. A mirror up to nature. Current Biology, 18: R13–R18.

Di Pellegrino G. , Fadiga L. , Fogassi L. , Gallese V. and Rizzolatti G. , 1992. Understanding motor events: a neurophysiological study. Experimental Brain Research, 91 (1): 176–180.

Ferrari P. F. , Gallese V. , Rizzolatti G. and Fogassi L. , 2003. Mirror neurons responding to the observation of ingestive and communicative mouth actions in the monkey ventral premotor cortex. European Journal of Neuroscience, 17 (8): 1703–1714.

Filimon F. , Nelson J. D. , Hagler D. J. and Sereno M. L. , 2007. Human cortical representations for reaching: mirror neurons for execution, observation, and imagery. Neuroimage, 37: 1315–1328.

Fogassi L. , Ferrari P. F. and Gesierich B. , 2005. Parietal lobe: from action organization to intention understanding. Science, 302: 662–667.

Gallese V. and Goldman A. , 1998. Mirror neurons and the simulation theory of mind-reading. Trends in Cognitive Science, 12: 493–501.

Gallese V. , Fadiga L. , Fogassi L. and Rizzolatti G. , 1996. Action recognition in the premotor cortex. Brain, 119: 593–609.

Gallese V. , Fadiga L. , Fogassi L. and Rizzolatti G. , 2002. Common mechanisms in perception and action: attention and performance. Attention and Performance, : 334–355.

Gazzola V. and Keysers C. , 2009. The observation and execution of actions share motor and somatosensory voxels in all tested subjects: single subject analyses of unsmoothed fMRI data. Cerebral Cortex, 19: 1239–1255.

Gazzola V. , 2007. Aplasics born without hands mirror the goal of hand actions with their feet. Current Biology, 17: 1235-1240.

Gazzola V. , Rizzolatti G. , Wicker B. and Keysers C. , 2007. The anthropomorphic brain: the mirror neuron system responds to human and robotic actions. Neuroimage, 35: 1674-1684.

Grezes J. , Armony J. L. , Rowe J. and Passingham R. E. , 2003. Activations related to "mirror" and "canonical" neurones in the human brain: an fMRI study. Neuroimage, 18: 928-937.

Hamilton A. F. C. and Grafton S. T. , 2008. Action outcomes are represented in human inferior frontoparietal cortex. Cerebral Cortex, 18: 1160-1168.

Iacoboni M. , 2005. Grasping the intentions of others with one's own mirror neuron system. PLOS Biology, 3: 529-535.

Jeannerod M. , 1994. The representing brain: Neural correlates of motor intention and imagery. Behavioral and Brain Sciences, 17 (2): 187-245. Jellema T. , Baker C. I. , Wicker B. and Perrett D. I. , 2000. Neural representation for the perception of the intentionality of actions. Brain Cognition, 44: 280-302.

Kalaska J. F. and Crammond D. J. , 1995. Deciding not to go: neuronal correlates of response selection in a go/nogo task in primate premotor and parietal cortex. Cerebral Cortex, 5: 410-428.

Kilner J. M. , Friston K. J. and Frith C. , 2007. The mirror-neuron system: a Bayesian perspective. *Neuro Report*, 18 (6): 619-623.

Kohler E. , 2002. Hearing sounds, understanding actions: action representation in mirror neurons. Science, 297: 846-848.

Nelissen K. , Luppino G. , Vanduffel W. , Rizzolatti G. and Orban G. A. , 2005. Observing others: multiple action representation in the frontal lobe. Science, 310: 332-336.

Platek M. , Keenan J. and Shackelford K. , 2006. *Evolutionary cognitive neuroscience*. Cambridge. The MIT Press.

Rizzolatti G. and Craighero L. , 2004. The mirror neuron system. Annual Reviews

Neuroscience, 27: 169-192.

Rizzolatti G. and Luppino G. , 2001. The cortical motor system. Neuron, 31: 889-901.

Rizzolatti G. and Sinigaglia C. , 2010. The functional role of the parieto-frontal mirror circuit: interpretations and misinterpretations. Nature Reviews Neuroscience, 11 (4): 264-274.

Rizzolatti G. , Fadiga L. , Gallese V. and Fogassi L. , 1996. Premotor cortex and the recognition of motor actions. Cognitive Brain Reserch, 3 (2): 131-141.

Rizzolatti G. , Fogassi L. and Gallese V. , 2006. Mirrors in the Mind. Scientific American, 11: 54-61.

Rizzolatti G. , Fogassi L. and Gallese V. , 2001. Neurophysiological mechanisms underlying the understanding and imitation of action. Nat Rev Neurosci, 2 (9): 661-670.

Rozzi S. , 2006. Cortical connections of the inferior parietal cortical convexity of the macaque monkey. Cerebral Cortex, 16: 1389-1417.

Tomasello M. and Call J. , 1997. *Primate Cognition*. Oxford, UK: Oxford Univ. Press.

Umilta M. A. , 2001. I know what you are doing: a neurophysiological study. Neuron, 32: 91-101.

Whiten A. and Ham R. , 1992. On the nature and evolution of imitation in the animal kingdom: reappraisal of a century of research. In Advances in the Study of Behavior, 21: 239-283.

（姚 远）

[本文原载于《生物物理学报》2F,2(2011)99-10F]

附录二　心理理论概述

1　心理理论的概念及分类

心理理论（Theory of Mind，简称 ToM）是指个体了解自己和他人的愿望、信念、意图等心理状态并据此推测他人行为的能力（Gallagher and Frith，2003）。它包含了两层含义：一是个体能了解他人可能具有与自己不同的心理状态；二是个体能了解他人的心理状态到底是什么。第一层能力是第二层能力的先决条件，两者的神经机制有可能截然不同。

研究个体如何推测自我与他人的心理状态，可以追溯到传统心灵哲学对"他心问题"（other minds problem）的探讨（参见本书附录三）。20 世纪 80 年代以来，发展心理学家开始涉足儿童理解并推测自己和他人心理状态领域的研究。由于心理学家各自的研究背景与范式选择的不同，迄今为止已出现了许多相互竞争的解释框架，其中以"理论论（Theory Theory）"、"模仿论（Simulation Theory）"和"模块论（Modularity Theory）"最有代表性。

1.1　理论论

理论论的代表人物 Bartsch 和 Wellman 认为，儿童对心理状态的理解是一个理论建构的过程。儿童预先没有关于自己心理状态的知识，而是通过建构心理理论，并在此基础上来解释自己和他人的心理状态（Gopnik and Wellman，1992）。鉴于他们强调这种建构依赖于儿童与环境的相互作用，所以理论论者很少寻求脑神经方面的支持。这种对儿童社会认知发展中可能发生的"内源变化"及其具有的神经生理基础的忽视受到了来自镜像神经元研究的挑战。

1.2 模仿论

作为模仿论的代表，Goldman 认为我们理解他人心理是通过一种"模仿"的方式：归属者首先假定自己处于目标主体的情境之中，即假装具有目标主体的信念和意图，然后判断自身在这个假设状态下会作出的反应或具有的心理状态，最终将这种反应或心理状态归属给目标主体（Gallese and Goldman，1998）。

Gallese 和 Goldman（2007）指出，就模仿而言可以分两个不同的方面：心理模拟（mental simulation）和实际执行的模仿。模仿论主要是指基于第一种的"具身模仿"（embodied simulation）。它认为：在观察一个动作时观察者会自动无意识地在心理上模仿该动作，从而产生这个动作的内部运动表象（internal motor representation），然后通过运动表象再从自身的运动记忆库中抽提出与该运动相关的其他表象（如情感、意图、信念）。因此在"具身模仿"该动作的同时，我们获得了所有自身执行这个动作的信息（包括意图）。镜像神经元的发现促使很多学者假设：正是因为镜像神经元"具身模仿"时产生了内部运动表象，我们才能提取到与该动作相关的信息（情感、意图、信念）。

对于镜像神经元参与"具身模仿"的最有力的证据来自 Baldissera 和 Cattaneo 的实验。Baldissera 等（2001）让被试观察他人手掌开合的动作，检测其屈肌和伸肌的 H 反射大小。结果发现被试在观察他人手掌张开时自己的伸肌的 H 反射也有了明显增加。由于 H 反射直接反映了脊髓水平的中枢兴奋性，因此观察者的脊髓兴奋性也随着观察到的动作而发生改变。

Cattaneo（2007）利用 EMG 技术分别记录了正常儿童和自闭症儿童下颌骨肌肉的肌电图。被试的任务可能是观察，也可能是执行某个相同动作。结果正常儿童在做出吃的动作时，无论在观察阶段还是执行阶段，都能记录到下颌骨肌肉 EMG 放电，而且在伸手抓食物的阶段就出现了。但在作出把食物放到容器中的动作时，没有记录到放电。与此不同的是，自闭症儿童作出吃的动作时直到把食物放进嘴里才记录到放电，而他们在观察该动作时没有放电。

这些研究为镜像神经元可能是模仿的神经基础提供了直接的证据。正如 Gallese 和 Goldman（2007）理解的那样，"我们模仿他人基于这样的可能：因为我们有着相似的大脑，大脑中存在着以适当方式便可激活的镜像神经元"。

1.3　模块论

镜像神经元从执行功能上支持了模仿论学说，但模块论则得到了有关镜像神经元解剖学方面的支持。模块论的代表人物是 Leslie，Simon 和 Cohen。他们关注的是儿童心理理论的起源问题，认为儿童心理理论是一种内在的能力。

Leslie 等（1994，2004）提出了两个关于心理理论的模块，分别在婴儿 6-8 个月和幼儿 18 个月时形成（Leslie，1994；Leslie, et al., 2004）。Saxe 等（2004）利用脑功能成像技术发现人脑有专门的"心理理解模块"定位。它位于右侧颞上沟后部，对身体运动本身并不敏感，但是对动作和周围环境的关系很敏感。考虑到镜像神经元和心理理论脑机制在解剖学上的部分重叠性和进化同源性，以及大量文献支持镜像神经元作为动作意图理解以及情感处理（共情）的神经基础，研究者从而假设该区域是理解他人动作意图的重要区域，构成"心理理论模块"。当然，这个假设还需设计大量实验来证实。比如模块论学者强调 ToM 的发展是一个儿童内部技能逐渐展开的过程，但镜像神经元的个体发生发展规律尚未明确。

1.4　心理理论的常用实验范式

心理理论的实证研究以皮亚杰认知发展阶段理论为出发点，通过传统皮亚杰认知发展的成套测验与新近发展的各类实验技术考查婴幼儿及儿童在观点采择、错误信念、情绪理解等方面的发展状态。

"Dennett 错误信念任务"（false belief task）是心理理论中一个比较经典的任务，很多心理理论脑区的定位都用到了这个任务。它主要检测一个人能否推断别人拥有与自己不同"信念"的能力。虽然这种任务能很好地研究心理理论，但是信念并非意图。因此错误信念任务不反映一个人意图理解的能力，或者说"动作方面心理理论"的能力。该任务有两种范式，一种是意外地点任务（unexpected location task；也称意外转移：unexpected transfer），一种是意外内容任务（unexpected content task；也称欺骗外表糖果盒任务：deceptive-appearance Smarties Mark box task）。

除了错误信念任务，研究中经常应用的还有情绪理解、说谎行为等。

2 脑区定位

脑功能成像技术在心理理论的脑区定位研究中起到非常重要的作用。目前有三个脑区与心理理论有关：前缘扣带回皮层（anterior paracingulate cortex）、颞上沟（superior temporal sulci）和双侧颞极（temporal poles）（Gallagher and Frith，2003）。

使用的心理理论任务往往通过讲故事（Fletcher et al.，1995；Vogeley et al.，2001）或者连环画（Gallagher et al.，2000）来进行。Fletcher 等（1995）利用 PET 研究了正常被试的心理理论脑区。他们让被试完成三种任务：第一种是包含"心理理论"的故事理解；第二种是不需要心理推测的"物理"类故事理解；第三种任务是没有逻辑联系的一些句子组成的段落（非故事）阅读。结果两种故事条件与非故事条件相比，激活了更多双侧颞极、左侧颞上回和后扣带回皮层。而包含"心理理论"的故事比"物理"类故事激活了更多的左侧前额回内侧（Brodmann8 区）和后扣带回。

　　虽然呈现包含心理理论的故事可以得到一些结果，但这种范式有点不足：无法区分各研究结果的差异之处到底是由于任务导致的、还是扫描程序导致、或激活本身的个体差异导致。对此 Gallagher 等（2000）作了一点改进，他们采用了两种任务：语言任务和图片任务。这两种任务本身差别较大：一个是文字呈现故事，一个是卡通漫画。两种任务又分别分成包含"心理理论"内容的故事（或漫画）和不包含 ToM 的控制故事（或漫画）。结果显示两种任务激活的脑区有很大的重叠，特别是在内侧前额叶区和双侧颞—顶联合区。但是只有内侧前额叶皮层（即缘扣带回皮层）在两种涉及 ToM 的条件下激活且在控制条件下无激活。这些结果暗示心理状态可能受到高级脑区环路的调节，并且激活与否和通道无关。

　　如果把"心理理论"看作个体对他人心理的揣摩，那么个体首先要对自我心理状态有所体察。自我意识需要对他人心理状态建模的能力，并且和更高级的认知功能密切相关。那么采用自我观点和建构他人心理（即心理理论）的过程是否涉及相同的神经机制呢？ Vogeley 等（2001）用心理理论研究范式对 42 个健康志愿者的行为实验显示：对刺激反应时，被试能够正确分配第一或第三人称代词。接着他们对 8 个健康的右利手男性被试做脑功能成像。结果发现，心理理论的主要因素导致前扣带回和左侧颞极皮层的活动增强；自我观点的主要因素导致右侧颞顶交汇处和前扣带皮质的活动增强；心理理论和自我观点的交互作用在右侧前额叶处显著。这些由心理理论和自我观点引起的不同神经活动提示，人类自我意识不同的重要心理能力基于不同的脑区，至少是部分不同。

3　病理研究

　　虽然自闭症患者到底属不属于心理理论确实还不明确，本文暂且按照学术界主流的看法：自闭症是指由于神经系统失调导致的发育障碍，以严重的、广泛的社交影响和沟通技能的损害以及刻板的行为、兴趣和活动为特征的精神疾病。艾斯伯格综合征被认为是自闭症的一种良性亚型，主要表现为社交障碍和狭窄、刻板的兴趣行为特征，但无语言发育障碍，且认知能力正常。这种患者缺乏对他人情感的理解力，缺少建立友谊的能力，从而导致社会隔离（参见本书第十一章）。

在外显要求下，艾斯伯格综合征患者可以完成理解愿望、信念（mentalizing，心理化过程）等心理状态的任务。那么在自发条件下，他们是否还能完成心理化过程呢？ Senju 等（2009）以艾斯伯格综合征的成年患者为对象，检验了该假设。作者采用眼动任务，以错误信念（false belief）为研究范式（如图 1），因为这种方法已经在婴儿研究中得到运用。前人凭借

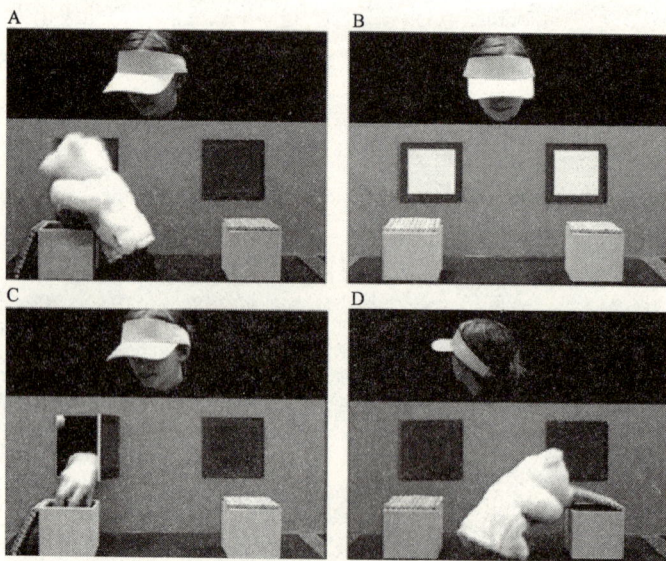

图 1

从被试观看的短片中截取的画面：（A）小狗把皮球放在其中一只箱子里；（B）两个窗户都发光，同时配上一段和谐的音乐；（C）表演者从有球的箱子上方的窗户伸手进来，拿走箱子里的皮球；反复呈现 B 和 C，直到被试熟悉 B 和 C 之间的联系；（D）当表演者看向其他方向时，小狗偷偷把球转移到另一个箱子里，由此造成表演者对皮球位置的错误信念。（图片来自 Senju, A., et al., 2009. Mindblind eyes: an absence of spontaneous theory of mind in Asperger syndrome. *Science*, .325：5942。）

这种范式发现发育正常的婴儿有能力完成心理化过程。 Senju 的结果显示，17 个正常成人和婴儿的表现类似，其眼动方式表明他们能够

根据表演者的错误信念预测其行为。但19个艾斯伯格综合征患者则没有这种表现。因此，艾斯伯格综合征患者不能自发地完成心理化过程，但是在强制学习的外显任务中也许可以完成。

4 发展研究

当然，心理理论不完善的人群并不一定是自闭症之类的患者，早期幼儿就是很好的研究群体。根据 Piaget 的儿童心理发展理论，儿童直到6至11岁才知道别人可能有与自己不同的心理状态。虽然心理理论在儿童中出现的具体时间有很大的争论，一般都认为4岁是一个关键的时期。甚至在一些未使用到语言功能的错误信念任务中，18个月的儿童已经有了心理理论能力（Gallagher and Frith, 2003）。

Itakura 等（2008）检验了年幼儿童是否能够模仿机器人的目的导向（goal-directed）行为。他们向 24-35 个月的幼儿呈现一组视频，显示一个机器人正在努力操作某个客体（如把珠子放进杯子里）但是却没有达到目标（如珠子掉在杯子外面了）。在第一类视频中，机器人在操作前后与人类主试有视线的接触；在第二类视频中，机器人与人类被试没有视线接触（如图2）。结果只有在第一类条件下，幼儿成功"模仿"了机器人有目的但失败了的行为（如把珠子放进杯子里）。当机器人没有进行视线接触时，幼儿表现比较差，只在基础水平上。 这些结果暗示，类似人类的目光接触而不是类似人类的行为方式，可能在幼儿的模仿非人类主体的目的导向行为中起到了重要作用。

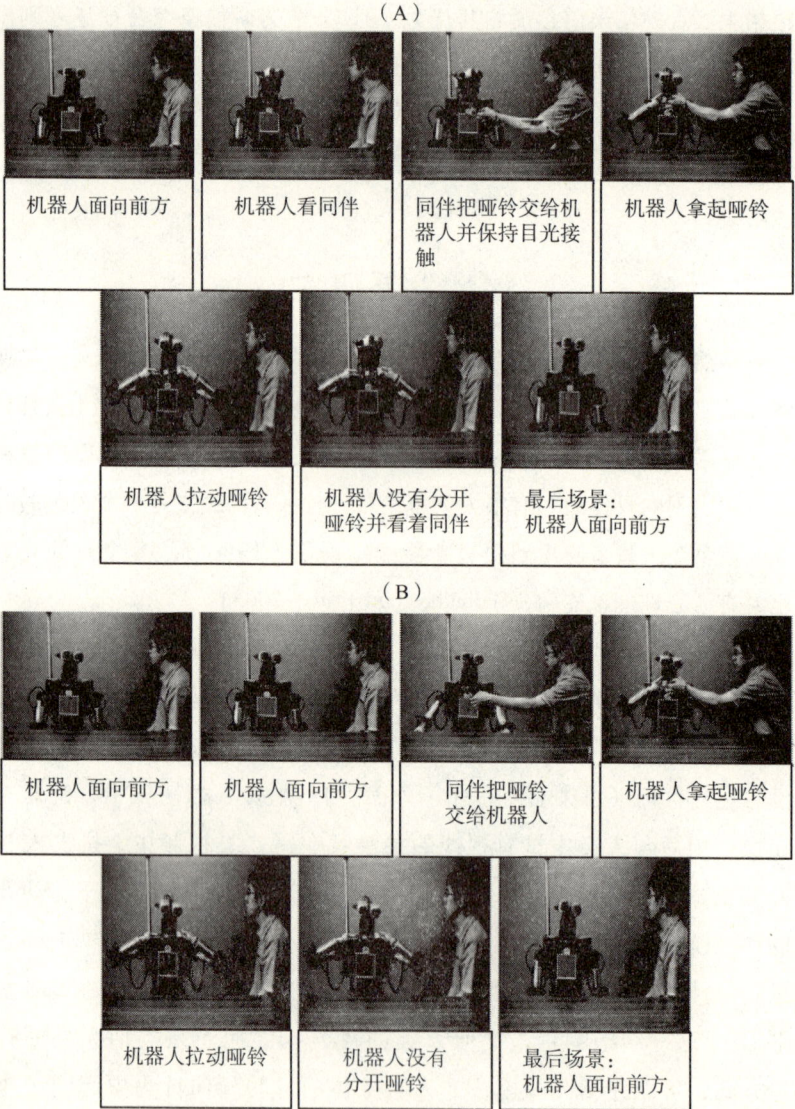

（A）

| 机器人面向前方 | 机器人看同伴 | 同伴把哑铃交给机器人并保持目光接触 | 机器人拿起哑铃 |

| 机器人拉动哑铃 | 机器人没有分开哑铃并看着同伴 | 最后场景：机器人面向前方 |

（B）

| 机器人面向前方 | 机器人面向前方 | 同伴把哑铃交给机器人 | 机器人拿起哑铃 |

| 机器人拉动哑铃 | 机器人没有分开哑铃 | 最后场景：机器人面向前方 |

图 2

(a) 在有视线接触的条件下，机器人没有成功分开哑铃；(b) 在没有视线接触的条件下机器人没有成功分开哑铃。（图片出自文献 Itakura. et. al.（2008）. How to Build an Intentional Android：Infants' Imitation of a Robot's Goal-Directed Actions. *Infancy*, 13 (5)）

对发育正常儿童的研究结果表明，心理理论的发展是一个逐渐完善的过程，那么对于生理有缺陷的儿童呢？他们的心理理论发展会不会受到先天因素的制约呢？

首先是一个关于聋哑儿童的研究。Peterson 和 Slaughter（2003）的研究表明，在家长身体健全的环境中成长起来的聋哑儿童的心理理论相关能力与自闭症儿童症状相似，研究者认为这可能是由于这类聋哑儿童与家庭中其他成员言语不通，所以无法进行足够的关于心理状态的对话，就像自闭症儿童之所以存在心理理论缺陷症状可能与他们的言语能力低下有关那样。

第二个临床例子是对马基雅维利（Mach）人格障碍者的研究。Mach 儿童能够顺利地通过信念理解任务甚至情绪理解任务，但是在社会性表现上却呈现出反社会倾向——强烈而有效地操纵他人的行为。也就是说，Mach 儿童具有健全的心理理论及相关能力，当他们操纵他人并给对方带来痛苦时，他们能够理解他人的信念甚至情绪，但是却不能体验这类负面情绪（也有学者认为他们能够忽略或克服这类体验）。Mach 儿童与其他正常儿童代表了具备健全心理理论后的个体差异，从而使人们怀疑过去认识的心理理论与儿童健康成长的关系可能还有不完整之处。

心理理论可以被理解为一种"中性的工具"，这个"工具"的好坏因人而异，而且同样的"工具"在被人使用时也会存在个体差异。那么个体差异产生的原因是什么呢？研究者认为家庭环境可能是一个重要的原因。如果儿童成长在不良环境中（如遭受虐待），那么只有具备良好的信念理解与情绪理解能力才能察言观色从而避免无谓的痛苦，同时将情绪理解与情绪体验分离也能进一步减轻受虐时的心理创伤，即Mach 人格可能是恶劣家庭环境中塑造的"适应性人格"。

5　动物研究

对于人类个体，心理理论是指体察和推测自己和他人心理状态的能力。由于心理状态不能被直接观察到，因此这种推测能力只能被当做是一种理论，并且利用它来预测他人的行为。但是黑猩猩有没有心理理论呢？就像人类那样推测其他个体的意图和目的，或者知识、信念、思想、怀疑、假装、模仿等等一系列心理过程呢？最早的研究是由 Premack 和 Woodruff 在 1978 年发表的。他们向成年黑猩猩呈现一系列包含人类演员解决各种麻烦的录像。这些麻烦中有的容易解决，如伸手去够远处或藏在盒子后面的香蕉（最初由 Kohler 设计的问题）；有的比较麻烦，如演员困在一个锁着的笼子里出不来，演员被冻得发抖因为加热器坏了，或者演员不能照相因为插头被拔掉了。每个录像带中，向黑猩猩呈现几张照片，其中有一张是解决问题的方法，如够香蕉的棍子，打开笼子的钥匙，修好加热器的灯芯。黑猩猩如果能够连续选择正确的照片，说明它们理解了录像中的问题，理解了演员的意图，并能作出与意图有关的选择（Premack and Woodruff, 1978）。

6　人类镜像神经元系统与心理理论

Prinz（1997）提出了一个著名的假设：人类对某一看到的动作所产生感觉是通过接受编码该动作的运动特征来实现的。即动作给人的感觉和直接对其执行在机制上密不可分。镜像神经元的性质就是对这个假设的有力论证。镜像神经系统的发现为认知心理学提供了一个全新的视角，因为传统的输入—加工—输出的信息加工方式已经不能很好地解释这个新的系统。

镜像神经系统的主要理论假设是：当观察别人的动作时，如果检测到我们自己也在回应式地执行该动作，我们当然有能力感应到这个动作所含的意图。该理论对于心理理论的神经机制研究有很大的促进作用。目前主要有三种方法研究镜像神经元与心理理论的关系。

（1）通过在解剖学上比较镜像神经元和心理理论各自激活的脑部区域。如果心理理论真的基于镜像神经元的活动，那么在心理理论测试时所激活的区域应该存在镜像神经元。

（2）直接设计一些意图理解的任务，然后观察镜像神经元在这些任务时的激活情况。

（3）间接地从那些心理理论有缺陷的人群中研究镜像神经元的情况。

Agnew 等（2007）总结并比较了至今公认的镜像神经元和心理理论有关的脑区。他发现重叠的部分主要为颞上沟（STS）、部分额叶回以及顶叶和颞叶的交界处（见表1）。虽然对比很粗略，但发现两者还是有很多重叠。不过由于每个实验对脑部定位的描述都有误差，以及不同实验是对心理理论不同内容的研究（意图、愿望、信念），所以还需进一步设计实验论证两者在这些脑区处确实有重叠。

表1 参与心理理论的脑区和分布镜像神经元的脑区比较

心理理论	镜像神经元
颞上回（STG）、杏仁核、前额叶皮层（PFC）、前扣带回（ACC）、左侧颞极	Broca 区、右侧顶叶前区、右侧顶叶、额下回后部、右侧顶叶前部

（表格根据文献 Agnew, et al., 2007, The human mirror system：a motor resonance theory of mind-reading. Brain Research Reviews, 54（2）整理）

7 小结

总之，在近30年的儿童心理理论发展研究中，研究者们考查了与心理理论有关的各种潜在机制及其影响因素，从皮亚杰的认知发展阶段出发，研究了信念理解能力，进而扩展到情绪理解能力和共情能力，从而构成了当前"心理理论"的大致框架。近年来，研究者越来越多地关注不同群体、不同性别以及个体间在心理理论能力上的差异。这既加深了理解正常儿童的心理理论发展，也为更有效地诊断与治疗自闭症儿童提供了理论与实证基础，是未来心理理论研究领域中值得继续探索的课题。

参考文献

Agnew Z. K. , Bhakoo K. K. and Puri B. K. , 2007. The human mirror system: a motor resonance theory of mind-reading. *Brain Research Reviews*, 54 (2): 286–293.

Baldissera F. , Cavallari P. , Craighero L. , and Fadiga L. , 2001. Modulation of spinal excitability during observation of hand actions in humans. *European Journal of Neuroscience*, 13 (1): 190–194.

Cattaneo L. , 2007. Impairment of actions chains in autism and its possible role in intention understanding. *PNAS*, 104: 17825–17830.

Fletcher P. C. , Happ F. , Frith U. , Baker S. C. , Dolan R. J. and Frackowiak R. S. J. , et al. , 1995. Other minds in the brain: a functional imaging study of "theory of mind" in story comprehension. *Cognition*, 57 (2): 109–128.

Gallagher H. L. , Happ F. , Brunswick N. , Fletcher P. C. , Frith, U. and Frith C. D. , 2000. Reading the mind in cartoons and stories: an fMRI study of 'theory of mind' in verbal and nonverbal tasks. *Neuropsychologia*, 38 (1): 11–21.

Gallagher H. L. and Frith C. D. , 2003. Functional imaging of 'theory of mind'. *Trends in Cognitive Sciences*, 7 (2): 77–83. Z

Gallese V. , and Goldman A. , 1998. Mirror neurons and the simulation theory of mind-reading. *Trends in Cognitive Science*, 12: 493–501.

Gallese V. , and Goldman A. , 2007. Before and below theory of mind: embodied simulation and the neural correlates of social cognition. *Biological Science*, 362 (1480): 659–669.

Gopnik A. and Wellman H. M. , 1992. Why the child's theory of mind really is a theory. *Mind and Language*, 7 (1-2): 145-171.

Itakura S. , Ishida H. , Kanda T. , Shimada Y. , Ishiguro H. and Lee K. , 2008. How to build an intentional android: infants' imitation of a robot's goal-directed actions. *Infancy*, 13 (5): 519-532.

Leslie A. M. , 1994. Pretending and believing: issues in the theory of ToMM. *Cognition*, 50 (1-3): 211-238.

Leslie A. M. , Friedman O. and German T. P. , 2004. Core mechanisms in 'theory of mind' . *Trends in Cognitive Sciences*, 8 (12): 528-533.

Peterson C. and Slaughter V. , 2003. Opening windows into the mind: mothers' preferences for mental state explanations and children's theory of mind. *Cognitive Development*, 18 (3): 399-429.

Premack D. and Woodruff G. , 1978. Does the chimpanzee have a theory of mind? *Behavioral and Brain Sciences*, 1 (04): 515-526.

Prinz W. , 1997. Perception and action planning. *European journal of cognitive psychology*, 9: 129-154.

Saxe R. , Xiao D. K. , Kovacs G. , Perrett D. I. and Kanwisher N. , 2004. A region of right posterior superior temporal sulcus responds to observed intentional actions. *Neuropsychologia*, 42 (11): 1435-1446.

Senju A. , Southgate V. , White S. , and Frith U. , 2009. Mindblind eyes: an absence of spontaneous theory of mind in Asperger syndrome. *Science*, 325 (5942): 883-885.

Vogeley K. , Bussfeld P. , Newen A. , Herrmann S. , Happ F. and Falkai, P. , et al. , 2001. Mind reading: neural mechanisms of theory of mind and self-perspective. *NeuroImage*, 14 (1): 170-181.

（姚　远）

附录三　心智解读的哲学思考

心智解读现象的现代研究丰富多样，包括心理学、人类学、动物行为学、认知神经科学、病理学等等，而在哲学上，它始终有着一个悠久的认识论起源。

从哲学家开始关注外部世界、认识世界的结构起，就开始讨论人们如何通过自己的心智来认识外部物体、认识真的东西，也包括如何认识自身以及跟自身相似的其他人类个体，就是心智解读，也可简称为"读心"。各个国家各个民族以及各种文化中都存在着有据可查的人类文明早期就出现的各种"读心术"，说明人们对心智解读现象的关注由来已久。

传统的心智哲学具有两个基本部分：本体论和认识论。认识论包括：他心问题和自我知识问题。他心问题是指，我们如何知道除自身之外还存在着其他心智呢？如果真的存在这样的心智，我们又是如何可能了解它们的呢？自我知识问题则关注自我的心理状态的知识特征，我们是如何获知自己的心理状态的呢？我们对自己的心理状态是否的确拥有着某种"特权通道（privilege access）"呢？如果有，它是如何可能的？如果没有，我们又是如何了解自己的心理状态的呢？

心智解读被自然地理解为这些认识论问题的后代，因为它直接涉及对他人（或自我）的心理状态的认识和归属。然而，实际上在西方从古希腊开始，哲学先贤们就开始从本体论意义上探讨心智以及心物关系问题了。其实，对认识论问题的回答与本体论问题是不可截然分开的，也就是说，对心智如何解读的理解不可脱离对心智是什么的理解。本体论问题包括了这样一些问题：什么是心智和心理状态？它们与物理状态的关系是什么？它们根本上是物理的或非物理的吗？它们是如何与大脑状态相关联的呢？等等。譬如，从笛卡尔的身心二元论推出他人心智不可读，即"唯我论"；行为主义把心智看作是行为和行为倾向，那么心智解读就等同于解读行为和行为倾向；以功能主义为理论根据的哲学家则认为要对心智解读的机制和方式进行讨论，才能呈现心智解读的功能本质。

理解心智解读，广义上说存在两种方式：一种是外部的，关注心智解读现象的外部环境，探讨心智解读发生的一般环境和特定环境，以及心智解读活动的主客体之间的互动关系、语用关系等等，这是一种解释学、语用学及社会学的路径；另一种就是内部的，从心智解读个体能力的发生、发展切入，探讨心智解读实现的内在机制机理，涵盖了发展心理学、认知神经科学的路径。这两条路径实际上共生共存，构成我们对日常心理学研究的两大主流方式。

哲学和心理学上通常从日常心理学入手来讨论心智解读，因其实际上同时包含了以上所说的内外两个视角。首先，日常心理学从我们的"生活世界"中产生，混杂着所有语言的、文化的、社会的因素，对日常心理学性质的研究可以展现出所有这些因素之间复杂的相互关系。而正是这些元素所具备的多元和多变性，使得以日常心理学为线索的心智解读现象也展现出这样丰富多彩的样态。其次，心智解读能力形成并通过日常心理学得以运用，这一过程总是在一个生命个体内部实现的，因而必然涉及内在机制、实现机理问题。由此，本身来自于生活世界，吸收了文化的养料，同时又发生在个体内部，可以探讨其具体实现机制的日常心理学，作为理解的平台、探讨的起点，既没有脱离生活，又有可通过认知科学研究逼近其具体机制，使得这个古老的哲学问题既具备深厚的学理背景，又在新的多学科研究背景下呈现出新的生长点。

我们认识一个物体，了解它的特性，判定它在某种程度上的存在是如此这般的样子，我们何以"判定"？"判定"的机制是什么呢？如果不探讨其机制的合法性，我们如何为自己的认识过程作出有效的辩护，我们凭什么说自己的认识是合理的，而不是虚构、不是假象呢？因而理解心智解读，就要理解其机制。而这种理解存在着两种可能的方式：其一是把对心智的理解放入一般知识论的范畴中，认为心智解读是知识论中的特例，采用的是与读物类似的结构和机理，这样，就可以把认识物的方式直接搬迁过来，作为理解心的方式。

对日常心理学中心智解读的实现机制的说明被归为"心理理论"的研究，包括两种主要的学说：理论说（theory theory）和模拟说（simulation theory）。

简单来说，理论说就是认为日常心理学是一种理论，各种概念以一定的因果原则形成这一理论，人们正是依赖于这样的因果原则来推知他人的心理状态的。这正是把心智解读的方式等同于"认识物"的方式，也就是说，我们在观察他人时，就类似于观察星星、云层或者地质层。他人只不过是我们周围环境中一些非常复杂的物理客体，我们一般人都拥有一些关于他人心智的一般知识，这些知识根据一定的因果原则形成理论。这些理论有时也许是内隐的，也许并不能被我们所明确地察觉到，也不能够被我们清晰地表达出来。然而，正是它们在心智解读过程中指导了我们的思想和言行。我们对这些具有规律的理论掌握得完善与否、熟练与否，运用得恰当与否决定了我们心智解读结果的正确与否。这些理论就是我们的"日常心理学"，在这个意义上说"日常心理学"是理论的。

其二，心智理解心智，并非仅仅存在一个向外指涉的问题，它在向外的同时又指向自身内部，这个既作为主体又作为客体的心智，其解读和被解读、理解和被理解的过程与单纯向外的认识物的过程显然不同。这种解读对象上的特异性必然表现为解读方式上的特异性。人和人之间存在着同类之间的移情、共感，存在着情绪扭结、情感关联、语言表达中的文化信息互动等等，这与面对非生命体时的理解方式相去甚

371

远，通过移情、模拟的心智解读方式显然就有着纯粹理论的读物方式所不可涵盖的内容。①如果单纯地套用一般的认识物的模式和机制来理解心智解读，则未免把心智解读主体的生命复杂性剥离掉了，把对象主体抽象化、理性化了。因而，自然就存在着与单纯认知物相区别的另一方式。

模拟说认为，我们的心智解读能力不同于我们的思考、推理等其它智力能力，我们只需依据自身的心智结构与他人基本相似，通过想象或假装等方式，把自己置于与他人类似的情境之下，进入一种对他人进行模拟或复制的场景，通过查看自己在这种情境下的心理状态以及可能的行为，来达到对他人心理状态的归属以及行为的预测和解释。换种说法就是，解读他人的心理状态，并不需要到记录人类心理规律的"典籍"中翻查特殊的"章节"，心智解读者只需根据他们自己也是决策者，以自己的心理状态为模板，担当决策能力的"处理器"，来"镜像"或者"模仿"他人的心智。这类似于一个航天工程师在预测最新设计的飞机在特殊的空气动力条件下如何运行时可能会做的那样，他可能首先制造一个飞机模型，然后让其在相似的空气动力学条件下飞行，模拟的结果被当作对真正的飞机在这种状况下将会如何表现的预测。模拟说表明，人们以自己的心理状态为摹本，通过移情、共鸣、情绪感染、想象、假装、镜像等所谓的模拟方式来了解他人的心理状态。心理状态概念之间不具因果推理关系，只起描述和传递信息的作用。

这两种说明虽然各自都对心智解读提供了一些解释和证据支持，但都不足以而且也不可能给出一劳永逸的说明。我们仅靠日常反思就可以知道，许多具有出色的心智解读能力的人，可以说既有很好的易于同情共感而善捕捉交往情景中反馈的小细节的模拟能力，也有因阅人无数而累积了丰富经验的较强的理论能力。我们在理解他人之前总会有一

---

① 这两种方式之间的差异在病理学上也得到了明显的印证，自闭症、Williams 症等病患者身上所表现出的以上两种心智解读方式分离的状况，也为此提供了较强的证据说明。

些 "一般人在一般情况下会如此这般""这个人通常情况下就是这个样子的"等根据在先固有的了解所产生的预设，这些都会在实际心智解读情境中产生影响。然而再精准的理论预设也替代不了实践情境的复杂多变性，模拟在这种情况下的即时捕获细节的功能，能够凸显"反常"情境，从而修正理论漏缺，对"习惯性"的理论形式加以调整，模拟的同情共感的能力越强，越容易获取更有效的理论。也就是说，在很多情况下，既具备敏锐的模拟能力，又具有更完善的理论储备，两种解释的有效结合，才能更好地理解心智解读。

此外，对心智解读的理解还包括模块说、交互观等说明。模块说强调了心智解读能力发生的先天基础，认为我们解读他人心智的能力是以先天模块的方式遗传下来的，当模块随着年龄增长日渐成熟，我们就获得了心智解读的能力。交互观则强调，在心智解读过程中作为第一人称体验主体的个人，对他人和自我的理解都是在与他人互动的第二人称的交互过程中完成的，也就是说，我们与他人的互动过程塑造了我们的心智。心智是与身体和环境融为一体的，而不是从身体和环境中抽离出来的抽象对象，因此，理解心智解读，不可将环境和他人仅仅作为心智的呈现背景，而恰恰应该将整个的互动过程作为理解的核心。

这些说明争相上演的同时也暴露出自己的软肋，并持续地做出各种调整。由此，每一种解释都不断地扩展并修补着此前的解释，而它们之间的界限也逐渐变得不再那么明晰，曾经僵化的壁垒渐渐瓦解。我们说，对于心智解读这样一个如此复杂的现象，本来就不可能仅存在一种单一的解释路径。可以说，每一种解释都仅从某个侧面讲述了心智解读的一个部分，它们的理论基点、预设各不相同，对心智解读能力发生发展过程的说明也各有偏重，其他学说观点中有利的一面可以借鉴并作为有效补充，这些补充可能体现在，在不同的方面相互交叉，又具有各种融合的趋势和可能。也许，正像瞎子摸象一样，这些观点学说都从不同的角度去触摸、去逼近问题的实质，虽然展现的不是全貌，尽管也许事实上我们永远也不可能展现出全貌，但我们所能做的必然是沿着各种路径力图逼近一个越来越清晰、越来越完整的画面。

当然，在对心智解读的理解问题上，我们有理由对认知科学领域中新的研究进展充满殷切的期待。尤其是越来越多的认知科学家和神经科学家们正对心智解读投入着巨大的热忱，持续见证着它从古老的认识论的画面缓步进入认知科学的画面之中。可以说，现代对心智解读的各种学说的讨论已经无法回避认知科学研究中的大量成果，也正是在这样的背景下这个问题才焕发出了新的活力。譬如有关于心理理论的讨论，正是由 1978 年心理学家在作关于大猩猩的实验，提出"大猩猩有没有心理理论"这样的问题开始，才引发了相关讨论热潮，使得理论说、模拟说、模块说等理论形态发展起来。

理论说最初借助"错误信念任务实验"①作为对自身的有力支持，之后模拟说对这一论据提出质疑并给出自己的说明，并援引了大量包括"镜像神经元"②的发现在内的各种心理学和神经科学的实验结果来为自己的学说进行辩护，模块说也是 Baron-Cohen 等人在对自闭症儿童的研究逐步深入之后才快速地发展起来。同样，对以上这三种内部说明提出外部批评的交互观则是以认知科学中新的具身认知观为理论依据的。可见这些理论学说与认知科学发展之间都存在着千丝万缕的联系。

因而，哲学中对心智解读的讨论，不再是一般的关于心智是什么的

---

① Wimmer 和 Perner 在 1983 年设计过一个实验，让孩子们看一个木偶话剧：Maxi 将他的巧克力放进蓝色的橱柜里然后出去玩，这时他的妈妈将巧克力移到了绿色的橱柜。然后，问在座的儿童：Maxi 回来后会到哪里去找他的巧克力呢？对这个问题，四到五岁的孩子能够作出正确的回答：Maxi 将到蓝色的橱柜里去找他的巧克力。但三岁多的孩子却作出错误的回答：Maxi 将到绿色的橱柜里去找他的巧克力。这就是著名的错误信念任务实验的经典版本，也称为位置变换实验，此外还有"表面－实际"变换实验也称作"非预期内容"任务实验或"欺骗的盒子"等诸多变体，也得到类似的实验结果。

② 1985 年，科学家 Rizzolatti 等人根据电生理学的实验，发现在猴子做特定的手的行为时，脑部的一个特定区域中的一些神经元就开始放电，他们称之为 F5 区。1995 年，Rizzolatti 和 Gallese 及同事在短尾猿实验中偶然发现，这个区域中的神经元的一部分不仅仅在猴子自己做这一动作时发放，而且当猴子看到另一个猴子做相同或相似的行为时同样会被激活发放，这些有某种"镜像"功能的神经元被形象地称为"镜像神经元 (mirror neurons)"。

形而上学以及传统的认识论范围内的讨论，它是一个传统问题与新的研究方法相结合的综合性讨论。我们甚至可以把有关心智解读的几种学说和理论当作目前认知科学对此问题展开研究的几种工作假设来看待，这些假设各有其合理性，也有待接受新方法、新证据的检验，不管是前文所提到的几种说明还是其它可能的学说以及种种融合的构想，都是如此。它们作为开放的方向性思路之一，既可能被印证，也可能被推翻，更有可能的是不断得到新的补充和修正，而它们都对认知科学、神经科学等自然化的认知进路寄予厚望。

　　心智解读问题由于其本身所涉及的对象的复杂特性，在整个认知事业中，既规约了认知的部分边界，又成为一股强大的内在动力，推动着整个研究的前行。伴随着我们对心智解读机制了解的进一步加深，这一哲学中传统的知识论问题愈发完备起来，可以说具有了某种意义上的自返性，变得自洽连贯起来，从而在更大的背景之下，使各种相关的概念变得更加可理解，使得文化认知、社会认知等等得到更有效的说明，因而为其提供了根本性的支撑。心智解读这一丰富的研究主题中的各种进路并非在参与一个你高我下的零和游戏①，而是在认知科学的自然化路径之下继续向前扩展、推进和交融，达到更完善的理解。

（于　爽）

---

　　①　零和游戏又被称为游戏理论或零和博弈，源于博弈论（game theory）。是指一项游戏中，游戏者有输有赢，一方所赢正是另一方所输，而游戏的总成绩永远为零。见 ht-tp：//baike. baidu. com/view/309007. htm。

索　引